# 建筑施工安全监理

步向义　编著

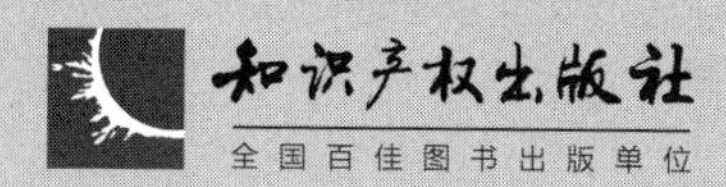

**图书在版编目（CIP）数据**

建筑施工安全监理/步向义编著. —北京：知识产权出版社，2018.12
ISBN 978-7-5130-5846-9

Ⅰ.①建… Ⅱ.①步… Ⅲ.①建筑施工—施工监理—教材 Ⅳ.①TU712.2

中国版本图书馆CIP数据核字（2018）第214589号

**责任编辑**：荆成恭　　**责任校对**：谷　洋
**封面设计**：大名文化　　**责任印制**：刘译文

**建筑施工安全监理**
步向义　编著

---

**出版发行**：知识产权出版社有限责任公司　　**网　　址**：http://www.ipph.cn
**社　　址**：北京市海淀区气象路50号院　　**邮　　编**：100081
**责编电话**：010-82000860转8341　　**责编邮箱**：jcggxj219@163.com
**发行电话**：010-82000860转8101/8102　　**发行传真**：010-82000893/82005070/82000270
**印　　刷**：北京嘉恒彩色印刷有限责任公司　　**经　　销**：各大网上书店、新华书店及相关专业书店
**开　　本**：720mm×1000mm　1/16　　**印　　张**：20.5
**版　　次**：2018年12月第1版　　**印　　次**：2018年12月第1次印刷
**字　　数**：354千字　　**定　　价**：79.00元
ISBN 978-7-5130-5846-9

---

# 前　言

《建设工程安全生产管理条例》颁布实施以来，监理单位及广大监理人员在执行《建设工程安全生产管理条例》等法律法规时，面临很多需要解决的问题。给安全监理工作带来了一定的压力。例如，如何开展安全监理、如何对施工现场安全隐患进行排查、如何学习安全监理知识、对施工现场安全设施和设备的安全监理重点有哪些、如何下发监理通知和如何判断是否停工整改，等等。同时从发生的事故责任追究结果来看，由于监理人员不履行职责受到法律责任追究的例子屡见不鲜，所以监理人员需要掌握安全监理知识是至关重要的。

本书作者结合《安全生产法》（住建部37号令）、《建设工程安全生产管理条例》（住建部37号令）、《建筑起重机械安全监督管理规定》（住建部37号令）、《危险性较大的分部分项工程安全管理规定》（住建部37号令）、《建设工程监理规范》等有关规定，分析总结出安全监理的责任和工作内容。本书在对安全监理工作的现状进行调研的基础上，从建筑施工安全监理人员如何开展安全监理工作的角度，对安全监理的程序、监理方法、监理内容、有关事故案例及安全监理法律责任等方面进行了具体阐述。对如何履行安全监理职责，怎样做到程序到位、工作全面、监理有效，进行了具体的阐述，提出了一系列的安全监理的理念，且实用性很强。

本书是监理人员、现场专职安全生产管理人员和技术人员工作过程中需要参阅的实用手册，是对监理人员进行安全监理培训的必备教材，也可作为大专院校的工程安全监理专业和工程管理专业的教材。

希望本书能给监理单位及监理从业人员一定的帮助。做到安全监理工作有制度，检查有规范，执行有标准，使建筑施工真正达到安全生产，为建设事业贡献应尽的力量。

由于编者水平有限，本书有不妥之处，敬请读者批评指正。

步向义

2018年9月

# 目　录

# 第一章　安全监理工作概论

2004年2月1日，国务院发布了《建设工程安全生产管理条例》（国务院393号令），给建设监理工作增添了新的监理内容，由原来的“三控制”，即投资控制、进度控制和质量控制，新增加了安全控制。明确了监理工作职责中的安全监理工作职责，规定了建设行政主管部门对工程监理单位安全生产监督检查的具体内容。要求工程监理单位要编制含有安全生产管理内容的监理规划，制定对施工单位安全技术措施检查方面的监理细则。对有关人员的证件进行审查，审查施工组织设计及施工方案，并定期巡视检查危险性较大工程作业情况，发现隐患要认真履行《建设工程安全生产管理条例》第十四条规定的职责。工程监理单位应当查验工程施工单位安全生产许可证和有关“三类人员”安全生产考核合格证书持证情况，发现其持证情况不符合规定的或施工现场降低安全生产条件的，应当要求其立即整改。施工单位拒不整改的，工程监理单位应当向建设单位报告。建设单位接到工程监理单位报告后，应当责令施工单位立即整改。建设部《关于落实建设工程安全生产监理责任的若干意见》进一步明确了监理单位及监理人员的安全监理职责，规定了安全监理的主要内容、工作程序、责任和监理单位落实安全生产监理责任的主要工作内容。

2008年6月1日起施行的《建筑起重机械安全监督管理规定》（建设部令第166号）第二十二条规定，监理单位应当履行下列安全职责：

（一）审核建筑起重机械特种设备制造许可证、产品合格证、制造监督检验证明、备案证明等文件；

（二）审核建筑起重机械安装单位、使用单位的资质证书、安全生产许可证和特种作业人员的特种作业操作资格证书；

（三）审核建筑起重机械安装、拆卸工程专项施工方案；

（四）监督安装单位执行建筑起重机械安装、拆卸工程专项施工方案情况；

（五）监督检查建筑起重机械的使用情况；

（六）发现存在生产安全事故隐患的，应当要求安装单位、使用单位限期整改，对安装单位、使用单位拒不整改的，及时向建设单位报告。

同时对依法发包给两个及两个以上施工单位的工程，不同施工单位在同一施工现场使用多台塔式起重机作业时，建设单位应当协调组织制定防止塔式起重机相互碰撞的安全措施。

监理单位对安装单位、使用单位拒不整改生产安全事故隐患的，及时向建设单位报告，由建设单位责令安装单位、使用单位立即停工整改。

《建筑起重机械备案登记办法》（建质〔2008〕76号）规定，从事建筑起重机械安装、拆卸活动的单位（以下简称“安装单位”）办理建筑起重机械安装（拆卸）告知手续前，应当将以下资料报送施工总承包单位、监理单位审核：

（一）建筑起重机械备案证明；

（二）安装单位资质证书、安全生产许可证副本；

（三）安装单位特种作业人员证书；

（四）建筑起重机械安装（拆卸）工程专项施工方案；

（五）安装单位与使用单位签订的安装（拆卸）合同及安装单位与施工总承包单位签订的安全协议书；

（六）安装单位负责提供建筑起重机械安装（拆卸）工程专职安全生产管理人员、专业技术人员名单；

（七）建筑起重机械安装（拆卸）工程生产安全事故应急救援预案；

（八）辅助起重机械资料及其特种作业人员证书；

（九）施工总承包单位、监理单位要求的其他资料。

《建筑起重机械备案登记办法》（建质〔2008〕76号）要求监理单位履行建筑起重机械安装告知的监理职责。

2008年7月3日，建设部印发了《建筑施工企业安全生产许可证动态监管暂行办法》（建质〔2008〕121号），规定了工程监理单位应当查验承建工程的施工企业安全生产许可证和有关“三类人员”安全生产考核合格证书持证情况，发现其持证情况不符合规定的或施工现场降低安全生产条件的，应当要求其立即整改。施工企业拒不整改的，工程监理单位应当向建设单位报告。建设单位接到工程监理单位报告后，应当责令施工单位立即整改。

《建设工程安全生产管理条例》（国务院第393号令）、《建筑起重机械安全监督管理规定》（建设部令第166号）、《关于落实建设工程安全生产监理责任的若干意见》《生产安全事故报告和调查处理条例》（国务院第493号令）、《关于进一步规范房屋建筑和市政工程生产安全事故报告和调查处理工作的若干意见》等法律法规及规范性文件对监理单位及责任人的法律责任都做了明确规定，《中华人民共和国刑法修正案（六）》规定工程监理单位对事故负有责任的人员依法追究刑事责任。

从国家对建筑工程安全监理工作的一系列规定来看，我国建筑安全监理工作制度已逐步完善，其法律体系已基本建立，对建筑安全监理的程序、工作内容、法律责任都做了明确的规定。在目前国家对建筑工程安全监理工作严格规定的形势下，要求监理单位必须建立安全监理制度、制定安全监理责任制、完善安全监理程序、建立安全监理激励制度，监理单位要对监理人员履行安全监理责任进行严格管理，通过严格管理，使监理人员认真按程序履行监理责任，做到工作有计划、有目标、有成效，做到安全监理工作到位，杜绝施工生产安全事故的发生。

## 1.1 安全监理工作的意义

建筑施工是危险性较大的施工过程。要求建设单位、施工单位、勘察设计单位、监理单位及其他有关单位要认真履行安全职责。《安全生产法》《建设工程安全生产管理条例》等有关法律法规对各责任主体单位的责任都进行了具体规定。特别是《建设工程安全生产管理条例》第十四条和第五十七条对监理单位监理人员的安全监理职责和法律责任进行了具体规定。明确了安全监理的责任，同时也赋予了广大监理人员神圣的安全职责，同时也体现了“安全第一、预防为主、综合治理”的国家安全生产方针，执行了“管生产必须管安全”的原则。所以，抓好建筑安全监理工作具有极其重要的意义。

以往，监理工作任务多，责任重大。大多数监理单位及监理人员偏于重视投资控制、进度控制和质量控制，特别注重质量监理，而忽视安全监理。随着国家对建筑安全监理工作的规范化和法制化，使广大监理人员感到了工作的压力，但近年来，监理人员对安全方面的监理工作，仍然不够重视，程序不能履行，工作不到位。致使一旦发生责任事故，对负有责任的监理人员进行停止执业的处罚，情节严重的追究刑事责任。所以抓好安全监理工作，对广大监理人员的执业生涯的稳定，具有重要的意义。

监理人员要搞好安全监理工作，必须掌握一定的建筑安全技术，掌握必备的安全监理知识。同时要逐步培养安全监理的能力，要锻炼与有关责任主体单位的协调能力。特别是对存在的安全隐患，要求施工单位立即整改，对不整改的及时向建设单位进行汇报，并做好跟踪监理。必要时，及时向建设行政主管部门汇报。所以要求监理人员具备一定的协调能力。

总之，抓好建筑安全监理工作对建筑业安全生产管理工作具有重大的意义。

## 1.2 安全监理工作制度

为落实安全生产监理责任，开展具体安全监理工作。要求监理单位必须建立安全监理责任制，建立有关安全监理规章制度，并在办公场所及工地监理办公室上墙悬挂，真正把制度执行到位。

### 1.2.1 安全监理责任制

1. 监理单位法定代表人安全监理责任制

（1）对监理工程项目的安全监理全面负责。

（2）贯彻落实国家安全生产有关法律法规，落实有关安全监理方面的政策和文件。

（3）组织制定本企业安全监理制度，落实安全监理审核、检查、教育、例会、验收制度、监理请销假制度、资料归档制度等安全监理规章制度。

（4）组织对监理人员进行安全培训教育。

（5）组织对发生安全事故的工程监理部的安全监理责任进行调查处理，并认真执行“四不放过”的原则。

（6）组织对监理人员进行业务考核。

（7）对监理部上报的停工报告，监督其向建设行政主管部门上报的，应及时上报。

2. 总工程师安全监理责任制

（1）对工程项目的安全监理技术负责，并根据工程项目特点，对总监理工程师审批的施工组织设计和施工方案进行监理单位级审批。

（2）对总监理工程师上报的专家论证方案进行监理单位级审批。

（3）组织各监理部认真编制安全监理规划和细则。

（4）负责对监理人员的安全技术培训。

（5）参与编制安全监理规章制度。

（6）参与对发生安全事故的监理部的调查处理工作。

3. 总监理工程师安全监理责任制

（1）对监理的工程项目安全监理技术负总责，并根据工程项目特点，对施工组织设计和施工方案的进行审批，并签署具体审批意见。

（2）对需要组织专家论证的施工方案进行审批，并对专家论证方案的审批意见上报公司总工程师进行监理单位级审批。

（3）负责对监理人员的安全技术培训。

（4）组织编制工程安全监理规划和细则。

（5）负责组织召开安全监理例会。

（6）负责对施工单位项目部人员证件进行审核。

（7）负责对所监理的工地的安全设施及设备进行验收。

（8）负责安排安全监理旁站工作。

（9）负责组织对工程全面的安全检查，发现隐患，要求施工单位立即整改；情况严重的，应当要求施工单位暂时停止施工，并及时报告建设单位。施工单位拒不整改或者不停止施工的，应当及时向有关主管部门报告。

4. 专业监理工程师和监理人员的安全监理责任制

（1）对工程项目分工的安全监理技术负责，并根据工程项目特点，对施工组织设计和施工方案的进行审核，并签署审核意见。

（2）对需要组织专家论证的施工方案进行审核，并上报总监理工程师进行审批。

（3）参与编制工程安全监理规划和细则。

（4）参加安全监理例会。

（5）参与对所监理工地的安全设施及设备进行验收。

（6）负责安全监理旁站工作。

（7）参加安全检查工作，对发现的隐患，及时汇报，并要求施工单位立即整改；情况严重的，及时报告总监理工程师，要求施工单位立即停止施工，由总监理工程师及时报告建设单位。施工单位拒不整改或者不停止施工的，应当及时向有关主管部门报告。

5. 安全监理人员的安全监理责任制

（1）对工程项目分工的安全监理技术负责，并根据工程项目特点，专业监理工程师对施工组织设计和施工方案进行审核。

（2）参与对组织专家论证的施工方案进行审核。

（3）参与编制工程安全监理规划和细则。

（4）参加安全监理例会。

（5）参与对所监理工地的安全设施及设备进行验收。

（6）做好安全监理旁站工作。

（7）负责对工程全面的安全检查，发现隐患，立即向专业监理工程师和总监理工程师汇报。要求施工单位立即整改，及时报告总监理工程师，情况严重的，要求施工单位立即停止施工，由总监理工程师及时报告建设单位。施工单位拒不整改或者不停止施工的，应当及时向有关主管部门报告。

### 1.2.2 安全监理制度

为抓好建筑安全监理工作，应建立和完善以下 14 种安全监理制度。

1. 审查核验制度

（1）审查施工单位资质和安全生产许可证，审查“安管人员”及特种作业人员取得考核合格证书和操作资格证书情况。

（2）审核施工单位安全生产保证体系、安全生产责任制、各项规章制度和安全监管机构建立及人员配备情况。

（3）审核施工现场安全防护措施是否齐全有效，是否符合投标时承诺和《建筑施工现场环境与卫生标准》等标准要求情况。

2. 安全监理审查验收制度

（1）对脚手架、模板工程、高处作业、施工用电、施工机具等验收手续进行复查。

（2）审核建筑起重机械安拆单位、使用单位的资质证书、安全生产许可证和特种作业人员的特种作业操作资格证书。

（3）审核建筑起重机械安装、拆卸工程专项方案；对建筑起重机械安装、拆卸活动单位办理建筑起重机械安装（拆卸）告知手续的有关资料进行审核。

（4）监督安装单位执行建筑起重机械安装、拆卸工程专项方案情况。发现存在生产安全事故隐患的，应当要求安装单位、使用单位限期整改，对安装单位、使用单位拒不整改的，及时向建设单位报告。

（5）监督检查建筑起重机械的验收和使用情况。

（6）配合建设单位对不同施工单位在同一施工现场使用多台塔式起重机作业时，应由建设单位协调组织制定防止塔式起重机相互碰撞的安全措施。

3. 监理请销假制度

（1）监理单位应明确1名主要负责人负责监理人员请销假工作，对请假人员予以登记，并及时给予销假。

（2）总监理工程师必须监守监理岗位，因有特殊原因，必须向监理单位主要负责人请假。

（3）监理人员要监守本监理岗位，因有特殊原因，必须向总监理工程师请假。

（4）总监理工程师、专业监理工程师、监理员如在旁站监理时，不许离岗，如有特殊原因，要逐级上报请假，并安排替岗人员，履行现场交接手续后方可离岗。

（5）监理人员必须按时参加安全监理例会，对于有特殊原因不能参加的，要提前半天请假。

4. 工地监理例会制度

（1）监理部要每周定期召开安全监理例会，总结和部署下阶段安全监理工作。

（2）总监理工程师要安排专人做好监理例会记录，并及时形成文字资料，会后发给参会人员。

（3）总监理工程师要总结前阶段工作，对存在的问题及时解决，针对薄弱环节，提出整改意见。对下阶段工作进行具体安排。

（4）监理人员要对本岗位的监理工作进行汇报，要求施工单位立即解决的安全隐患，应要求施工单位立即消除隐患，对限期整改未到位的，在会上进行通报。必要时由总监理工程师下发停工令。

（5）监理单位总工程师应督促监理部开好安全监理例会，并审阅各监理部安全监理例会纪要。必要时到会检查指导，对安全监理的监理技术进行把关。

（6）要求监理单位法人代表要定期或不定期地参加监理部安全监理例会，了解、检查和考核监理人员岗位职责履行情况。

5. 安全监理资料归档制度

（1）监理单位安排人员对本单位监理的已竣工工程的监理部安全监理资料进行归档，以便查阅。

（2）监理部指定专人负责监理内业资料的整理、分类及立卷归档。安排1名专业监理工程师监督整理。

（3）对专家论证的方案及时上报监理单位存档。

（4）对重要的会议记录及时上报监理单位存档。

6. 监理人员安全生产教育培训制度

（1）监理单位的总监理工程师、专业监理工程师、监理员及安全监理人员需经安全生产教育培训后方可上岗，其教育培训情况记入个人继续教育档案。

（2）总工程师对安全监理技术知识进行指导教育，每季度组织1次安全教育培训，对新的法律法规、标准、规范及政策文件进行及时贯彻执行。

（3）总监理工程师负责对本监理部人员的安全监理业务知识的培训教育，对本工程的施工特点、监理要点、监理程序及方法进行重点讲解。

（4）监理人员要认真学习国家有关安全生产的法律法规、标准、规范及政策文件，对施工现场检查时，要依据标准规范，特别要掌握工程建设强制性标准条文。确保工程施工不违反强制性条文规定。

7. 监理安全检查制度

（1）监理单位每月对各监理部进行1次安全监理检查，重点检查人员在岗情况、施工组织设计和施工方案审查、对施工单位有关人员证件审查情况等。

（2）检查监理部落实安全检查制度情况，规定监理部每周要对监理的项目进行安全监理检查，对查出的隐患下发安全监理通知，并检查复查记录。

（3）检查当天监理人员检查出存在的问题和隐患与前段时间的检查记录相比，核对检查整改复查情况。核查监理部安全检查实效性。

（4）检查设备和安全设施的验收审查情况。

（5）检查安全监理人员是否履行了安全监理检查职责，对检查出的隐患是否及时下发了整改通知书、是否及时向有关部门和单位上报。

8. 重大安全隐患监理监控制度

（1）对监理的工程项目存在的重大隐患，建立安全监理隐患登记台账，进行重点监控整改。

（2）对监理的工程项目存在的重大隐患，要求施工单位立即停止施工，立即消除隐患，并及时向建设单位汇报，对重大隐患进行登记建档，时时监控。

（3）对重大隐患的整改情况进行复查，彻底消除隐患后，才可签发复工令。

（4）对重大隐患出现的原因进行分析，提出防范措施，建立长效机制。

9. 隐患督促整改、复查及逐级上报制度

（1）按《建设工程安全生产管理条例》第十四条规定，工程监理单位在实施监理过程中，发现存在安全事故隐患的，应当要求施工单位整改；情况严重的，应当要求施工单位暂时停止施工，并及时报告建设单位。施工单位拒不整改或者不停止施工的，工程监理单位应当及时向有关主管部门报告。

（2）对施工单位的整改情况进行复查，复查合格并履行手续后方可继续施工。

（3）对整改仍不合格的，由总监理工程师向建设行政主管部门汇报，并向监理单位负责人汇报。

10. 安全监理旁站制度

（1）对需要安全监理旁站的分部分项工程，总监理工程师要安排监理人员进行旁站。

（2）在旁站施工时，要首先审查有关人员证件，对人员在岗情况进行审核。

（3）旁站过程中，如发现安全隐患，应立即要求施工单位整改，对重大隐患，要立即停止施工，并向建设单位汇报。

（4）在旁站监理过程中，要认真履行安全监理程序，安全设施不到位的，不许进入下一工序施工。

11. 安全监理工作奖惩制度

（1）对取得省、市级建筑施工安全质量标准化示范工地（小区工程）项目的监理部，依据文件给予奖励。

（2）对所监理工程被建设行政主管部门通报的，将对监理人员在监理单位内记不良记录。

（3）对未履行安全监理职责的监理人员，将对监理人员在监理单位内记不良记录。

（4）对发生事故的监理部进行通报批评，按“四不放过”的原则进行调查处理，分析安全监理的责任，并给予经济处罚。

（5）对未履行安全监理职责的监理人员，并对发生安全事故负有责任的，将其从监理单位予以开除。

12. 安全监理信用制度

（1）监理单位要认真履行安全监理责任，提升企业安全监理形象，把抓好安全监理工作当成社会责任。

（2）监理人员要认真履行现场监理职责，按监理程序进行安全监理，认真抓好现场隐患整改、复查工作。消除隐患，确保施工安全。

（3）监理人员要提高安全监理服务意识，以监理和服务相结合，与建设单位、施工单位共同抓好施工安全生产工作，最终达到安全施工的目标。

（4）监理单位要建立信用服务制度，与施工单位人员密切配合，共同努力，以高度的责任心抓好安全监理工作。

（5）坚持“信用第一，服务为先”的监理理念。把抓好安全监理工作作为监理工作任务的首要工作。

13. 安全监理目标考核制度

（1）工程开工前，监理单位要明确监理部安全监理的目标，并签订安全监理目标责任书。

（2）监理部要分解安全监理目标，充分调动广大监理人员的积极性，以工作实效作为考核重点，定期考核阶段性工作的完成情况。

（3）制定项目部安全监理目标奖惩措施。实行工作目标与待遇相挂钩制度。

（4）对创建建筑施工安全质量标准化示范工地（小区工程）的监理部给予经济奖励。

（5）对创建建筑施工安全质量标准化示范工地（小区工程）的总监理工程师给予通报表扬，并作为年底考核评定先进监理人员的依据。

14. 安全监理程序及层级交底制度

（1）总监理工程师应组织监理人员对本监理部的安全监理程序进行细化，并进行具体分工。

（2）总监理工程师要向监理工程师进行安全监理交底，监理工程师向安全监理人员及其他监理人员进行具体交底。

（3）监理人员应认真履行安全监理交底责任，对本人的安全监理工作要做好计划，对工地的安全状况进行分析，提出合理的安全监理方法，最终实现安全监理工作目标。

# 第二章　对安全监理的监督管理及安全监理的工作程序

## 2.1　建设行政主管部门对监理单位的安全生产监督管理

### 2.1.1　建设行政主管部门对工程监理单位安全生产监督检查的主要内容

（1）安全生产管理内容是否纳入监理规划，以及在监理规划和中型以上工程的监理细则中是否制定了对施工单位安全技术措施的检查规定。

（2）审查施工企业资质和安全生产许可证、“三类人员”及特种作业人员取得考核合格证书和操作资格证书情况。

（3）审核施工企业安全生产保证体系、安全生产责任制、各项规章制度和安全监管机构建立及人员配备情况。

（4）审核施工企业应急救援预案和安全防护、文明施工措施费用使用计划情况。

（5）审核施工现场安全防护是否符合投标时承诺和《建筑施工现场环境与卫生标准》等标准要求情况。

（6）复查施工单位施工机械和各种设施的安全许可验收手续情况。

（7）审查施工组织设计中的安全技术措施或专项施工方案是否符合工程建设强制性标准情况。

（8）定期巡视、检查危险性较大工程作业情况。

（9）下达隐患整改通知单，要求施工单位整改事故隐患情况或暂时停工情况；整改结果复查情况；向建设单位报告督促施工单位整改情况；向工程所在地建设行政主管部门报告施工单位拒不整改或不停止施工情况。

（10）其他有关事项。

### 2.1.2 建设行政主管部门对监理单位安全生产监督检查的主要方式

（1）听取工作汇报或情况介绍。

（2）查阅相关文件资料和资质资格证明。

（3）考察、问询有关人员。

（4）抽查施工现场或勘查现场，检查履行职责情况。

（5）反馈监督检查意见。

## 2.2 监理单位安全监理程序

### 2.2.1 建设工程安全监理的基本工作程序

（1）监理单位按照《建设工程监理规范》和相关行业监理规范要求，编制含有安全监理内容的监理规划和监理实施细则，或者单独编制安全监理规划和实施细则。

（2）在施工准备阶段，监理单位要审查核验施工单位的企业资质、安全生产许可证书、注册建造师证书、“安管人员”安全生产岗位合格证书、技术员及特种作业人员证书，并与证件本人核对，保证人员在岗，并核对人和证是否一致，并由项目总监在有关审核表上签署意见。审查未通过的，工程不能开工。

（3）在施工准备阶段，监理单位要审查核验施工单位提交的有关技术文件（含施工组织设计、各项安全施工方案），并由项目总监在有关技术文件报审表上签署意见；审查未通过的，安全技术措施及专项施工方案不得实施。

（4）在施工阶段，监理单位有关人员（总监理工程师、专业监理工程师、安全监理工程师、监理员等）应对施工现场安全生产情况进行巡视检查，对发现的各类安全事故隐患，应书面通知施工单位，并督促其立即整改；情况严重的，监理单位应及时下达工程暂停令，要求施工单位停工整改，并同时报告建设单位。安全事故隐患消除后，监理单位应检查整改结果，签署复查或复工意见。施工单位拒不整改或不停工整改的，监理单位应当及时向工程所在地建设主管部门报告，如以电话形式报告的，应当有通话记录，并及时补充书面报告。检查、整改、复查、报告等情况应记载在监理日志、监理月报中。

（5）监理单位应核查施工单位提交的施工起重机械、整体提升脚手架、模板等自升式架设设施和其他安全设施等验收记录，并由安全监理人员签收备案，对未经验收合格即投入使用的安全设施和设备，责令施工单位立即停止使用，待验收合格后，签署复查或复工意见后，方可复工。

（6）工程竣工后，监理单位应将有关安全生产的技术文件、验收记录、安全监理规划、安全监理实施细则、安全监理月报、安全监理会议纪要及相关书面监理通知等按规定立卷归档。

## 2.2.2 落实安全生产监理程序和责任的主要工作

（1）健全监理单位安全监理责任制。监理单位法定代表人应对本企业监理工程项目的安全监理全面负责。总监理工程师要对工程项目的安全监理负责，并根据工程项目特点，明确监理人员的安全监理职责。

（2）完善监理单位安全生产管理制度。在健全审查核验制度、检查验收制度和督促整改制度基础上，完善工地例会制度及资料归档制度。定期召开工地例会，针对薄弱环节，提出整改意见，并督促落实；指定专人负责监理内业资料的整理、分类及立卷归档。

（3）建立监理人员安全生产教育培训制度。监理单位的总监理工程师和安全监理人员需经安全生产教育培训后方可上岗，其教育培训情况记入个人继续教育档案。

（4）督促监理单位落实安全生产监理责任，对监理部实施安全监理给予支持和指导，督促施工单位加强安全生产管理，防止安全事故的发生。

## 2.2.3 未履行监理程序，应负的安全生产监理责任

（1）监理单位应对施工组织设计中的安全技术措施或专项施工方案进行审查，如未进行审查的，监理单位应承担《建设工程安全生产管理条例》第五十七条规定的法律责任。

施工组织设计中的安全技术措施或专项施工方案未经监理单位审查签字认可，施工单位擅自施工的，监理单位应及时下达工程暂停令，并将情况及时书面报告建设单位。监理单位未及时下达工程暂停令并报告的，应承担《建设工程安全生产管理条例》第五十七条规定的法律责任。

（2）监理单位在监理巡视检查过程中，发现存在安全事故隐患的，应按照有关规定及时下达书面指令要求施工单位进行整改或停止施工。如监理单位发现安全事故隐患没有及时下达书面指令要求施工单位进行整改或停止施工的，应承担《建设工程安全生产管理条例》第五十七条规定的法律责任。

（3）施工单位拒绝按照监理单位的要求进行整改或者停止施工的，监理单位应及时将情况向当地建设主管部门或工程项目的行业主管部门报告。如监理单位没有及时报告，应承担《建设工程安全生产管理条例》第五十七条规定的法律责任。

（4）监理单位未依照法律、法规和工程建设强制性标准实施监理的，应当承担《建设工程安全生产管理条例》第五十七条规定的法律责任。

监理单位履行了上述规定的职责，施工单位未执行监理指令继续施工或发生安全事故的，由有关部门依法追究监理单位以外的其他相关单位和人员的法律责任。

## 2.3 安全监理工作内容和方法

监理单位应当按照法律、法规和工程建设强制性标准及监理委托合同实施监理，对所监理工程的施工安全生产进行监督检查，具体包括以下3个方面。

### 2.3.1 施工准备阶段安全监理的主要工作内容

（1）监理单位应根据《建设工程安全生产管理条例》的规定，按照工程建设强制性标准、《建设工程监理规范》和相关行业监理规范的要求，编制包括安全监理内容的项目监理规划，明确安全监理的范围、内容、工作程序和制度措施，以及人员配备计划和职责等。

（2）对中型及以上项目和《建设工程安全生产管理条例》第二十六条规定的危险性较大的分部分项工程，监理单位应当编制监理实施细则。实施细则应当明确安全监理的方法、措施和控制要点，以及对施工单位安全技术措施的检查方案。

（3）审查施工单位编制的施工组织设计中的安全技术措施和危险性较大的分部分项工程安全专项施工方案是否符合工程建设强制性标准要求。审查的主要内容应当包括：

①施工单位编制的地下管线保护措施方案是否符合强制性标准要求；

②基坑支护与降水、土方开挖与边坡防护、模板、起重吊装、起重机械、脚手架、拆除、爆破等分部分项工程的专项施工方案是否符合强制性标准要求；

③施工现场临时用电施工组织设计或者安全用电技术措施和电气防火措施是否符合强制性标准要求；

④冬季、雨季等季节性施工方案的制定是否符合强制性标准要求；

⑤施工总平面布置图是否符合安全生产的要求，办公、宿舍、食堂、道路等临时设施设置以及排水、防火措施是否符合强制性标准要求。

（4）检查施工单位在工程项目上的安全生产规章制度和安全管理机构的建立，以及专职安全生产管理人员配备情况，督促施工单位检查各分包单位的安全生产规章制度的建立情况。

（5）审查施工单位资质和安全生产许可证是否合法有效。

（6）审查项目经理和专职安全生产管理人员是否具备合法资格，是否与投标文件相一致。

（7）审核特种作业人员的特种作业操作资格证书是否合法有效。

（8）审核施工单位应急救援预案和安全防护措施费用使用计划。

### 2.3.2 施工阶段安全监理的主要工作内容

（1）监督施工单位按照施工组织设计中的安全技术措施和专项施工方案组织施工，及时制止违规施工作业。

（2）定期巡视检查施工过程中的危险性较大的分部分项工程作业情况。

（3）核查施工现场施工起重机械、整体提升脚手架、模板等自升式架设设施和安全设施的验收手续。

（4）检查施工现场各种安全标志和安全防护措施是否符合强制性标准要求，并检查安全生产费用的使用情况。

（5）督促施工单位进行安全自查工作，并对施工单位自查情况进行抽查，参加建设单位组织的安全生产专项检查。

### 2.3.3 安全监理工作方法

（1）监理通知。

监理人员在巡视检查中发现安全事故隐患，或有违反施工方案、法规和工程建设强制性标准的，应立即开具监理通知单，要求限时整改。

（2）暂停施工。

监理人员在巡视检查中发现有严重安全事故隐患或有严重违反施工方案、法规和工程建设强制性标准的，应立即要求施工单位暂停施工，并及时报告建设单位。

（3）报告。

①月度报告：项目监理机构应根据情况将月度安全监理工作情况在监理月报中或单独向建设单位和有关安全监督部门报告。

②专题报告：针对某项具体安全生产问题，总监理工程师认为有必要，可做专题报告。

（4）告知。

①对建设单位的告知：建设单位安全生产方面的义务和责任及相关事宜，项目监理机构宜以书面形式告知。

②对施工单位的告知：凡在安全监理工作中需施工单位配合的，应将安全监理工作的内容、方式及其他具体要求及时以书面形式告知。

（5）第一次工地会议。

①安全监理人员应参加第一次工地会议。

②总监理工程师应在会议上介绍安全监理的有关要求及具体内容，并向建设单位、施工单位递交书面告知。

③项目监理机构接受施工单位有关安全监理工作的询问。

（6）工地例会。

安全监理工作需要工程建设参与各方协调的事项，应通过工地例会及时解决。会上专职安全监理人员对施工现场安全生产工作情况进行分析，提出当前存在的问题，要求施工单位及有关各方予以改进。

（7）现场巡视。

①安全专项施工方案实施时的巡查：对危险性较大的分部分项工程的全部作业面，每天应巡视到位，发现问题要求改正的，应跟踪到改正为止，对暂停施工的，应注意施工方的动向。

②其他作业部位巡查：根据现场施工作业情况确立巡视部位。

③巡视检查应按专项安全监理实施细则的要求进行，并做好相应的记录。

# 2.4 安全监理有关表格

## 2.4.1 ×××××工程施工组织设计监理审查表

| 监理工程师审核意见：<br><br><br><br>签字：<br>年 月 日 |
| --- |
| 总监理工程师审批意见：<br><br><br><br>签字：<br>年 月 日 |
| 监理单位总工程师审批意见：<br><br><br><br>签字：<br>年 月 日 |

## 2.4.2 ×××××工程施工安全专项方案监理审查表

施工方案名称：

| 监理工程师审核意见：<br>（审核内容应包括：1. 安全监理重点部位和环节是否符合要求；2. 是否符合强制性标准要求；3. 具体审核意见）<br><br><br>签字：<br>年　月　日 |
| --- |
| 总监理工程师审批意见：<br>（审核内容应包括：1. 应重点监理的内容；2. 施工中要求施工单位重点注意的事项；3. 具体审批意见）<br><br><br>签字：<br>年　月　日 |

### 2.4.3 现场临时设施布设情况审查表

| 序号 | 监理审查内容 | 审查结果 |
| --- | --- | --- |
| 1 | 现场外貌（门头、灯箱、五牌一图、门卫室等） | |
| 2 | 施工总平面布置图与现场布设是否一致 | |
| 3 | 办公室（临时设施高度及安全性、办公室数量、会议室、工人学校设置等） | |
| 4 | 食堂（临时设施高度及安全性、操作间、就餐厅的卫生环境；卫生许可证、食堂人员证件及服装配备） | |
| 5 | 宿舍（临时设施高度及安全性、环境卫生、活动空间、床铺、值班卫生管理等） | |
| 6 | 现场道路设置情况 | |
| 7 | 现场及周边排水情况 | |
| 8 | 现场防火措施（防火制度、灭火器材的配备、消防知识培训等） | |
| 9 | 其他 | |

### 2.4.4 对施工单位安全安全保证体系的审查表

| 序号 | 审查内容 | 审查结果 |
| --- | --- | --- |
| 1 | 施工单位安全生产规章制度、安全生产责任制及安全操作规程建立情况（要求施工单位以文件形式下发执行） | |
| 2 | 安全管理机构及专职安全管理人员的配备情况 | |
| 3 | 分包单位的安全生产规章制度、安全生产责任制及安全操作规程建立情况 | |
| 4 | 其他 | |

### 2.4.5 对有关证件合法有效情况的审查表

| 序号 | 审查内容 | 审查结果 |
|---|---|---|
| 1 | 施工单位的资质是否合法有效 | |
| 2 | 安全生产许可证是否合法有效（是否在暂扣期内） | |
| 3 | 建造师（项目负责人）是否具备合法资格，是否与招标文件一致 | |
| 4 | 建造师（项目负责人）安全生产岗位合格证书是否合法有效 | |
| 5 | 专职安全生产管理人员配备及安全生产岗位合格证书是否合法有效 | |
| 6 | 特种作业人员操作资格证书是否合法有效 | |
| 7 | 其他 | |

### 2.4.6 施工单位应急预案编制情况审核表

| 监理工程师审核意见：<br>1. 预案的编制程序是否符合有关规定：<br>2. 具体审核意见：<br>（应考虑本工程极易发生突发事故的应急措施情况）<br><br>签字：<br>年　月　日 |
|---|
| 总监理工程师审批意见：<br><br>签字：<br>年　月　日 |

## 2.4.7 对所监理工程安全防护措施材料使用计划审核表

| 序号 | 审核内容 | 审核结果 |
| --- | --- | --- |
| 1 | 安全防护措施材料使用计划的项目是否齐全 | |
| 2 | 安全防护措施材料的计划购置时间、费用和数量是否符合工程实际 | |
| 3 | 安全防护措施计划是否能保证现场安全防护设施和设备的安全性和实效性 | |
| 4 | 其他 | |

考核人：　　　　　年　月　日

## 2.4.8 安全防护设施验收手续核查表

工程项目名称：

| 序号 | 核查内容 | 核查结果 |
| --- | --- | --- |
| 1 | 塔式起重机验收手续是否合法有效 | |
| 2 | 物料提升机验收手续是否合法有效 | |
| 3 | 施工电梯验收手续是否合法有效 | |
| 4 | 脚手架验收手续是否合法有效（是否按搭设阶段验收） | |
| 5 | 模板工程验收手续是否合法有效 | |
| 6 | 施工现场临时用电验收手续是否合法有效 | |
| 7 | 施工机具验收手续是否合法有效 | |
| 8 | 其他 | |

审核人：　　　　　年　月　日

此表作为日常监理检查时，对安全设施和设备验收情况的监理内容。

### 2.4.9 ×××××工程安全监理隐患整改通知书

×××××施工单位：你单位施工的×××××工程，因存在以下安全隐患：

要求你单位及项目部立即整改，限期至　月　日整改完毕。并及时上报复查报告。

签批人：

年　月　日

## 2.4.10 ×××××工程安全监理隐患整改复查表

| 存在的安全隐患： |
| --- |
| 存在的安全隐患：<br><br><br>检查人：<br>年　月　日 |
| 施工单位整改时间、责任人和整改措施：<br>整改期限：至　　月　　日<br>整改责任人：<br>具体整改措施： |
| 监理工程师（或安全监理人员）复查意见：<br><br><br>复查人：<br>年　月　日 |
| 总监理工程师复查意见：<br><br><br>签字：<br>年　月　日 |

## 2.5 安全监理有关资料整理

建筑施工现场安全监理工作贯穿于施工全过程，在日常安全监理时，应随时对安全监理资料进行整理归档。为保证资料的完整和清晰，对安全监理资料进行分类存档，要求有总目录，并且每个档案盒或文件夹要有详细目录。安全监理资料是指监理企业按有关规定要求，在安全监理过程中形成与建立的应当及时归档保存的资料。具体整理分类如下。

### 2.5.1 对有关单位及人员的审核资料

（1）有关部门批准的施工文件（施工许可证、开工前安全生产条件审查备案表等）。

（2）对施工单位在工程项目上的安全生产规章制度、安全生产责任制和安全操作规程及安全监管机构的建立、健全及专职安全生产管理人员配备情况资料的审核记录。

（3）对各分包单位的安全生产规章制度建立情况的资料审核记录。

（4）审查施工单位资质和安全生产许可证是否合法有效的资料记录。施工单位企业资质和安全生产许可证复印件。

（5）审查项目经理和专职安全生产管理人员是否具备合法资格，是否与投标文件相一致的资料记录。安全岗位证书复印件。

（6）审核特种作业人员的特种作业操作资格证书是否合法有效的资料记录。特种作业人员的特种作业操作资格证书复印件（施工过程中变更的及时收集归档），建立特种作业人员登记表格。

### 2.5.2 安全监理的规划和细则及具体监理措施资料

（1）项目安全监理规划（也可在项目监理规划中一并描述，规模较大的工程最好单独编制安全监理规划）。

（2）项目安全监理细则。

（3）依据规划和细则制定的安全监理程序和措施。

### 2.5.3 安全监理的机构和人员

（1）监理单位与建设单位签订的监理合同（应含安全监理内容或补充

协议)。

(2) 工程项目监理机构人员的任命书。

(3) 工程项目监理组织机构。

(4) 监理人员持证上岗证书复印件及登记表。

### 2.5.4 监理部安全监理制度及文件

(1) 安全监理责任制。

(2) 各项安全监理管理制度。

(3) 上级管理部门、监理单位及施工单位适时发放的安全生产方面的文件。

### 2.5.5 施工组织设计及施工方案审查资料

(1) 对施工单位的施工组织设计、安全技术措施、危险性较大的分部、分项工程安全专项施工方案的编制、审核、审批及专家论证审查报告的审核、审批资料。

(2) 审核审批的安全施工组织设计。

(3) 审核审批的专项施工方案(包括深基坑施工安全专项施工方案、施工现场临时用电组织设计、脚手架搭设方案、模板施工安全专项方案、塔吊和龙门架安装拆除方案、大型设施的起重吊装施工方案等)。

### 2.5.6 安全例会资料

(1) 安全监理例会制度。

(2) 工地安全监理例会记录(含工程安全专题会议)或会议纪要。

(3) 监理日志中有关安全监理记录。

### 2.5.7 安全教育及事故档案

(1) 监理人员安全教育资料,施工项目监理人员参加安全教育培训的证明。

(2) 安全事故调查处理资料,安全事故调查处理报告及安全事故隐患整改及复查验收记录。

### 2.5.8 安全检查资料

(1) 日常安全监理检查记录。

（2）专项安全检查记录。

（3）工程项目安全隐患整改监理通知单。

（4）安全监理停工复工通知及汇报资料：

①安全监理停工通知；

②安全监理复查及复工通知书；

③向上级汇报安全隐患的资料；

④向建设单位汇报的资料；

⑤向施工单位通报安全管理情况的资料。

## 2.6　安全监理的自查自控办法

监理单位应明确一名主要负责人负责安全监理工作，制定有关安全监理制度，并监督执行。安全监理技术管理由监理单位总工程师负责，特别是专业性较强的分项工程和专家论证的施工方案，必须由总工程师审批。总工程师对监理单位的安全监理技术负总责。安全监理单位要组织对监理部进行安全监理检查，对检查出的问题，做到及时整改、及时复查。具体自查自控办法有如下所述的6个方面。

（1）监理单位与监理部在开工时要签订安全监理奖惩责任书，明确监理部监理的项目创优、达标的奖励标准，对被建设行政主管部门通报和处罚的、公司安全监理检查不合格的、发生安全事故的，规定具体处罚标准。

（2）对每月检查结果的复查整改情况建立台账，检查监理部落实安全检查制度情况，考核监理部对查出的隐患是否及时下发了安全监理通知，并检查复查记录。作为对监理部业绩考核的依据。

（3）监理单位对监理部检查时，对当天检查现场安全监理存在的问题与前段时间的检查记录相比，检查监理部安全监理检查的实效性。

（4）检查安全监理人员是否履行了安全监理检查职责，对检查出的隐患是否及时下发了整改通知书，并是否复查和及时上报。

（5）定期对监理部进行考核，制定考核制度。按奖惩制度进行奖励和处罚。

（6）定期召开总监理工程师安全监理调度会，通报安全监理检查情况，布置下阶段工作。

# 第三章　安全监理规划和细则编写方法

## 3.1　安全监理规划的编制要点

要编制好安全监理规划，必须先对监理工程的概况、施工特点、施工设备、周边环境等进行调查了解。根据工程施工组织设计、有关标准和规范进行编制安全监理规划。具体有以下9个方面的编制要点。

### 3.1.1　建设工程项目概况叙述

（1）工程名称。

（2）规模：建筑面积、层数。

（3）结构形式。

（4）工期。

（5）施工方法。

（6）周边环境。

### 3.1.2　安全监理工作依据

（1）有关法律、法规文件。

（2）有关标准和规范。

（3）建设主管部门有关文件。

（4）监理规范。

### 3.1.3　安全监理工作目标

（1）省（市）级建筑施工安全生产标准化示范工地（小区工程）。

（2）安全评定为合格工地。

（3）无安全事故的目标。

### 3.1.4 安全监理工作内容和范围

（1）按《建设工程安全生产管理条例》第十四条规定，对监理工程的各分部、分项施工进行安全检查，按《建筑起重机械安全监督管理规定》规定对起重机械进行监理，履行《建筑工程安全生产监督管理工作导则》规定的职责，做好建设部《关于落实建设工程安全生产监理责任的若干意见》（建市〔2006〕248号）规定的监理工作范围。

（2）当地建设行政主管部门规定的安全监理工作范围。

### 3.1.5 安全监理工作程序

（1）按建设部《关于落实建设工程安全生产监理责任的若干意见》（建市〔2006〕248号）规定的安全监理工作程序，开展安全监理工作，在安全监理规划中要结合工程特点制定具体安全监理程序，按程序开展安全监理工作。

（2）按监理单位制定的具体安全监理程序进行监理。

### 3.1.6 安全监理措施

对工程的文明施工、脚手架、模板工程、“三宝、四口”防护、塔吊、施工电梯、物料提升机、起重吊装、施工机具等安全设施和设备及分部、分项工程进行分析，按有关标准和规范制定具体安全监理措施，对施工的全过程履行安全监理职责。

### 3.1.7 安全监理组织机构及人员配备计划

明确安全监理部人员，并对人员进行分工。

### 3.1.8 监理人员安全监理责任制和安全监理制度

制定监理部监理人员安全监理责任制和监理部安全监理制度。

### 3.1.9 安全监理奖惩措施

对照目标的实现情况，对监理人员进行考核，按监理单位及监理部奖惩制度给予兑现。

# 3.2 安全监理细则的编制要点

安全监理工作细则的编制，是安全监理工作的关键，是一个工程安全监理效果的重要保障。具体编制方法及内容有如下6个方面。

## 3.2.1 建设工程项目概况叙述

（1）工程名称。

（2）规模：建筑面积、层数。

（3）结构形式。

（4）工期。

（5）施工方法。

（6）周边环境。

（7）建筑起重机械使用情况。

（8）重大危险源的清单。

（9）危险性较大的分部分项工程清单。

## 3.2.2 安全监理细则编制的依据

（1）有关法律、法规文件。

（2）有关标准和规范。

（3）建设主管部门有关文件。

（4）监理规范。

## 3.2.3 安全监理工作的分工

（1）总监理工程师负责组织监理部人员对施工单位上报已经施工单位总工程师审批的工程施工组织设计进行审核，并由监理工程师签署审核意见，由总监理工程师签批实施，作为对该工程安全监理的重要依据。

（2）监理部成员由总监理工程师分工，审核施工单位的专项施工方案、安全应急救援预案等施工方案。提出具体审核意见，交总监理工程师审批。

（3）总监理工程师组织监理部人员核查施工单位的安全生产许可证，检查施工单位的安全生产管理体系是否健全，并检查施工单位的安全规章制度、特殊工种持证上岗制度和安全技术交底制度。

（4）各专业监理工程师检查施工操作人员的安全教育培训资料。督促施工单位开展安全教育，未经教育不许上岗作业，并督促施工单位立即整改。

（5）各专业监理工程师负责检查现场施工安全工作，检查施工现场安全设施和设备是否符合安全技术规范要求，并针对存在的隐患及时下发安全监理通知单，并及时督促施工单位整改。

（6）总监理工程师督促施工单位安全管理体系有效运转，对施工单位拒不整改或不按要求停止施工的，监理部及时通知建设单位，并及时向工程所在地建设行政主管部门进行报告。

### 3.2.4 监理工作控制要点

（1）监理部要认真执行国家“安全第一、预防为主、综合治理”的方针。努力消除人的不安全行为，严格控制“三违”行为（违章指挥、违章作业和违反劳动纪律），确保施工安全。

（2）安全监理的重点内容：

①基础施工阶段施工安全控制要点：挖土机械作业安全；边坡防护安全；降水设备与临时用电安全；防水施工时的防火防毒。

②主体施工阶段的施工安全控制要点：临时用电安全；脚手架及洞口防护安全；作业面交叉施工及临边防护安全；模板工程安全；机械设备使用安全。

③装饰阶段施工安全控制要点：油漆、防水施工时的防火防毒等。

（3）施工准备阶段的监理工作：开工前，监理部要对工程安全监理方面的要求组织召开第一次工地会议，要求建设单位工地负责人和施工单位项目负责人、专职安全生产管理人员、特种作业人员到会，核验人和证件相符。公布安全例会制度，提出安全监理要求。

（4）签署开工报告前应审查施工组织设计及有关专项施工方案的审批和现场准备工作是否符合要求。检查建筑施工安全监督手续（因为根据规定建设单位在申请领取施工许可证前，应当到建设行政主管部门或者其委托的建筑工程安全监督机构办理建筑施工安全监督手续）。

（5）需审查的资料：施工企业营业执照、资质证书和安全生产许可证是否合法有效，特别是安全生产许可证是否处于暂扣期内；审查施工企业的安全规章制度包括：安全生产责任制度、安全生产教育培训制度、安全检查制度、安全技术交底制度、危险性较大工程专项方案的专家论证审查制度、消防安全责任制度、生产事故的应急救援预案制度等。

（6）审查施工现场根据建筑面积或施工人数配备专职安全生产管理人员的情况。

（7）特种作业人员的资格证书。包括：建筑电工、建筑架子工、建筑起重信号司索工、建筑起重机械司机、建筑起重机械安装拆卸工、高处作业吊篮安装拆卸工以及省级以上人民政府建设行政主管部门认定的其他特种作业人员。

（8）检查施工单位是否按规定程序报审施工组织设计和专项施工方案。审查施工组织设计中的安全技术措施和危险性较大的分部分项工程专项措施是否符合工程建设强制标准要求；重点审核审查安全技术措施的全面性、针对性、可行性，安全技术措施要针对工程特点、施工工艺、作业条件以及作业人员技能情况进行针对性地控制，按施工部位列出施工的危险源和危险作业点，并制定具体的防护措施和安全作业注意事项，并将各种防护设施的用料纳入资金使用计划；重点审查施工单位编制的地下管线保护措施方案是否符合强制性标准要求；施工中可能危及毗邻建筑物、构筑物等是否编制专项防护措施方案；重点审查冬季、雨季等季节性施工方案是否符合强制性标准要求；安全防护措施是否符合要求；重点审查施工总平面布置图是否符合安全生产的要求，办公、宿舍、食堂等办公和生活区与作业区是否严格分开，道路等临时设施设置以及排水、防火措施是否符合强制性标准要求；重点审查建筑施工安全事故应急救援预案和安全防护措施费用使用计划，其内容应包括建设工程的基本情况、施工现场安全事故救护组织、救援器材、设备的配备、安全事故救护单位的配合等。

（9）检查施工起重机械安装验收情况：核对建筑起重机械的数量，分类登记管理；核对起重机械登记备案手续，核查施工起重机械检测检验合格证明，检查安装单位资质和有关资料，检查合法验收手续。如对塔吊要重点检查：塔吊安拆分包队伍资质证书、操作人员资格证书、塔吊安拆方案、塔吊基础隐蔽工程验收单、基础砼强度报告、塔吊安拆安全技术交底、安装自检合格证明和验收合格手续等。

（10）检查安全防护用具、施工机具、设备情况，审查生产（制造）许可证、产品合格证、安装验收合格证明等。包括安全帽、安全带、安全网、绝缘鞋、绝缘手套、配电箱、电锯、钢筋切割机、卷扬机、钢筋弯曲机、电焊机、砼振捣器、搅拌机等。

（11）认真审查专家认证前、后的危险性较大工程施工方案。由总监理工程师根据专家的签字认可的审查意见进行审批签字，方可进行施工。

（12）检查施工现场布置情况，监理工程师应检查现场的设施、材料堆放、施工机具等的布置是否与总平面图相符，材料是否按要求设置标牌，牌、料是否一致，施工机具安全防护是否符合要求；消防通道、消防设施是否按要求设置，标志是否明显、齐全，消防设施是否在检测有效期内；（临时用电）线路的敷设、配电箱的安装、防护等是否与临时用电施工组织设计相符；现场安全警示标志是否规范、齐全、醒目等。

### 3.2.5　施工期间的安全监理工作要求

施工期间监理工程师应进行日常和定期检查，并对检查情况和施工单位整改情况作详细记录。

（1）监督施工单位按照施工组织设计中的安全技术措施和专项施工方案组织施工。

（2）检查施工单位专职安全生产管理人员是否到岗，是否按《建设工程安全生产管理条例》规定认真履行职责。

（3）施工单位安全管理体系的运转是否正常有效，对新进场和变换工作岗位的作业人员是否进行了安全教育及相关培训，新进场的材料是否按要求堆放和检测等。

（4）定期巡视检查施工过程中的危险性较大的工程作业情况。

（5）检查施工现场各种安全标志和安全防护措施是否符合强制标准要求，检查高处作业是否符合施工组织设计和规范要求。

（6）督促施工单位按安全检查制度开展安全检查工作，并对施工单位自查情况进行抽查，参加建设单位组织的安全生产专项检查；核查施工单位定期性、经常性、突击性、专业性、季节性等各种形式的安全检查的记录，检查记录是否真实有效，对安全隐患的整改是否做到定人、定时间、定措施，并是否进行按时复查销案。

### 3.2.6　安全监理工作自查和考核

工程竣工前及时组织监理部人员对该工程的安全监理工作进行总结，及时整理安全监理资料，核查安全监理工作目标的实现情况，检查安全达标情况，落实安全监理奖惩制度。

# 第四章　安全生产法基本知识

## 4.1　相关概念

1. 生产经营单位

生产经营单位是指从事生产或者经营活动的企业、事业单位、个体经济组织及其他组织和个人。

2. 主要负责人

主要负责人是指生产经营单位内对生产经营活动负有决策权并能承担法律责任的人，包括法定代表人、实际控制人、总经理、经理、厂长等。

3. 事故隐患

事故隐患是指违反安全生产法律、法规、规章、国家标准、行业标准、安全规程和管理制度的规定，或者因其他因素在生产经营活动中存在可能导致事故发生的物的危险状态、人的不安全行为和管理上的缺陷。

4. 重大事故隐患

重大事故隐患是指危害或者整改难度较大，需要全部或者局部停产停业，并经过一定时间整改治理方能排除的事故隐患，或者因外部因素影响致使生产经营单位自身难以排除的事故隐患。

5. 重大危险源

对重大危险源概念进行了修改，重大危险源是指依据安全生产国家标准、行业标准或者国家有关规定辨识确定的危险设备、设施或者场所（包括场所和设施）。

6. 生产安全事故

生产安全事故是指在生产经营活动中造成人身伤亡（包括急性工业中毒）

或者直接经济损失的事故。

## 4.2 安全生产法的特点

### 4.2.1 坚持以人为本，推进安全发展

提出安全生产工作应当以人为本，充分体现了习近平总书记等中央领导同志近一年来关于安全生产工作一系列重要指示精神，对于坚守发展决不能以牺牲人的生命为代价这条红线，牢固树立以人为本、生命至上的理念，正确处理重大险情和事故应急救援中“保财产”还是“保人命”问题，具有重大意义。为强化安全生产工作的重要地位，明确安全生产在国民经济和社会发展中的重要地位，推进安全生产形势持续稳定好转，新法将坚持安全发展写入了总则。

### 4.2.2 建立完善安全生产方针和工作机制

确立了“安全第一、预防为主、综合治理”的安全生产工作“十二字方针”，明确了安全生产的重要地位、主体任务和实现安全生产的根本途径。“安全第一”要求从事生产经营活动必须把安全放在首位，不能以牺牲人的生命、健康为代价换取发展和效益。“预防为主”要求把安全生产工作的重心放在预防上，强化隐患排查治理，打非治违，从源头上控制、预防和减少生产安全事故。“综合治理”要求运用行政、经济、法治、科技等多种手段，充分发挥社会、职工、舆论监督各个方面的作用，抓好安全生产工作。坚持“十二字方针”，总结实践经验，新法明确要求建立生产经营单位负责、职工参与、政府监管、行业自律、社会监督的机制，进一步明确各方安全生产职责。做好安全生产工作，落实生产经营单位主体责任是根本，职工参与是基础，政府监管是关键，行业自律是发展方向，社会监督是实现预防和减少生产安全事故目标的保障。

### 4.2.3 落实“三个必须”，明确安全监管部门执法地位

新法按照“三个必须”（管业务必须管安全、管行业必须管安全、管生产经营必须管安全）的要求：

一是规定国务院和县级以上地方人民政府应当建立健全安全生产工作协调

机制，及时协调、解决安全生产监督管理中存在的重大问题。

二是明确国务院和县级以上地方人民政府安全生产监督管理部门实施综合监督管理，有关部门在各自职责范围内对有关行业、领域的安全生产工作实施监督管理。并将其统称负有安全生产监督管理职责的部门。

三是明确各级安全生产监督管理部门和其他负有安全生产监督管理职责的部门作为执法部门，依法开展安全生产行政执法工作，对生产经营单位执行法律、法规、国家标准或行业标准的情况进行监督检查。

### 4.2.4 明确乡镇人民政府以及街道办事处、开发区管理机构安全生产职责

乡镇街道是安全生产工作的重要基础，有必要在立法层面明确其安全生产职责，同时，针对各地经济技术开发区、工业园区的安全监管体制不顺、监管人员配备不足、事故隐患集中、事故多发等突出问题，新法明确：乡、镇人民政府以及街道办事处、开发区管理机构等地方人民政府的派出机关应当按照职责，加强对本行政区域内生产经营单位安全生产状况的监督检查，协助上级人民政府有关部门依法履行安全生产监督管理职责。

### 4.2.5 进一步强化生产经营单位的安全生产主体责任

做好安全生产工作，落实生产经营单位主体责任是根本。把明确安全责任、发挥生产经营单位安全生产管理机构和安全生产管理人员作用作为一项重要内容，做出四个方面的重要规定：一是明确委托规定的机构提供安全生产技术、管理服务的，保证安全生产的责任仍然由本单位负责；二是明确生产经营单位的安全生产责任制的内容，规定生产经营单位应当建立相应的机制，加强对安全生产责任制落实情况的监督考核；三是明确生产经营单位的安全生产管理机构以及安全生产管理人员履行的七项职责；四是规定矿山、金属冶炼建设项目和用于生产、储存危险物品的建设项目竣工投入生产或者使用前，由建设单位负责组织对安全设施进行验收。

### 4.2.6 建立事故预防和应急救援的制度

把加强事前预防和事故应急救援作为一项重要内容：一是生产经营单位必须建立生产安全事故隐患排查治理制度，采取技术、管理措施及时发现并消除事故隐患，并向从业人员通报隐患排查治理情况的制度；二是政府有关部门要

建立健全重大事故隐患治理督办制度，督促生产经营单位消除重大事故隐患；三是对未建立隐患排查治理制度、未采取有效措施消除事故隐患的行为，设定了严格的行政处罚；四是赋予负有安全监管职责的部门对拒不执行执法决定、有发生生产安全事故现实危险的生产经营单位依法采取停电、停供民用爆炸物品等措施，强制生产经营单位履行决定；五是国家建立应急救援基地和应急救援队伍，建立全国统一的应急救援信息系统。生产经营单位应当依法制定应急预案并定期演练。参与事故抢救的部门和单位要服从统一指挥，根据事故救援的需要组织采取告知、警戒、疏散等措施。

### 4.2.7 建立安全生产标准化制度

安全生产标准化是在传统的安全质量标准化基础上，根据当前安全生产工作的要求、企业生产工艺特点，借鉴国外现代先进安全管理思想，形成的一套系统的、规范的、科学的安全管理体系。2010 年《国务院关于进一步加强企业安全生产工作的通知》（国发〔2010〕23 号）、2011 年《国务院关于坚持科学发展安全发展促进安全生产形势持续稳定好转的意见》（国发〔2011〕40 号）均对安全生产标准化工作提出了明确的要求。近年来矿山、危险化学品等高危行业企业安全生产标准化取得了显著成效，工贸行业领域的标准化工作正在全面推进，企业安全生产水平明显提高。结合多年的实践经验，新法在总则部分明确提出推进安全生产标准化工作，这必将对强化安全生产基础建设，促进企业安全生产水平持续提升产生重大而深远的影响。

### 4.2.8 推行注册安全工程师制度

为解决中小企业安全生产“无人管、不会管”问题，促进安全生产管理人员队伍朝着专业化、职业化方向发展，国家自 2004 年以来连续 10 年实施了全国注册安全工程师执业资格统一考试，21.8 万人取得了资格证书。截至 2013 年 12 月，已有近 15 万人注册并在生产经营单位和安全生产中介服务机构执业。新法确立了注册安全工程师制度，并从两个方面加以推进：一是危险物品的生产、储存单位以及矿山、金属冶炼单位应当有注册安全工程师从事安全生产管理工作，鼓励其他生产经营单位聘用注册安全工程师从事安全生产管理工作；二是建立注册安全工程师按专业分类管理制度，授权国务院有关部门制定具体实施办法。

### 4.2.9 推进安全生产责任保险制度

总结了近年来的试点经验，通过引入保险机制，促进安全生产，规定国家鼓励生产经营单位投保安全生产责任保险。安全生产责任保险具有其他保险所不具备的特殊功能和优势，一是增加事故救援费用和第三人（事故单位从业人员以外的事故受害人）赔付的资金来源，有助于减轻政府负担，维护社会稳定。目前有的地区还提供了一部分资金作为对事故死亡人员家属的补偿；二是有利于现行安全生产经济政策的完善和发展。2005 年起实施的高危行业风险抵押金制度存在缴存标准高、占用资金大、缺乏激励作用等不足，目前湖南、上海等省市已经通过地方立法允许企业自愿选择责任保险或者风险抵押金，受到企业的广泛欢迎；三是通过保险费率浮动、引进保险公司参与企业安全管理，可以有效促进企业加强安全生产工作。

### 4.2.10 加大对安全生产违法行为的责任追究力度

一是规定了事故行政处罚和终身行业禁入。第一，将行政法规的规定上升为法律条文，按照两个责任主体、四个事故等级，设立了对生产经营单位及其主要负责人的八项罚款处罚明文；第二，大幅提高对事故责任单位的罚款金额：一般事故罚款 20 万元至 50 万元，较大事故 50 万元至 100 万元，重大事故 100 万元至 500 万元，特别重大事故 500 万元至 1000 万元；特别重大事故的情节特别严重的，罚款 1000 万元至 2000 万元；第三，进一步明确主要负责人对重大事故、特别重大事故负有责任的，终身不得担任本行业生产经营单位的主要负责人。

二是加大罚款处罚力度。结合各地区经济发展水平、企业规模等实际，新法维持罚款下限基本不变、将罚款上限提高了 2 倍至 5 倍，并且大多数处罚不再将限期整改作为前置条件。反映了“打非治违”“重典治乱”的现实需要，强化了对安全生产违法行为的震慑力，也有利于降低执法成本、提高执法效能。

三是建立了严重违法行为公告和通报制度。要求负有安全生产监督管理部门建立安全生产违法行为信息库，如实记录生产经营单位的违法行为信息；对违法行为情节严重的生产经营单位，应当向社会公告，并通报行业主管部门、投资主管部门、国土资源主管部门、证券监督管理部门和有关金融机构。

## 4.3 法律规定

### 4.3.1 立法目的

为了加强安全生产工作，防止和减少生产安全事故，保障人民群众生命和财产安全，促进经济社会持续健康发展。

### 4.3.2 法律适用范围

适用于在中华人民共和国领域内从事生产经营活动的单位（统称生产经营单位）的安全生产；有关法律、行政法规对消防安全和道路交通安全、铁路交通安全、水上交通安全、民用航空安全以及核与辐射安全、特种设备安全另有规定的，适用其规定。

### 4.3.3 方针和监督机制

安全生产工作应当以人为本，坚持安全发展，坚持安全第一、预防为主、综合治理的方针，强化和落实生产经营单位的主体责任，建立生产经营单位负责、职工参与、政府监管、行业自律和社会监督的机制。国务院和县级以上地方各级人民政府应当根据国民经济和社会发展规划制定安全生产规划，并组织实施。安全生产规划应当与城乡规划相衔接。国务院和县级以上地方各级人民政府应当加强对安全生产工作的领导，支持、督促各有关部门依法履行安全生产监督管理职责，建立健全安全生产工作协调机制，及时协调、解决安全生产监督管理中存在的重大问题。乡、镇人民政府以及街道办事处、开发区管理机构等地方人民政府的派出机关应当按照职责，加强对本行政区域内生产经营单位安全生产状况的监督检查，协助上级人民政府有关部门依法履行安全生产监督管理职责。

### 4.3.4 工会的安全责任

工会依法对安全生产工作进行监督。生产经营单位的工会依法组织职工参加本单位安全生产工作的民主管理和民主监督，维护职工在安全生产方面的合法权益。生产经营单位制定或者修改有关安全生产的规章制度，应当听取工会的意见。

### 4.3.5 安全监督部门的责任

国务院安全生产监督管理部门依照本法，对全国安全生产工作实施综合监督管理；县级以上地方各级人民政府安全生产监督管理部门依照本法，对本行政区域内安全生产工作实施综合监督管理。国务院有关部门依照本法和其他有关法律、行政法规的规定，在各自的职责范围内对有关行业、领域的安全生产工作实施监督管理；县级以上地方各级人民政府有关部门依照本法和其他有关法律、法规的规定，在各自的职责范围内对有关行业、领域的安全生产工作实施监督管理。安全生产监督管理部门和对有关行业、领域的安全生产工作实施监督管理的部门，统称负有安全生产监督管理职责的部门。国务院有关部门应当按照保障安全生产的要求，依法及时制定有关的国家标准或者行业标准，并根据科技进步和经济发展适时修订。生产经营单位必须执行依法制定的保障安全生产的国家标准或者行业标准。各级人民政府及其有关部门应当采取多种形式，加强对有关安全生产的法律、法规和安全生产知识的宣传，增强全社会的安全生产意识。

### 4.3.6 协会及中介机构的责任

有关协会组织依照法律、行政法规和章程，为生产经营单位提供安全生产方面的信息、培训等服务，发挥自律作用，促进生产经营单位加强安全生产管理。依法设立为安全生产提供技术服务的中介机构，依照法律、行政法规和执业准则，接受生产经营单位的委托为其安全生产工作提供技术服务。

### 4.3.7 生产经营单位的法律责任

生产经营单位必须遵守本法和其他有关安全生产的法律、法规，加强安全生产管理，建立、健全安全生产责任制和安全生产规章制度，改善安全生产条件，推进安全生产标准化建设，提高安全生产水平，确保安全生产。生产经营单位的主要负责人对本单位的安全生产工作全面负责。生产经营单位的从业人员有依法获得安全生产保障的权利，并应当依法履行安全生产方面的义务。

（1）生产经营单位应当具备本法和有关法律、行政法规和国家标准或者行业标准规定的安全生产条件；不具备安全生产条件的，不得从事生产经营活动。

（2）生产经营单位的主要负责人对本单位安全生产工作负有下列职责：

①建立健全本单位安全生产责任制；

②组织制定本单位安全生产规章制度和操作规程；

③组织制定并实施本单位安全生产教育和培训计划；

④保证本单位安全生产投入的有效实施；

⑤督促、检查本单位的安全生产工作，及时消除生产安全事故隐患；

⑥组织制定并实施本单位的生产安全事故应急救援预案；

⑦及时、如实报告生产安全事故。

（3）生产经营单位的安全生产责任制应当明确各岗位的责任人员、责任范围和考核标准等内容。生产经营单位应当建立相应的机制，加强对安全生产责任制落实情况的监督考核，保证安全生产责任制的落实。

（4）生产经营单位应当具备安全生产条件所必需的资金投入，由生产经营单位的决策机构、主要负责人或者个人经营的投资人予以保证，并对由于安全生产所必需的资金投入不足导致的后果承担责任。有关生产经营单位应当按照规定提取和使用安全生产费用，专门用于改善安全生产条件。安全生产费用在成本中据实列支。安全生产费用提取、使用和监督管理的具体办法由国务院财政部门会同国务院安全生产监督管理部门征求国务院有关部门意见后制定。

（5）矿山、金属冶炼、建筑施工、道路运输单位和危险物品的生产、经营、储存单位，应当设置安全生产管理机构或者配备专职安全生产管理人员。前款规定以外的其他生产经营单位，从业人员超过100人的，应当设置安全生产管理机构或者配备专职安全生产管理人员；从业人员在100人以下的，应当配备专职或者兼职的安全生产管理人员。

（6）生产经营单位的安全生产管理机构以及安全生产管理人员履行下列职责：

①组织或者参与拟订本单位安全生产规章制度、操作规程和生产安全事故应急救援预案；

②组织或者参与本单位安全生产教育和培训，如实记录安全生产教育和培训情况；

③督促落实本单位重大危险源的安全管理措施；

④组织或者参与本单位应急救援演练；

⑤检查本单位的安全生产状况，及时排查生产安全事故隐患，提出改进安

全生产管理的建议；

⑥制止和纠正违章指挥、强令冒险作业、违反操作规程的行为；

⑦督促落实本单位安全生产整改措施。

（7）生产经营单位的安全生产管理机构以及安全生产管理人员应当恪尽职守，依法履行职责。生产经营单位做出涉及安全生产的经营决策，应当听取安全生产管理机构以及安全生产管理人员的意见。生产经营单位不得因安全生产管理人员依法履行职责而降低其工资、福利等待遇或者解除与其订立的劳动合同。危险物品的生产、储存单位以及矿山、金属冶炼单位的安全生产管理人员的任免，应当告知主管的负有安全生产监督管理职责的部门。

（8）生产经营单位的主要负责人和安全生产管理人员必须具备与本单位所从事的生产经营活动相应的安全生产知识和管理能力。危险物品的生产、经营、储存单位以及矿山、金属冶炼、建筑施工、道路运输单位的主要负责人和安全生产管理人员，应当由主管的负有安全生产监督管理职责的部门对其安全生产知识和管理能力考核合格。考核不得收费。危险物品的生产、储存单位以及矿山、金属冶炼单位应当有注册安全工程师从事安全生产管理工作。鼓励其他生产经营单位聘用注册安全工程师从事安全生产管理工作。注册安全工程师按专业分类管理，具体办法由国务院人力资源和社会保障部门、国务院安全生产监督管理部门会同国务院有关部门制定。

（9）生产经营单位应当对从业人员进行安全生产教育和培训，保证从业人员具备必要的安全生产知识，熟悉有关的安全生产规章制度和安全操作规程，掌握本岗位的安全操作技能，了解事故应急处理措施，知悉自身在安全生产方面的权利和义务。未经安全生产教育和培训合格的从业人员，不得上岗作业。生产经营单位使用被派遣劳动者的，应当将被派遣劳动者纳入本单位从业人员统一管理，对被派遣劳动者进行岗位安全操作规程和安全操作技能的教育和培训。劳务派遣单位应当对被派遣劳动者进行必要的安全生产教育和培训。生产经营单位接收中等职业学校、高等学校学生实习的，应当对实习学生进行相应的安全生产教育和培训，提供必要的劳动防护用品。学校应当协助生产经营单位对实习学生进行安全生产教育和培训。生产经营单位应当建立安全生产教育和培训档案，如实记录安全生产教育和培训的时间、内容、参加人员以及考核结果等情况。

（10）生产经营单位采用新工艺、新技术、新材料或者使用新设备，必须了解、掌握其安全技术特性，采取有效的安全防护措施，并对从业人员进行专门的安全生产教育和培训。

（11）生产经营单位的特种作业人员必须按照国家有关规定经专门的安全作业培训，取得相应资格，方可上岗作业。特种作业人员的范围由国务院安全生产监督管理部门会同国务院有关部门确定。

（12）生产经营单位新建、改建、扩建工程项目（统称建设项目）的安全设施，必须与主体工程同时设计、同时施工、同时投入生产和使用。安全设施投资应当纳入建设项目概算。

（13）矿山、金属冶炼建设项目和用于生产、储存、装卸危险物品的建设项目，应当按照国家有关规定进行安全评价。

（14）建设项目安全设施的设计人、设计单位应当对安全设施设计负责。矿山、金属冶炼建设项目和用于生产、储存、装卸危险物品的建设项目的安全设施设计应当按照国家有关规定报经有关部门审查，审查部门及其负责审查的人员对审查结果负责。

（15）矿山、金属冶炼建设项目和用于生产、储存、装卸危险物品的建设项目的施工单位必须按照批准的安全设施设计施工，并对安全设施的工程质量负责。矿山、金属冶炼建设项目和用于生产、储存危险物品的建设项目竣工投入生产或者使用前，应当由建设单位负责组织对安全设施进行验收；验收合格后，方可投入生产和使用。安全生产监督管理部门应当加强对建设单位验收活动和验收结果的监督核查。

（16）生产经营单位应当在有较大危险因素的生产经营场所和有关设施、设备上，设置明显的安全警示标志。

（17）安全设备的设计、制造、安装、使用、检测、维修、改造和报废，应当符合国家标准或者行业标准。生产经营单位必须对安全设备进行经常性维护、保养，并定期检测，保证正常运转。维护、保养、检测应当做好记录，并由有关人员签字。

（18）生产经营单位使用的危险物品的容器、运输工具，以及涉及人身安全、危险性较大的海洋石油开采特种设备和矿山井下特种设备，必须按照国家有关规定，由专业生产单位生产，并经具有专业资质的检测、检验机构检测、检验合格，取得安全使用证或者安全标志，方可投入使用。检测、检验机构对检测、检验结果负责。

（19）国家对严重危及生产安全的工艺、设备实行淘汰制度，具体目录由国务院安全生产监督管理部门会同国务院有关部门制定并公布。法律、行政法规对目录的制定另有规定的，适用其规定。省、自治区、直辖市人民政府可以根据本地区实际情况制定并公布具体目录，对其规定以外的危及生产安全的工艺、设备予以淘汰。生产经营单位不得使用应当淘汰的危及生产安全的工艺、设备。

（20）生产、经营、运输、储存、使用危险物品或者处置废弃危险物品的，由有关主管部门依照有关法律、法规的规定和国家标准或者行业标准审批并实施监督管理。生产经营单位生产、经营、运输、储存、使用危险物品或者处置废弃危险物品，必须执行有关法律、法规和国家标准或者行业标准，建立专门的安全管理制度，采取可靠的安全措施，接受有关主管部门依法实施的监督管理。

（21）生产经营单位对重大危险源应当登记建档，进行定期检测、评估、监控，并制定应急预案，告知从业人员和相关人员在紧急情况下应当采取的应急措施。生产经营单位应当按照国家有关规定将本单位重大危险源及有关安全措施、应急措施报有关地方人民政府安全生产监督管理部门和有关部门备案。

（22）生产经营单位应当建立健全生产安全事故隐患排查治理制度，采取技术、管理措施，及时发现并消除事故隐患。事故隐患排查治理情况应当如实记录，并向从业人员通报。县级以上地方各级人民政府负有安全生产监督管理职责的部门应当建立健全重大事故隐患治理督办制度，督促生产经营单位消除重大事故隐患。

（23）生产、经营、储存、使用危险物品的车间、商店、仓库不得与员工宿舍在同一座建筑物内，并应当与员工宿舍保持安全距离。生产经营场所和员工宿舍应当设有符合紧急疏散要求、标志明显、保持畅通的出口。禁止锁闭、封堵生产经营场所或者员工宿舍的出口。

生产经营单位进行爆破、吊装以及国务院安全生产监督管理部门会同国务院有关部门规定的其他危险作业，应当安排专门人员进行现场安全管理，确保操作规程的遵守和安全措施的落实。

（24）生产经营单位应当教育和督促从业人员严格执行本单位的安全生产规章制度和安全操作规程；并向从业人员如实告知作业场所和工作岗位存在的危险因素、防范措施以及事故应急措施。

（25）生产经营单位必须为从业人员提供符合国家标准或者行业标准的劳动防护用品，并监督、教育从业人员按照使用规则佩戴、使用。

（26）生产经营单位的安全生产管理人员应当根据本单位的生产经营特

点，对安全生产状况进行经常性检查；对检查中发现的安全问题，应当立即处理；不能处理的，应当及时报告本单位有关负责人，有关负责人应当及时处理。检查及处理情况应当如实记录在案。生产经营单位的安全生产管理人员在检查中发现重大事故隐患，依照前款规定向本单位有关负责人报告，有关负责人不及时处理的，安全生产管理人员可以向主管的负有安全生产监督管理职责的部门报告，接到报告的部门应当依法及时处理。

（27）生产经营单位应当安排用于配备劳动防护用品、进行安全生产培训的经费。两个以上生产经营单位在同一作业区域内进行生产经营活动，可能危及对方生产安全的，应当签订安全生产管理协议，明确各自的安全生产管理职责和应当采取的安全措施，并指定专职安全生产管理人员进行安全检查与协调。

（28）生产经营单位不得将生产经营项目、场所、设备发包或者出租给不具备安全生产条件或者相应资质的单位或者个人。生产经营项目、场所发包或者出租给其他单位的，生产经营单位应当与承包单位、承租单位签订专门的安全生产管理协议，或者在承包合同、租赁合同中约定各自的安全生产管理职责；生产经营单位对承包单位、承租单位的安全生产工作统一协调、管理，定期进行安全检查，发现安全问题的，应当及时督促整改。

（29）生产经营单位发生生产安全事故时，单位的主要负责人应当立即组织抢救，并不得在事故调查处理期间擅离职守。

（30）生产经营单位必须依法参加工伤保险，为从业人员缴纳保险费。国家鼓励生产经营单位投保安全生产责任保险。

### 4.3.8 从业人员的安全生产权利和义务

（1）生产经营单位与从业人员订立的劳动合同，应当载明有关保障从业人员劳动安全、防止职业危害的事项，以及依法为从业人员办理工伤保险的事项。生产经营单位不得以任何形式与从业人员订立协议，免除或者减轻其对从业人员因生产安全事故伤亡依法应承担的责任。

（2）生产经营单位的从业人员有权了解其作业场所和工作岗位存在的危险因素、防范措施及事故应急措施，有权对本单位的安全生产工作提出建议。

（3）从业人员有权对本单位安全生产工作中存在的问题提出批评、检举、控告；有权拒绝违章指挥和强令冒险作业。生产经营单位不得因从业人员对本单位安全生产工作提出批评、检举、控告或者拒绝违章指挥、强令冒险作业而降低其工资、福利等待遇或者解除与其订立的劳动合同。

(4) 从业人员发现直接危及人身安全的紧急情况时，有权停止作业或者在采取可能的应急措施后撤离作业场所。生产经营单位不得因从业人员在前款紧急情况下停止作业或者采取紧急撤离措施而降低其工资、福利等待遇或者解除与其订立的劳动合同。因生产安全事故受到损害的从业人员，除依法享有工伤保险外，依照有关民事法律尚有获得赔偿的权利的，有权向本单位提出赔偿要求。

(5) 从业人员在作业过程中，应当严格遵守本单位的安全生产规章制度和操作规程，服从管理，正确佩戴和使用劳动防护用品。

(6) 从业人员应当接受安全生产教育和培训，掌握本职工作所需的安全生产知识，提高安全生产技能，增强事故预防和应急处理能力。

(7) 从业人员发现事故隐患或者其他不安全因素，应当立即向现场安全生产管理人员或者本单位负责人报告；接到报告的人员应当及时予以处理。

(8) 工会有权对建设项目的安全设施与主体工程同时设计、同时施工、同时投入生产和使用进行监督，提出意见。工会对生产经营单位违反安全生产法律、法规，侵犯从业人员合法权益的行为，有权要求纠正；发现生产经营单位违章指挥、强令冒险作业或者发现事故隐患时，有权提出解决的建议，生产经营单位应当及时研究答复；发现危及从业人员生命安全的情况时，有权向生产经营单位建议组织从业人员撤离危险场所，生产经营单位必须立即做出处理。工会有权依法参加事故调查，向有关部门提出处理意见，并要求追究有关人员的责任。

(9) 生产经营单位使用被派遣劳动者的，被派遣劳动者享有本法规定的从业人员的权利，并应当履行本法规定的从业人员的义务。

### 4.3.9 安全生产的监督管理

(1) 县级以上地方各级人民政府应当根据本行政区域内的安全生产状况，组织有关部门按照职责分工，对本行政区域内容易发生重大生产安全事故的生产经营单位进行严格检查。安全生产监督管理部门应当按照分类分级监督管理的要求，制订安全生产年度监督检查计划，并按照年度监督检查计划进行监督检查，发现事故隐患，应当及时处理。

(2) 负有安全生产监督管理职责的部门依照有关法律、法规的规定，对涉及安全生产的事项需要审查批准或验收的，必须严格依照有关法律、法规和国家标准或行业标准规定的安全生产条件和程序进行审查；不符合有关法律、法规和国家标准或行业标准规定的安全生产条件的，不得批准或验收通过。对未依法取得批准或者验收合格的单位擅自从事有关活动的，负责行政审批的部门发现或接到举报后应当立即予以取缔，并依法予以处理。对已经依法取得批准的单位，负责行政审批的部门发现其不再具备安全生产条件的，应当撤销原批准。

（3）负有安全生产监督管理职责的部门对涉及安全生产的事项进行审查、验收，不得收取费用；不得要求接受审查、验收的单位购买其指定品牌或者指定生产、销售单位的安全设备、器材或其他产品。

（4）安全生产监督管理部门和其他负有安全生产监督管理职责的部门依法开展安全生产行政执法工作，对生产经营单位执行有关安全生产的法律、法规和国家标准或者行业标准的情况进行监督检查。

### 4.3.10　生产安全事故的应急救援与调查处理

（1）县级以上地方各级人民政府应当组织有关部门制定本行政区域内生产安全事故应急救援预案，建立应急救援体系。

（2）生产经营单位应当制定本单位生产安全事故应急救援预案，与所在地县级以上地方人民政府组织制定的生产安全事故应急救援预案相衔接，并定期组织演练。

（3）危险物品的生产、经营、储存单位以及矿山、金属冶炼、城市轨道交通运营、建筑施工单位应当建立应急救援组织；生产经营规模较小的，可以不建立应急救援组织，但应当指定兼职的应急救援人员。危险物品的生产、经营、储存、运输单位以及矿山、金属冶炼、城市轨道交通运营、建筑施工单位应当配备必要的应急救援器材、设备和物资，并进行经常性维护、保养，保证正常运转。

（4）生产经营单位发生生产安全事故后，事故现场有关人员应当立即报告本单位负责人。单位负责人接到事故报告后，应当迅速采取有效措施，组织抢救，防止事故扩大，减少人员伤亡和财产损失，并按照国家有关规定立即如实报告当地负有安全生产监督管理职责的部门，不得隐瞒不报、谎报或者迟报，不得故意破坏事故现场、毁灭有关证据。

（5）负有安全生产监督管理职责的部门接到事故报告后，应当立即按照国家有关规定上报事故情况。负有安全生产监督管理职责的部门和有关地方人民政府对事故情况不得隐瞒不报、谎报或者迟报。

（6）有关地方人民政府和负有安全生产监督管理职责的部门的负责人接到生产安全事故报告后，应当按照生产安全事故应急救援预案的要求立即赶到事故现场，组织事故抢救。参与事故抢救的部门和单位应当服从统一指挥，加强协同联动，采取有效的应急救援措施，并根据事故救援的需要采取警戒、疏散等措施，防止事故扩大和次生灾害的发生，减少人员伤亡和财产损失。事故抢救过程中应当采取必要措施，避免或者减少对环境造成的危害。任何单位和个人都应当支持、配合事故抢救，并提供一切便利条件。

（7）事故调查处理应当按照科学严谨、依法依规、实事求是、注重实效的原则，及时、准确地查清事故原因，查明事故性质和责任，总结事故教训，提出整改措施，并对事故责任者提出处理意见。事故调查报告应当依法及时向社会公布。事故调查和处理的具体办法由国务院制定。事故发生单位应当及时全面落实整改措施，负有安全生产监督管理职责的部门应当加强监督检查。

（8）生产经营单位发生生产安全事故，经调查确定为责任事故的，除了应当查明事故单位的责任并依法予以追究外，还应当查明对安全生产的有关事项负有审查批准和监督职责的行政部门的责任，对有失职、渎职行为的，依法追究法律责任。

（9）任何单位和个人不得阻挠和干涉对事故的依法调查处理。

（10）县级以上地方各级人民政府安全生产监督管理部门应当定期统计分析本行政区域内发生生产安全事故的情况，并定期向社会公布。

## 4.4 法律责任

### 4.4.1 对安全生产监督管理职责部门的法律责任追究

（1）负有安全生产监督管理职责的部门的工作人员，有下列行为之一的，给予降级或者撤职的处分；构成犯罪的，依照刑法有关规定追究刑事责任：

①对不符合法定安全生产条件的涉及安全生产的事项予以批准或者验收通过的；在监督检查中发现重大事故隐患，不依法及时处理的。

②负有安全生产监督管理职责的部门的工作人员有前款规定以外的滥用职权、玩忽职守、徇私舞弊行为的，依法给予处分；构成犯罪的，依照刑法有关规定追究刑事责任。

③发现未依法取得批准、验收的单位擅自从事有关活动或者接到举报后不予取缔或者不依法予以处理的；

④对已经依法取得批准的单位不履行监督管理职责，发现其不再具备安全生产条件而不撤销原批准或者发现安全生产违法行为不予查处的。

（2）负有安全生产监督管理职责的部门，要求被审查、验收的单位购买其指定的安全设备、器材或者其他产品的，在对安全生产事项的审查、验收中收取费用的，由其上级机关或者监察机关责令改正，责令退还收取的费用；情节严重的，对直接负责的主管人员和其他直接责任人员依法给予处分。

### 4.4.2 对中介机构的法律责任追究

承担安全评价、认证、检测、检验工作的机构，出具虚假证明的，没收违法所得；违法所得在10万元以上的，并处违法所得2倍以上5倍以下的罚款；没有违法所得或者违法所得不足10万元的，单处或者并处10万元以上20万元以下的罚款；对其直接负责的主管人员和其他直接责任人员处2万元以上5万元以下的罚款；给他人造成损害的，与生产经营单位承担连带赔偿责任；构成犯罪的，依照刑法有关规定追究刑事责任。对有前款违法行为的机构，吊销其相应资质。

### 4.4.3 对生产经营单位的法律责任追究

（1）生产经营单位的决策机构、主要负责人或者个人经营的投资人不依照本法规定保证安全生产所必需的资金投入，致使生产经营单位不具备安全生产条件的，责令限期改正，提供必需的资金；逾期未改正的，责令生产经营单位停产停业整顿。导致发生生产安全事故的，对生产经营单位的主要负责人给予撤职处分，对个人经营的投资人处2万元以上20万元以下的罚款；构成犯罪的，依照刑法有关规定追究刑事责任。

（2）生产经营单位的主要负责人未履行本法规定的安全生产管理职责的，责令限期改正；逾期未改正的，处2万元以上5万元以下的罚款，责令生产经营单位停产停业整顿。生产经营单位的主要负责人有前款违法行为，导致发生生产安全事故的，给予撤职处分；构成犯罪的，依照刑法有关规定追究刑事责任。生产经营单位的主要负责人依照前款规定受刑事处罚或者撤职处分的，自刑罚执行完毕或者受处分之日起，五年内不得担任任何生产经营单位的主要负责人；对重大、特别重大生产安全事故负有责任的，终生不得担任本行业生产经营单位的主要负责人。

（3）生产经营单位的主要负责人未履行本法规定的安全生产管理职责，导致发生生产安全事故的，由安全生产监督管理部门依照下列规定处以罚款：

①发生一般事故的，处上一年年收入 30% 的罚款；

②发生较大事故的，处上一年年收入 40% 的罚款；

③发生重大事故的，处上一年年收入 60% 的罚款；

④发生特别重大事故的，处上一年年收入 80% 的罚款。

（4）生产经营单位的安全生产管理人员未履行本法规定的安全生产管理职责的，责令限期改正；导致发生生产安全事故的，暂停或者撤销其与安全生产有关的资格；构成犯罪的，依照刑法有关规定追究刑事责任。

（5）生产经营单位有下列行为之一的，责令限期改正，可以处 5 万元以下的罚款；逾期未改正的，责令停产停业整顿，并处 5 万元以上 10 万元以下的罚款，对其直接负责的主管人员和其他直接责任人员处 1 万元以上 2 万元以下的罚款：

①未按照规定设置安全生产管理机构或者配备安全生产管理人员的；

②危险物品的生产、经营、储存单位以及矿山、金属冶炼、建筑施工、道路运输单位的主要负责人和安全生产管理人员未按照规定经考核合格的；

③未按照规定对从业人员、被派遣劳动者、实习学生进行安全生产教育和培训，或者未按照规定如实告知有关的安全生产事项的；

④未如实记录安全生产教育和培训情况的；

⑤未将事故隐患排查治理情况如实记录或者未向从业人员通报的；

⑥未按照规定制定生产安全事故应急救援预案或者未定期组织演练的；

⑦特种作业人员未按照规定经专门的安全作业培训并取得相应资格，上岗作业的。

（6）生产经营单位有下列行为之一的，责令停止建设或者停产停业整顿，限期改正；逾期未改正的，处 50 万元以上 100 万元以下的罚款，对其直接负责的主管人员和其他直接责任人员处 2 万元以上 5 万元以下的罚款；构成犯罪的，依照刑法有关规定追究刑事责任：

①未按照规定对矿山、金属冶炼建设项目或者用于生产、储存、装卸危险物品的建设项目进行安全评价的；

②矿山、金属冶炼建设项目或者用于生产、储存、装卸危险物品的建设项目没有安全设施设计或者安全设施设计未按照规定报经有关部门审查同意的；

③矿山、金属冶炼建设项目或者用于生产、储存、装卸危险物品的建设项目的施工单位未按照批准的安全设施设计施工的；

④矿山、金属冶炼建设项目或者用于生产、储存危险物品的建设项目竣工投入生产或者使用前，安全设施未经验收合格的。

（7）生产经营单位有下列行为之一的，责令限期改正，可以处5万元以下的罚款；逾期未改正的，处5万元以上20万元以下的罚款，对其直接负责的主管人员和其他直接责任人员处1万元以上2万元以下的罚款；情节严重的，责令停产停业整顿；构成犯罪的，依照刑法有关规定追究刑事责任：

①未在有较大危险因素的生产经营场所和有关设施、设备上设置明显的安全警示标志的；

②安全设备的安装、使用、检测、改造和报废不符合国家标准或者行业标准的；

③未对安全设备进行经常性维护、保养和定期检测的；

④未为从业人员提供符合国家标准或者行业标准的劳动防护用品的；

⑤危险物品的容器、运输工具，以及涉及人身安全、危险性较大的海洋石油开采特种设备和矿山井下特种设备未经具有专业资质的机构检测、检验合格，取得安全使用证或者安全标志，投入使用的；

⑥使用应当淘汰的危及生产安全的工艺、设备的。

（8）未经依法批准，擅自生产、经营、运输、储存、使用危险物品或者处置废弃危险物品的，依照有关危险物品安全管理的法律、行政法规的规定予以处罚；构成犯罪的，依照刑法有关规定追究刑事责任。

（9）生产经营单位有下列行为之一的，责令限期改正，可以处10万元以下的罚款；逾期未改正的，责令停产停业整顿，并处10万元以上20万元以下的罚款，对其直接负责的主管人员和其他直接责任人员处2万元以上5万元以下的罚款；构成犯罪的，依照刑法有关规定追究刑事责任：

①生产、经营、运输、储存、使用危险物品或者处置废弃危险物品，未建立专门安全管理制度、未采取可靠的安全措施的；

②对重大危险源未登记建档，或者未进行评估、监控，或者未制定应急预案的；

③进行爆破、吊装以及国务院安全生产监督管理部门会同国务院有关部门规定的其他危险作业，未安排专门人员进行现场安全管理的；

④未建立事故隐患排查治理制度的。

（10）生产经营单位未采取措施消除事故隐患的，责令立即消除或者限期消除；生产经营单位拒不执行的，责令停产停业整顿，并处 10 万元以上 50 万元以下的罚款，对其直接负责的主管人员和其他直接责任人员处 2 万元以上 5 万元以下的罚款。

（11）生产经营单位将生产经营项目、场所、设备发包或者出租给不具备安全生产条件或者相应资质的单位或者个人的，责令限期改正，没收违法所得；违法所得 10 万元以上的，并处违法所得 2 倍以上 5 倍以下的罚款；没有违法所得或者违法所得不足 10 万元的，单处或者并处 10 万元以上 20 万元以下的罚款；对其直接负责的主管人员和其他直接责任人员处 1 万元以上 2 万元以下的罚款；导致发生生产安全事故给他人造成损害的，与承包方、承租方承担连带赔偿责任。生产经营单位未与承包单位、承租单位签订专门的安全生产管理协议或者未在承包合同、租赁合同中明确各自的安全生产管理职责，或者未对承包单位、承租单位的安全生产统一协调、管理的，责令限期改正，可以处 5 万元以下的罚款，对其直接负责的主管人员和其他直接责任人员可以处 1 万元以下的罚款；逾期未改正的，责令停产停业整顿。

（12）两个以上生产经营单位在同一作业区域内进行可能危及对方安全生产的生产经营活动，未签订安全生产管理协议或者未指定专职安全生产管理人员进行安全检查与协调的，责令限期改正，可以处 5 万元以下的罚款，对其直接负责的主管人员和其他直接责任人员可以处 1 万元以下的罚款；逾期未改正的，责令停产停业整顿。

（13）生产经营单位有下列行为之一的，责令限期改正，可以处 5 万元以下的罚款，对其直接负责的主管人员和其他直接责任人员可以处 1 万元以下的罚款；逾期未改正的，责令停产停业整顿；构成犯罪的，依照刑法有关规定追究刑事责任：

①生产、经营、储存、使用危险物品的车间、商店、仓库与员工宿舍在同一座建筑内，或者与员工宿舍的距离不符合安全要求的；

②生产经营场所和员工宿舍未设有符合紧急疏散需要、标志明显、保持畅通的出口，或者锁闭、封堵生产经营场所或员工宿舍出口的。

（14）生产经营单位与从业人员订立协议，免除或者减轻其对从业人员因生产安全事故伤亡依法应承担的责任的，该协议无效；对生产经营单位的主要负责人、个人经营的投资人处 2 万元以上 10 万元以下的罚款。

（15）生产经营单位的从业人员不服从管理，违反安全生产规章制度或者操作规程的，由生产经营单位给予批评教育，依照有关规章制度给予处分；构成犯罪的，依照刑法有关规定追究刑事责任。

（16）生产经营单位拒绝、阻碍负有安全生产监督管理职责的部门依法实施监督检查的，责令改正；拒不改正的，处 2 万元以上 20 万元以下的罚款；对其直接负责的主管人员和其他直接责任人员处 1 万元以上 2 万元以下的罚款；构成犯罪的，依照刑法有关规定追究刑事责任。

（17）生产经营单位的主要负责人在本单位发生生产安全事故时，不立即组织抢救或者在事故调查处理期间擅离职守或者逃匿的，给予降级、撤职的处分，并由安全生产监督管理部门处上一年年收入 60% 至 100% 的罚款；对逃匿的处 15 日以下拘留；构成犯罪的，依照刑法有关规定追究刑事责任。生产经营单位的主要负责人对生产安全事故隐瞒不报、谎报或者迟报的，依照前款规定处罚。

（18）有关地方人民政府、负有安全生产监督管理职责的部门，对生产安全事故隐瞒不报、谎报或者迟报的，对直接负责的主管人员和其他直接责任人员依法给予处分；构成犯罪的，依照刑法有关规定追究刑事责任。

（19）生产经营单位不具备有关法律、行政法规和国家标准或者行业标准规定的安全生产条件，经停产停业整顿仍不具备安全生产条件的，予以关闭；有关部门应当依法吊销其有关证照。

（20）发生生产安全事故，对负有责任的生产经营单位除要求其依法承担相应的赔偿等责任外，由安全生产监督管理部门依照下列规定处以罚款：

①发生一般事故的，处 20 万元以上 50 万元以下的罚款；

②发生较大事故的，处 50 万元以上 100 万元以下的罚款；

③发生重大事故的，处 100 万元以上 500 万元以下的罚款；

④发生特别重大事故的，处 500 万元以上 1000 万元以下的罚款；情节特别严重的，处 1000 万元以上 2000 万元以下的罚款。

# 第五章　建设工程安全生产管理条例基本知识

《建设工程安全生产管理条例》（国务院 393 号令）2003 年 11 月 12 日国务院第 28 次常务会议通过，自 2004 年 2 月 1 日起施行。

## 5.1　法律规定

### 5.1.1　基本规定

（1）立法宗旨：为了加强建设工程安全生产监督管理，保障人民群众生命和财产安全。

（2）适用范围：在中华人民共和国境内从事建设工程的新建、扩建、改建和拆除等有关活动及实施对建设工程安全生产的监督管理。所称建设工程，是指土木工程、建筑工程、线路管道和设备安装工程及装修工程。

（3）建设单位、勘察单位、设计单位、施工单位、工程监理单位及其他与建设工程安全生产有关的单位，必须遵守安全生产法律、法规的规定，保证建设工程安全生产，依法承担建设工程安全生产责任。

（4）国家鼓励建设工程安全生产的科学技术研究和先进技术的推广应用，推进建设工程安全生产的科学管理。

### 5.1.2　建设单位的安全责任

（1）建设单位应当向施工单位提供施工现场及毗邻区域内供水、排水、供电、供气、供热、通信、广播电视等地下管线资料，气象和水文观测资料，相邻建筑物和构筑物、地下工程的有关资料，并保证资料的真实、准确、完整。建设单位因建设工程需要，向有关部门或者单位查询前款规定的资料时，有关部门或者单位应当及时提供。

（2）建设单位不得对勘察、设计、施工、工程监理等单位提出不符合建设工程安全生产法律、法规和强制性标准规定的要求，不得压缩合同约定的工期。

（3）建设单位在编制工程概算时，应当确定建设工程安全作业环境及安全施工措施所需费用。

（4）建设单位不得明示或者暗示施工单位购买、租赁、使用不符合安全施工要求的安全防护用具、机械设备、施工机具及配件、消防设施和器材。

（5）建设单位在申请领取施工许可证时，应当提供建设工程有关安全施工措施的资料。依法批准开工报告的建设工程，建设单位应当自开工报告批准之日起15日内，将保证安全施工的措施报送建设工程所在地的县级以上地方人民政府建设行政主管部门或者其他有关部门备案。

（6）建设单位应当将拆除工程发包给具有相应资质等级的施工单位。

建设单位应当在拆除工程施工前15日，将下列资料报送建设工程所在地的县级以上地方人民政府建设行政主管部门或者其他有关部门备案：

①施工单位资质等级证明；

②拟拆除建筑物、构筑物及可能危及毗邻建筑的说明；

③拆除施工组织方案；

④堆放、清除废弃物的措施。

实施爆破作业的，应当遵守国家有关民用爆炸物品管理的规定。

### 5.1.3　勘察、设计、工程监理及其他有关单位的安全责任

（1）勘察单位应当按照法律、法规和工程建设强制性标准进行勘察，提供的勘察文件应当真实、准确，满足建设工程安全生产的需要。勘察单位在勘察作业时，应当严格执行操作规程，采取措施保证各类管线、设施和周边建筑物、构筑物的安全。

（2）设计单位应当按照法律、法规和工程建设强制性标准进行设计，防止因设计不合理导致生产安全事故的发生。设计单位应当考虑施工安全操作和防护的需要，对涉及施工安全的重点部位和环节在设计文件中注明，并对防范生产安全事故提出指导意见。采用新结构、新材料、新工艺的建设工程和特殊结构的建设工程，设计单位应当在设计中提出保障施工作业人员安全和预防生产安全事故的措施建议。设计单位和注册建筑师等注册执业人员应当对其设计负责。

（3）工程监理单位应当审查施工组织设计中的安全技术措施或者专项施

工方案是否符合工程建设强制性标准。工程监理单位在实施监理过程中，发现存在安全事故隐患的，应当要求施工单位整改；情况严重的，应当要求施工单位暂时停止施工，并及时报告建设单位。施工单位拒不整改或者不停止施工的，工程监理单位应当及时向有关主管部门报告。工程监理单位和监理工程师应当按照法律、法规和工程建设强制性标准实施监理，并对建设工程安全生产承担监理责任。

（4）为建设工程提供机械设备和配件的单位，应当按照安全施工的要求配备齐全有效的保险、限位等安全设施和装置。

（5）出租的机械设备和施工机具及配件，应当具有生产（制造）许可证、产品合格证。出租单位应当对出租的机械设备和施工机具及配件的安全性能进行检测，在签订租赁协议时，应当出具检测合格证明。禁止出租检测不合格的机械设备和施工机具及配件。

（6）在施工现场安装、拆卸施工起重机械和整体提升脚手架、模板等自升式架设设施，必须由具有相应资质的单位承担。安装、拆卸施工起重机械和整体提升脚手架、模板等自升式架设设施，应当编制拆装方案、制定安全施工措施，并由专业技术人员现场监督。施工起重机械和整体提升脚手架、模板等自升式架设设施安装完毕后，安装单位应当自检，出具自检合格证明，并向施工单位进行安全使用说明，办理验收手续并签字。

（7）施工起重机械和整体提升脚手架、模板等自升式架设设施的使用达到国家规定的检验检测期限的，必须经具有专业资质的检验检测机构检测。经检测不合格的，不得继续使用。

（8）检验检测机构对检测合格的施工起重机械和整体提升脚手架、模板等自升式架设设施，应当出具安全合格证明文件，并对检测结果负责。

### 5.1.4 施工单位的安全责任

（1）施工单位从事建设工程的新建、扩建、改建和拆除等活动，应当具备国家规定的注册资本、专业技术人员、技术装备和安全生产等条件，依法取得相应等级的资质证书，并在其资质等级许可的范围内承揽工程。

（2）施工单位主要负责人依法对本单位的安全生产工作全面负责。施工单位应当建立健全安全生产责任制度和安全生产教育培训制度，制定安全生产规章制度和操作规程，保证本单位安全生产条件所需资金的投入，对所承担的建设工程进行定期和专项安全检查，并做好安全检查记录。

（3）施工单位的项目负责人应当由取得相应执业资格的人员担任，对建设工程项目的安全施工负责，落实安全生产责任制度、安全生产规章制度和操作规程，确保安全生产费用的有效使用，并根据工程的特点组织制定安全施工措施，消除安全事故隐患，及时、如实报告生产安全事故。

（4）施工单位对列入建设工程概算的安全作业环境及安全施工措施所需费用，应当用于施工安全防护用具及设施的采购和更新、安全施工措施的落实、安全生产条件的改善，不得挪作他用。

（5）施工单位应当设立安全生产管理机构，配备专职安全生产管理人员。专职安全生产管理人员负责对安全生产进行现场监督检查。发现安全事故隐患，应当及时向项目负责人和安全生产管理机构报告；对违章指挥、违章操作的，应当立即制止。专职安全生产管理人员的配备办法由国务院建设行政主管部门会同国务院其他有关部门制定。

（6）建设工程实行施工总承包的，由总承包单位对施工现场的安全生产负总责。总承包单位应当自行完成建设工程主体结构的施工。总承包单位依法将建设工程分包给其他单位的，分包合同中应当明确各自的安全生产方面的权利、义务。总承包单位和分包单位对分包工程的安全生产承担连带责任。分包单位应当服从总承包单位的安全生产管理，分包单位不服从管理导致生产安全事故的，由分包单位承担主要责任。

（7）垂直运输机械作业人员、安装拆卸工、爆破作业人员、起重信号工、登高架设作业人员等特种作业人员，必须按照国家有关规定经过专门的安全作业培训，并取得特种作业操作资格证书后，方可上岗作业。

（8）施工单位应当在施工组织设计中编制安全技术措施和施工现场临时用电方案，对下列达到一定规模的危险性较大的分部分项工程编制专项施工方案，并附具安全验算结果，经施工单位技术负责人、总监理工程师签字后实施，由专职安全生产管理人员进行现场监督：

①基坑支护与降水工程；

②土方开挖工程；

③模板工程；

④起重吊装工程；

⑤脚手架工程；

⑥拆除、爆破工程；

⑦国务院建设行政主管部门或者其他有关部门规定的其他危险性较大的

工程。

涉及深基坑、地下暗挖工程、高大模板工程的专项施工方案，施工单位还应当组织专家进行论证、审查。达到一定规模的危险性较大工程的标准，由国务院建设行政主管部门会同国务院其他有关部门制定。

(9) 建设工程施工前，施工单位负责项目管理的技术人员应当对有关安全施工的技术要求向施工作业班组、作业人员做出详细说明，并由双方签字确认。

(10) 施工单位应当在施工现场入口处、施工起重机械、临时用电设施、脚手架、出入通道口、楼梯口、电梯井口、孔洞口、桥梁口、隧道口、基坑边沿、爆破物及有害危险气体和液体存放处等危险部位，设置明显的安全警示标志。安全警示标志必须符合国家标准。施工单位应当根据不同施工阶段和周围环境及季节、气候的变化，在施工现场采取相应的安全施工措施。施工现场暂时停止施工的，施工单位应当做好现场防护，所需费用由责任方承担，或者按照合同约定执行。

(11) 施工单位应当将施工现场的办公区、生活区与作业区分开设置，并保持安全距离；办公区、生活区的选址应当符合安全性要求。职工的膳食、饮水、休息场所等应当符合卫生标准。施工单位不得在尚未竣工的建筑物内设置员工集体宿舍。施工现场临时搭建的建筑物应当符合安全使用要求。施工现场使用的装配式活动房屋应当具有产品合格证。

(12) 施工单位对因建设工程施工可能造成损害的毗邻建筑物、构筑物和地下管线等，应当采取专项防护措施。施工单位应当遵守有关环境保护法律、法规的规定，在施工现场采取措施，防止或者减少粉尘、废气、废水、固体废物、噪声、振动和施工照明对人和环境的危害和污染。在城市市区内的建设工程，施工单位应当对施工现场实行封闭围挡。

(13) 施工单位应当在施工现场建立消防安全责任制度，确定消防安全责任人，制定用火、用电、使用易燃易爆材料等各项消防安全管理制度和操作规程，设置消防通道、消防水源，配备消防设施和灭火器材，并在施工现场入口处设置明显标志。

(14) 施工单位应当向作业人员提供安全防护用具和安全防护服装，并书面告知危险岗位的操作规程和违章操作的危害。作业人员有权对施工现场的作业条件、作业程序和作业方式中存在的安全问题提出批评、检举和控告，有权拒绝违章指挥和强令冒险作业。在施工中发生危及人身安全的紧急情况时，作业人员有权立即停止作业或者在采取必要的应急措施后撤离危险区域。

（15）作业人员应当遵守安全施工的强制性标准、规章制度和操作规程，正确使用安全防护用具、机械设备等。

（16）施工单位采购、租赁的安全防护用具、机械设备、施工机具及配件，应当具有生产（制造）许可证、产品合格证，并在进入施工现场前进行查验。施工现场的安全防护用具、机械设备、施工机具及配件必须由专人管理，定期进行检查、维修和保养，建立相应的资料档案，并按照国家有关规定及时报废。

（17）施工单位在使用施工起重机械和整体提升脚手架、模板等自升式架设设施前，应当组织有关单位进行验收，也可以委托具有相应资质的检验检测机构进行验收；使用承租的机械设备和施工机具及配件的，由施工总承包单位、分包单位、出租单位和安装单位共同进行验收。验收合格的方可使用。施工单位应当自施工起重机械和整体提升脚手架、模板等自升式架设设施验收合格之日起30日内，向建设行政主管部门或者其他有关部门登记。登记标志应当置于或者附着于该设备的显著位置。

（18）施工单位的主要负责人、项目负责人、专职安全生产管理人员应当经建设行政主管部门或者其他有关部门考核合格后方可任职。施工单位应当对管理人员和作业人员每年至少进行一次安全生产教育培训，其教育培训情况记入个人工作档案。安全生产教育培训考核不合格的人员，不得上岗。

（19）作业人员进入新的岗位或者新的施工现场前，应当接受安全生产教育培训。未经教育培训或者教育培训考核不合格的人员，不得上岗作业。施工单位在采用新技术、新工艺、新设备、新材料时，应当对作业人员进行相应的安全生产教育培训。

（20）施工单位应当为施工现场从事危险作业的人员办理意外伤害保险。意外伤害保险费由施工单位支付。实行施工总承包的，由总承包单位支付意外伤害保险费。意外伤害保险期限自建设工程开工之日起至竣工验收合格之日止。

## 5.1.5 监督管理责任

（1）国务院负责安全生产监督管理的部门依照《中华人民共和国安全生产法》的规定，对全国建设工程安全生产工作实施综合监督管理。县级以上地方人民政府负责安全生产监督管理的部门依照《中华人民共和国安全生产法》的规定，对本行政区域内建设工程安全生产工作实施综合监督管理。

（2）国务院建设行政主管部门对全国的建设工程安全生产实施监督管理。国务院铁路、交通、水利等有关部门按照国务院规定的职责分工，负责有关专业建设工程安全生产的监督管理。县级以上地方人民政府建设行政主管部门对本行政区域内的建设工程安全生产实施监督管理。县级以上地方人民政府交通、水利等有关部门在各自的职责范围内，负责对本行政区域内的专业建设工程安全生产的监督管理。

（3）建设行政主管部门在审核发放施工许可证时，应当对建设工程是否有安全施工措施进行审查，对没有安全施工措施的，不得颁发施工许可证。建设行政主管部门或者其他有关部门对建设工程是否有安全施工措施进行审查时，不得收取费用。

（4）县级以上人民政府负有建设工程安全生产监督管理职责的部门在各自的职责范围内履行安全监督检查职责时，有权采取下列措施：

①要求被检查单位提供有关建设工程安全生产的文件和资料；

②进入被检查单位施工现场进行检查；

③纠正施工中违反安全生产要求的行为；

④对检查中发现的安全事故隐患，责令立即排除；重大安全事故隐患排除前或者排除过程中无法保证安全的，责令从危险区域内撤出作业人员或者暂时停止施工。

（5）建设行政主管部门或者其他有关部门可以将施工现场的监督检查委托给建设工程安全监督机构具体实施。

（6）国家对严重危及施工安全的工艺、设备、材料实行淘汰制度。具体目录由国务院建设行政主管部门会同国务院其他有关部门制定并公布。

（7）县级以上人民政府建设行政主管部门和其他有关部门应当及时受理对建设工程生产安全事故及安全事故隐患的检举、控告和投诉。

### 5.1.6 生产安全事故的应急救援和调查处理

（1）县级以上地方人民政府建设行政主管部门应当根据本级人民政府的要求，制定本行政区域内建设工程特大生产安全事故应急救援预案。

（2）施工单位应当制定本单位生产安全事故应急救援预案，建立应急救援组织或者配备应急救援人员，配备必要的应急救援器材、设备，并定期组织演练。

（3）施工单位应当根据建设工程施工的特点、范围，对施工现场易发生重大事故的部位、环节进行监控，制定施工现场生产安全事故应急救援预案。实行施工总承包的，由总承包单位统一组织编制建设工程生产安全事故应急救援预案，工程总承包单位和分包单位按照应急救援预案，各自建立应急救援组织或者配备应急救援人员，配备救援器材、设备，并定期组织演练。

（4）施工单位发生生产安全事故，应当按照国家有关伤亡事故报告和调查处理的规定，及时、如实地向负责安全生产监督管理的部门、建设行政主管部门或者其他有关部门报告；特种设备发生事故的，还应当同时向特种设备安全监督管理部门报告。接到报告的部门应当按照国家有关规定，如实上报。实行施工总承包的建设工程，由总承包单位负责上报事故。

（5）发生生产安全事故后，施工单位应当采取措施防止事故扩大，保护事故现场。需要移动现场物品时，应当做出标记和书面记录，妥善保管有关证物。

（6）建设工程生产安全事故的调查、对事故责任单位和责任人的处罚与处理，按照有关法律、法规的规定执行。

## 5.2 法律责任

### 5.2.1 对建设行政主管部门的责任追究

违反本条例的规定，县级以上人民政府建设行政主管部门或者其他有关行政管理部门的工作人员，有下列行为之一的，给予降级或者撤职的行政处分；构成犯罪的，依照刑法有关规定追究刑事责任：

①对不具备安全生产条件的施工单位颁发资质证书的；

②对没有安全施工措施的建设工程颁发施工许可证的；

③发现违法行为不予查处的；

④不依法履行监督管理职责的其他行为。

### 5.2.2 对建设单位的责任追究

（1）违反本条例的规定，建设单位未提供建设工程安全生产作业环境及安全施工措施所需费用的，责令限期改正；逾期未改正的，责令该建设工程停止施工。建设单位未将保证安全施工的措施或者拆除工程的有关资料报送有关部门备案的，责令限期改正，给予警告。

（2）违反本条例的规定，建设单位有下列行为之一的，责令限期改正，处20万元以上50万元以下的罚款；造成重大安全事故，构成犯罪的，对直接责任人员，依照刑法有关规定追究刑事责任；造成损失的，依法承担赔偿责任：

①对勘察、设计、施工、工程监理等单位提出不符合安全生产法律、法规和强制性标准规定的要求的；

②要求施工单位压缩合同约定的工期的；

③将拆除工程发包给不具有相应资质等级的施工单位的。

### 5.2.3 对勘察单位、设计单位的责任追究

违反本条例的规定，勘察单位、设计单位有下列行为之一的，责令限期改正，处10万元以上30万元以下的罚款；情节严重的，责令停业整顿，降低资质等级，直至吊销资质证书；造成重大安全事故，构成犯罪的，对直接责任人员，依照刑法有关规定追究刑事责任；造成损失的，依法承担赔偿责任：

①未按照法律、法规和工程建设强制性标准进行勘察、设计的；

②采用新结构、新材料、新工艺的建设工程和特殊结构的建设工程，设计单位未在设计中提出保障施工作业人员安全和预防生产安全事故的措施建议的。

### 5.2.4 对监理单位的责任追究

违反本条例的规定，工程监理单位有下列行为之一的，责令限期改正；逾期未改正的，责令停业整顿，并处10万元以上30万元以下的罚款；情节严重的，降低资质等级，直至吊销资质证书；造成重大安全事故，构成犯罪的，对直接责任人员，依照刑法有关规定追究刑事责任；造成损失的，依法承担赔偿责任：

①未对施工组织设计中的安全技术措施或者专项施工方案进行审查的；

②发现安全事故隐患未及时要求施工单位整改或者暂时停止施工的；

③施工单位拒不整改或者不停止施工，未及时向有关主管部门报告的；

④未依照法律、法规和工程建设强制性标准实施监理的。

### 5.2.5 对注册执业人员的责任追究

注册执业人员未执行法律、法规和工程建设强制性标准的，责令停止执业

3 个月以上 1 年以下；情节严重的，吊销执业资格证书，5 年内不予注册；造成重大安全事故的，终身不予注册；构成犯罪的，依照刑法有关规定追究刑事责任。

### 5.2.6 对其他相关单位的责任追究

（1）违反本条例的规定，为建设工程提供机械设备和配件的单位，未按照安全施工的要求配备齐全有效的保险、限位等安全设施和装置的，责令限期改正，处合同价款 1 倍以上 3 倍以下的罚款；造成损失的，依法承担赔偿责任。

（2）违反本条例的规定，出租单位出租未经安全性能检测或者经检测不合格的机械设备和施工机具及配件的，责令停业整顿，并处 5 万元以上 10 万元以下的罚款；造成损失的，依法承担赔偿责任。

（3）违反本条例的规定，施工起重机械和整体提升脚手架、模板等自升式架设设施安装、拆卸单位有下列行为之一的，责令限期改正，处 5 万元以上 10 万元以下的罚款；情节严重的，责令停业整顿，降低资质等级，直至吊销资质证书；造成损失的，依法承担赔偿责任：

①未编制拆装方案、制定安全施工措施的；

②未由专业技术人员现场监督的；

③未出具自检合格证明或者出具虚假证明的；

④未向施工单位进行安全使用说明，办理移交手续的。

施工起重机械和整体提升脚手架、模板等自升式架设设施安装、拆卸单位有（3）规定的第①项、第③项行为，经有关部门或者单位职工提出后，对事故隐患仍不采取措施，因而发生重大伤亡事故或者造成其他严重后果，构成犯罪的，对直接责任人员，依照刑法有关规定追究其刑事责任。

### 5.2.7 对施工单位的责任追究

（1）违反本条例的规定，施工单位有下列行为之一的，责令限期改正；逾期未改正的，责令停业整顿，依照《中华人民共和国安全生产法》的有关规定处以罚款；造成重大安全事故，构成犯罪的，对直接责任人员，依照刑法有关规定追究其刑事责任：

①未设立安全生产管理机构、配备专职安全生产管理人员或者分部分项工程施工时无专职安全生产管理人员现场监督的；

②施工单位的主要负责人、项目负责人、专职安全生产管理人员、作业人员或者特种作业人员，未经安全教育培训或者经考核不合格即从事相关工作的；

③未在施工现场的危险部位设置明显的安全警示标志，或者未按照国家有关规定在施工现场设置消防通道、消防水源、配备消防设施和灭火器材的；

④未向作业人员提供安全防护用具和安全防护服装的；

⑤未按照规定在施工起重机械和整体提升脚手架、模板等自升式架设设施验收合格后登记的；

⑥使用国家明令淘汰、禁止使用的危及施工安全的工艺、设备、材料的。

（2）违反本条例的规定，施工单位挪用列入建设工程概算的安全生产作业环境及安全施工措施所需费用的，责令限期改正，处挪用费用 20% 以上 50% 以下的罚款；造成损失的，依法承担赔偿责任。

（3）违反本条例的规定，施工单位有下列行为之一的，责令限期改正；逾期未改正的，责令停业整顿，并处 5 万元以上 10 万元以下的罚款；造成重大安全事故，构成犯罪的，对直接责任人员，依照刑法有关规定追究刑事责任：

①施工前未对有关安全施工的技术要求做出详细说明的；

②未根据不同施工阶段和周围环境及季节、气候的变化，在施工现场采取相应的安全施工措施，或者在城市市区内的建设工程的施工现场未实行封闭围挡的；

③在尚未竣工的建筑物内设置员工集体宿舍的；

④施工现场临时搭建的建筑物不符合安全使用要求的；

⑤未对因建设工程施工可能造成损害的毗邻建筑物、构筑物和地下管线等采取专项防护措施的。

（4）施工单位有下列行为之一的，责令限期改正；逾期未改正的，责令停业整顿，并处 10 万元以上 30 万元以下的罚款；情节严重的，降低资质等级，直至吊销资质证书；造成重大安全事故，构成犯罪的，对直接责任人员，依照刑法有关规定追究刑事责任；造成损失的，依法承担赔偿责任：

①安全防护用具、机械设备、施工机具及配件在进入施工现场前未经查验或经查验不合格即投入使用的；

②使用未经验收或者验收不合格的施工起重机械和整体提升脚手架、模板等自升式架设设施的；

③委托不具有相应资质的单位承担施工现场安装、拆卸施工起重机械和整体提升脚手架、模板等自升式架设设施的；

④在施工组织设计中未编制安全技术措施、施工现场临时用电方案或者专项施工方案的。

（5）违反本条例的规定，施工单位的主要负责人、项目负责人未履行安全生产管理职责的，责令限期改正；逾期未改正的，责令施工单位停业整顿；造成重大安全事故、重大伤亡事故或者其他严重后果，构成犯罪的，依照刑法有关规定追究刑事责任。作业人员不服管理、违反规章制度和操作规程冒险作业造成重大伤亡事故或者其他严重后果，构成犯罪的，依照刑法有关规定追究刑事责任。施工单位的主要负责人、项目负责人有前款违法行为，尚不够刑事处罚的，处2万元以上20万元以下的罚款或者按照管理权限给予撤职处分；自刑罚执行完毕或者受处分之日起，5年内不得担任任何施工单位的主要负责人、项目负责人。

（6）施工单位取得资质证书后，降低安全生产条件的，责令限期改正；经整改仍未达到与其资质等级相适应的安全生产条件的，责令停业整顿，降低其资质等级直至吊销资质证书。

# 第六章　生产安全事故报告和调查处理条例基本规定

《生产安全事故报告和调查处理条例》（国务院令第493号）于2007年3月28日国务院第172次常务会议通过，自2007年6月1日起施行。

## 6.1　基本规定

### 6.1.1　立法目的及适用范围

（1）条例制定的目的：为了规范生产安全事故的报告和调查处理，落实生产安全事故责任追究制度，防止和减少生产安全事故。

（2）适用范围：生产经营活动中发生的造成人身伤亡或者直接经济损失的生产安全事故的报告和调查处理，适用该条例；环境污染事故、核设施事故、国防科研生产事故的报告和调查处理不适用该条例。

### 6.1.2　事故的等级

根据生产安全事故（以下简称事故）造成的人员伤亡或者直接经济损失，事故一般分为以下4个等级。

（1）特别重大事故，是指造成30人以上死亡，或者100人以上重伤（包括急性工业中毒，下同），或者1亿元以上直接经济损失的事故。

（2）重大事故，是指造成10人以上30人以下死亡，或者50人以上100人以下重伤，或者5000万元以上1亿元以下直接经济损失的事故。

（3）较大事故，是指造成3人以上10人以下死亡，或者10人以上50人以下重伤，或者1000万元以上5000万元以下直接经济损失的事故。

（4）一般事故，是指造成3人以下死亡，或者10人以下重伤，或者1000万元以下直接经济损失的事故。

国务院安全生产监督管理部门可以会同国务院有关部门，制定事故等级划分的补充性规定。

本条第一款所称的“以上”包括本数，所称的“以下”不包括本数。

### 6.1.3 事故的报告

事故报告应当及时、准确、完整，任何单位和个人对事故不得迟报、漏报、谎报或者瞒报。

(1) 事故发生后，事故现场有关人员应当立即向本单位负责人报告；单位负责人接到报告后，应当于1小时内向事故发生地县级以上人民政府安全生产监督管理部门和负有安全生产监督管理职责的有关部门报告。情况紧急时，事故现场有关人员可以直接向事故发生地县级以上人民政府安全生产监督管理部门和负有安全生产监督管理职责的有关部门报告。

(2) 安全生产监督管理部门和负有安全生产监督管理职责的有关部门接到事故报告后，应当依照下列规定上报事故情况，并通知公安机关、劳动保障行政部门、工会和人民检察院：

①特别重大事故、重大事故逐级上报至国务院安全生产监督管理部门和负有安全生产监督管理职责的有关部门；

②较大事故逐级上报至省、自治区、直辖市人民政府安全生产监督管理部门和负有安全生产监督管理职责的有关部门；

③一般事故上报至设区的市级人民政府安全生产监督管理部门和负有安全生产监督管理职责的有关部门。安全生产监督管理部门和负有安全生产监督管理职责的有关部门依照前款规定上报事故情况，应当同时报告本级人民政府。国务院安全生产监督管理部门和负有安全生产监督管理职责的有关部门以及省级人民政府接到发生特别重大事故、重大事故的报告后，应当立即报告国务院。必要时，安全生产监督管理部门和负有安全生产监督管理职责的有关部门可以越级上报事故情况。

(3) 安全生产监督管理部门和负有安全生产监督管理职责的有关部门逐级上报事故情况，每级上报的时间不得超过2个小时。

(4) 报告事故应当包括下列内容：

①事故发生单位概况；

②事故发生的时间、地点以及事故现场情况；

③事故的简要经过；

④事故已经造成或者可能造成的伤亡人数（包括下落不明的人数）和初步估计的直接经济损失；

⑤已经采取的措施；

⑥其他应当报告的情况。

（5）事故报告后出现新情况的，应当及时补报。

自事故发生之日起30日内，事故造成的伤亡人数发生变化的，应当及时补报。道路交通事故、火灾事故自发生之日起7日内，事故造成的伤亡人数发生变化的，应当及时补报。

（6）事故发生单位负责人接到事故报告后，应当立即启动事故相应应急预案，或者采取有效措施，组织抢救，防止事故扩大，减少人员伤亡和财产损失。

（7）事故发生地有关地方人民政府、安全生产监督管理部门和负有安全生产监督管理职责的有关部门接到事故报告后，其负责人应当立即赶赴事故现场，组织事故救援。

（8）事故发生后，有关单位和人员应当妥善保护事故现场以及相关证据，任何单位和个人不得破坏事故现场、毁灭相关证据。因抢救人员、防止事故扩大以及疏通交通等原因，需要移动事故现场物件的，应当做出标志，绘制现场简图并做出书面记录，妥善保存现场重要痕迹、物证。

（9）事故发生地公安机关根据事故的情况，对涉嫌犯罪的，应当依法立案侦查，采取强制措施和侦查措施。犯罪嫌疑人逃匿的，公安机关应当迅速追捕归案。

（10）安全生产监督管理部门和负有安全生产监督管理职责的有关部门应当建立值班制度，并向社会公布值班电话，受理事故报告和举报。

## 6.2 事故调查的相关要求

事故调查处理应当坚持实事求是、尊重科学的原则，及时、准确地查清事故经过、事故原因和事故损失，查明事故性质，认定事故责任，总结事故教训，提出整改措施，并对事故责任者依法追究责任。县级以上人民政府应当依照本条例的规定，严格履行职责，及时、准确地完成事故调查处理工作。事故发生地有关地方人民政府应当支持、配合上级人民政府或者有关部门的事故调查处理工作，并提供必要的便利条件。参加事故调查处理的部门和单位应当互相配合，提高事故调查处理工作的效率。工会依法参加事故调查处理，有权向有关部门提出处理意见。任何单位和个人不得阻挠和干涉对事故的报告和依法调查处理。对事故报告和调查处理中的违法行为，任何单位和个人有权向安全生产监督管理部门、监察机关或者其他有关部门举报，接到举报的部门应当依法及时处理。

### 6.2.1 事故调查

（1）特别重大事故由国务院或者国务院授权有关部门组织事故调查组进行调查。重大事故、较大事故、一般事故分别由事故发生地省级人民政府、设区的市级人民政府、县级人民政府负责调查。省级人民政府、设区的市级人民政府、县级人民政府可以直接组织事故调查组进行调查，也可以授权或者委托有关部门组织事故调查组进行调查。未造成人员伤亡的一般事故，县级人民政府也可以委托事故发生单位组织事故调查组进行调查。

（2）上级人民政府认为必要时，可以调查由下级人民政府负责调查的事故。自事故发生之日起30日内（道路交通事故、火灾事故自发生之日起7日内），因事故伤亡人数变化导致事故等级发生变化，依照本条例规定应当由上级人民政府负责调查的，上级人民政府可以另行组织事故调查组进行调查。

（3）特别重大事故以下等级事故，事故发生地与事故发生单位不在同一个县级以上行政区域的，由事故发生地人民政府负责调查，事故发生单位所在地人民政府应当派人参加。

（4）事故调查组的组成应当遵循精简、效能的原则。根据事故的具体情况，事故调查组由有关人民政府、安全生产监督管理部门、负有安全生产监督管理职责的有关部门、监察机关、公安机关以及工会派人组成，并应当邀请人民检察院派人参加。事故调查组可以聘请有关专家参与调查。

（5）故调查组成员应当具有事故调查所需要的知识和专长，并与所调查的事故没有直接利害关系。

（6）事故调查组组长由负责事故调查的人民政府指定。事故调查组组长主持事故调查组的工作。

（7）事故调查组履行下列职责：

①查明事故发生的经过、原因、人员伤亡情况及直接经济损失；

②认定事故的性质和事故责任；

③提出对事故责任者的处理建议；

④总结事故教训，提出防范和整改措施；

⑤提交事故调查报告。

（8）事故调查组有权向有关单位和个人了解与事故有关的情况，并要求其提供相关文件、资料，有关单位和个人不得拒绝。事故发生单位的负责人和有关人员在事故调查期间不得擅离职守，并应当随时接受事故调查组的询问，如实提供有关情况。事故调查中发现涉嫌犯罪的，事故调查组应当及时将有关材料或者其复印件移交司法机关处理。

（9）事故调查中需要进行技术鉴定的，事故调查组应当委托具有国家规定资质的单位进行技术鉴定。必要时，事故调查组可以直接组织专家进行技术鉴定。技术鉴定所需时间不计入事故调查期限。

（10）事故调查组成员在事故调查工作中应当诚信公正、恪尽职守，遵守事故调查组的纪律，保守事故调查的秘密。未经事故调查组组长允许，事故调查组成员不得擅自发布有关事故的信息。

（11）事故调查组应当自事故发生之日起 60 日内提交事故调查报告；特殊情况下，经负责事故调查的人民政府批准，提交事故调查报告的期限可以适当延长，但延长的期限最长不超过 60 日。

（12）事故调查报告应当包括下列内容：

①事故发生单位概况；

②事故发生经过和事故救援情况；

③事故造成的人员伤亡和直接经济损失；

④事故发生的原因和事故性质；

⑤事故责任的认定以及对事故责任者的处理建议；

⑥事故防范和整改措施。

事故调查报告应当附具有关证据材料。事故调查组成员应当在事故调查报告上签名。

（13）事故调查报告报送负责事故调查的人民政府后，事故调查工作即告结束。事故调查的有关资料应当归档保存。

## 6.2.2 事故处理

（1）重大事故、较大事故、一般事故，负责事故调查的人民政府应当自收到事故调查报告之日起 15 日内做出批复；特别重大事故，30 日内做出批复，特殊情况下，批复时间可以适当延长，但延长的时间最长不超过 30 日。

有关机关应当按照人民政府的批复，依照法律、行政法规规定的权限和程序，对事故发生单位和有关人员进行行政处罚，对负有事故责任的国家工作人员进行处分。事故发生单位应当按照负责事故调查的人民政府的批复，对本单位负有事故责任的人员进行处理。负有事故责任的人员涉嫌犯罪的，依法追究刑事责任。

（2）事故发生单位应当认真汲取事故教训，落实防范和整改措施，防止事故再次发生。防范和整改措施的落实情况应当接受工会和职工的监督。安全生产监督管理部门和负有安全生产监督管理职责的有关部门应当对事故发生单位落实防范和整改措施的情况进行监督检查。

（3）事故处理的情况由负责事故调查的人民政府或者其授权的有关部门、机构向社会公布，依法应当保密的除外。

## 6.3 事故的处罚规定

（1）事故发生单位主要负责人有下列行为之一的，处上一年年收入 40% 至 80% 的罚款；属于国家工作人员的，并依法给予处分；构成犯罪的，依法追究刑事责任：

①不立即组织事故抢救的；

②迟报或者漏报事故的；

③在事故调查处理期间擅离职守的。

（2）事故发生单位及其有关人员有下列行为之一的，对事故发生单位处 100 万元以上 500 万元以下的罚款；对主要负责人、直接负责的主管人员和其他直接责任人员处上一年年收入 60% 至 100% 的罚款；属于国家工作人员的，并依法给予处分；构成违反治安管理行为的，由公安机关依法给予治安管理处罚；构成犯罪的，依法追究刑事责任：

①谎报或者瞒报事故的；

②伪造或者故意破坏事故现场的；

③转移、隐匿资金、财产，或者销毁有关证据、资料的；

④拒绝接受调查或者拒绝提供有关情况和资料的；

⑤在事故调查中作伪证或者指使他人作伪证的；

⑥事故发生后逃匿的。

（3）事故发生单位对事故发生负有责任的，依照下列规定处以罚款：

①发生一般事故的，处 10 万元以上 20 万元以下的罚款；

②发生较大事故的，处 20 万元以上 50 万元以下的罚款；

③发生重大事故的，处 50 万元以上 200 万元以下的罚款；

④发生特别重大事故的，处 200 万元以上 500 万元以下的罚款。

（4）事故发生单位主要负责人未依法履行安全生产管理职责，导致事故发生的，依照下列规定处以罚款；属于国家工作人员的，并依法给予处分；构成犯罪的，依法追究刑事责任：

①发生一般事故的，处上一年年收入 30% 的罚款；

②发生较大事故的，处上一年年收入 40% 的罚款；

③发生重大事故的，处上一年年收入 60% 的罚款；

④发生特别重大事故的，处上一年年收入 80% 的罚款。

（5）有关地方人民政府、安全生产监督管理部门和负有安全生产监督管理职责的有关部门有下列行为之一的，对直接负责的主管人员和其他直接责任人员依法给予处分；构成犯罪的，依法追究刑事责任：

①不立即组织事故抢救的；

②迟报、漏报、谎报或者瞒报事故的；

③阻碍、干涉事故调查工作的；

④在事故调查中作伪证或者指使他人作伪证的。

（6）事故发生单位对事故发生负有责任的，由有关部门依法暂扣或者吊销其有关证照；对事故发生单位负有事故责任的有关人员，依法暂停或者撤销其与安全生产有关的执业资格、岗位证书；事故发生单位主要负责人受到刑事处罚或者撤职处分的，自刑罚执行完毕或者受处分之日起，5 年内不得担任任何生产经营单位的主要负责人。为发生事故的单位提供虚假证明的中介机构，由有关部门依法暂扣或者吊销其有关证照及其相关人员的执业资格；构成犯罪的，依法追究刑事责任。

（7）参与事故调查的人员在事故调查中有下列行为之一的，依法给予处分；构成犯罪的，依法追究刑事责任：

①对事故调查工作不负责任，致使事故调查工作有重大疏漏的；

②包庇、袒护负有事故责任的人员或者借机打击报复的。

（8）对有关地方人民政府或者有关部门故意拖延或者拒绝落实经批复的对事故责任人的处理意见的，由监察机关对有关责任人员依法给予处分。

# 第七章　刑事责任追究及党和政府的相关规定

## 7.1　基本规定

《中华人民共和国刑法修正案（六）（节选）》规定：

（1）应严格按有关安全管理的规定进行生产、作业，不得强令他人违章冒险作业；

（2）安全生产设施或者安全生产条件必须符合国家规定；

（3）应严格按安全管理规定举办大型群众性活动；

（4）建设单位、设计单位、施工单位、工程监理单位不得降低工程质量标准；

（5）违反消防管理法规，经消防监督机构通知，应立即采取改正措施；

（6）在安全事故发生后，负有报告职责的人员不得不报或者谎报事故情况，不得贻误事故抢救；

（7）生产不符合保障人身、财产安全的国家标准、行业标准的电器、压力容器、易燃易爆产品或者其他不符合保障人身、财产安全的国家标准、行业标准的产品的将追究其刑事责任；

（8）国家机关工作人员滥用职权或者玩忽职守，致使公共财产、国家和人民利益遭受重大损失的，将追究其刑事责任；

（9）国家机关工作人员徇私舞弊的，将追究其刑事责任。

## 7.2　法律责任

《中华人民共和国刑法修正案（六）（节选）》于2006年6月29日由中华人民共和国第十届全国人民代表大会常务委员会第二十二次会议已通过并公布施行。

（1）在生产、作业中违反有关安全管理的规定，因而发生重大伤亡事故或者造成其他严重后果的，处3年以下有期徒刑或者拘役；情节特别恶劣的，处3年以上7年以下有期徒刑。

强令他人违章冒险作业，因而发生重大伤亡事故或者造成其他严重后果的，处5年以下有期徒刑或者拘役；情节特别恶劣的，处5年以上有期徒刑。

（2）安全生产设施或者安全生产条件不符合国家规定，因而发生重大伤亡事故或者造成其他严重后果的，对直接负责的主管人员和其他直接责任人员，处3年以下有期徒刑或者拘役；情节特别恶劣的，处3年以上7年以下有期徒刑。

（3）举办大型群众性活动违反安全管理规定，因而发生重大伤亡事故或者造成其他严重后果的，对直接负责的主管人员和其他直接责任人员，处3年以下有期徒刑或者拘役；情节特别恶劣的，处3年以上7年以下有期徒刑。

（4）建设单位、设计单位、施工单位、工程监理单位违反国家规定，降低工程质量标准，造成重大安全事故的，对直接责任人员，处5年以下有期徒刑或者拘役，并处罚金；后果特别严重的，处5年以上10年以下有期徒刑，并处罚金。

（5）违反消防管理法规，经消防监督机构通知采取改正措施而拒绝执行，造成严重后果的，对直接责任人员，处3年以下有期徒刑或者拘役；后果特别严重的，处3年以上7年以下有期徒刑。

（6）在安全事故发生后，负有报告职责的人员不报或者谎报事故情况，贻误事故抢救，情节严重的，处3年以下有期徒刑或者拘役；情节特别严重的，处3年以上7年以下有期徒刑。

（7）生产不符合保障人身、财产安全的国家标准、行业标准的电器、压力容器、易燃易爆产品或者其他不符合保障人身、财产安全的国家标准、行业标准的产品，造成严重后果的，处5年以下有期徒刑，并处销售金额50%以上2倍以下罚金；后果特别严重的，处5年以上有期徒刑。并处销售金额50%以上2倍以下罚金。

（8）国家机关工作人员滥用职权或者玩忽职守，致使公共财产、国家和人民利益遭受重大损失的，处3年以下有期徒刑或者拘役；情节特别严重的，处3年以上7年以下有期徒刑。本法另有规定的，依照规定。

（9）国家机关工作人员徇私舞弊、犯前款罪的、处5年以下有期徒刑或者拘役；情节特别严重的，处5年以上10年以下有期徒刑。本法另有规定的，依照规定。

## 7.3 关于办理危害生产安全刑事案件适用法律若干问题的解释

《关于办理危害生产安全刑事案件适用法律若干问题的解释》（以下简称《解释》）于2015年12月16日起正式实施。

### 7.3.1 入刑标准

此前，对于危害生产安全犯罪的多个罪名，包括近年来多发、频发的危险物品肇事罪和消防责任事故罪等，均无明确的定罪量刑标准，实践中难以把握。

为此，这则司法解释对定罪量刑标准做出明确规定，原则上以死亡1人、重伤3人，或者造成直接经济损失100万元作为入罪标准。

《解释》中对于规定相关罪名的第二款法定刑的条件采用了“事故后果+责任大小”的规定方式，即原则上事故后果达到一定程度，行为人又对事故承担主要责任的，方可处以第二款法定刑。同时，对于少数案件中的部分次要责任人不处以第二款法定刑难以做到罪责刑相适应的情况，可以考虑适用《解释》规定的第二款法定刑。

### 7.3.2 以下情形将从重、从轻处罚

这则司法解释还对实践中常见、多发的多种从重处罚情节作了专门规定。其中包括：未依法取得安全许可证件或者安全许可证件过期、被暂扣、吊销、注销后从事生产经营活动的；关闭、破坏必要的安全监控和报警设备的；已经发现事故隐患、经有关部门或者个人提出后，仍不采取措施的；一年内曾因危害生产安全违法犯罪活动受过行政处罚或者刑事处罚的；采取弄虚作假、行贿等手段，故意逃避、阻挠负有安全监督管理职责的部门实施监督检查的；安全事故发生后转移财产意图逃避承担责任的。

为做到宽严相济，树立正确行为导向，《解释》同时规定，在安全事故发生后积极组织、参与事故抢救，或者积极配合调查、主动赔偿损失的，可以酌情从轻处罚。

### 7.3.3 强令他人违章冒险作业

《刑法修正案（六）》增设了强令违章冒险作业罪，法定最高刑为有期徒

刑十五年，是危害生产安全犯罪中的重罪。这则司法解释明确，明知存在事故隐患、继续作业存在危险，仍然违反有关安全管理的规定，利用组织、指挥、管理职权强制他人违章作业，或者采取威逼、胁迫、恐吓等手段强制他人违章作业，或者故意掩盖事故隐患组织他人违章作业的，均应认定为“强令他人违章冒险作业”。

### 7.3.4 最高人民法院、最高人民检察院《关于办理危害生产安全刑事案件适用法律若干问题的解释》具体内容

为依法惩治危害生产安全犯罪，根据刑法有关规定，现就办理此类刑事案件适用法律的若干问题解释如下：

（1）《刑法》第一百三十四条第一款规定的犯罪主体，包括对生产、作业负有组织、指挥或者管理职责的负责人、管理人员、实际控制人、投资人等人员，以及直接从事生产、作业的人员。

（2）《刑法》第一百三十四条第二款规定的犯罪主体，包括对生产、作业负有组织、指挥或者管理职责的负责人、管理人员、实际控制人、投资人等人员。

（3）《刑法》第一百三十五条规定的“直接负责的主管人员和其他直接责任人员”，是指对安全生产设施或者安全生产条件不符合国家规定负有直接责任的生产经营单位负责人、管理人员、实际控制人、投资人，以及其他对安全生产设施或者安全生产条件负有管理、维护职责的人员。

（4）《刑法》第一百三十九条之一规定的“负有报告职责的人员”，是指负有组织、指挥或者管理职责的负责人、管理人员、实际控制人、投资人，以及其他负有报告职责的人员。

（5）明知存在事故隐患、继续作业存在危险，仍然违反有关安全管理的规定，实施下列行为之一的，应当认定为《刑法》第一百三十四条第二款规定的“强令他人违章冒险作业”：

①利用组织、指挥、管理职权，强制他人违章作业的；

②采取威逼、胁迫、恐吓等手段，强制他人违章作业的；

③故意掩盖事故隐患，组织他人违章作业的；

④其他强令他人违章作业的行为。

（6）实施《刑法》第一百三十二条、第一百三十四条第一款、第一百三十五条、第一百三十五条之一、第一百三十六条、第一百三十九条规定的行

为，因而发生安全事故，具有下列情形之一的，应当认定为“造成严重后果”或者“发生重大伤亡事故或者造成其他严重后果”，对相关责任人员，处3年以下有期徒刑或者拘役：

①造成死亡1人以上，或者重伤3人以上的；

②造成直接经济损失100万元以上的；

③其他造成严重后果或者重大安全事故的情形。

实施《刑法》第一百三十四条第二款规定的行为，因而发生安全事故，具有本条第一款规定情形的，应当认定为“发生重大伤亡事故或者造成其他严重后果”，对相关责任人员，处5年以下有期徒刑或者拘役。

实施《刑法》第一百三十七条规定的行为，因而发生安全事故，具有本条第一款规定情形的，应当认定为“造成重大安全事故”，对直接责任人员，处5年以下有期徒刑或者拘役，并处罚金。

实施《刑法》第一百三十八条规定的行为，因而发生安全事故，具有本条第一款第一项规定情形的，应当认定为“发生重大伤亡事故”，对直接责任人员，处3年以下有期徒刑或者拘役。

（7）实施《刑法》第一百三十二条、第一百三十四条第一款、第一百三十五条、第一百三十五条之一、第一百三十六条、第一百三十九条规定的行为，因而发生安全事故，具有下列情形之一的，对相关责任人员，处3年以上7年以下有期徒刑：

①造成死亡3人以上或者重伤10人以上，负事故主要责任的；

②造成直接经济损失500万元以上，负事故主要责任的；

③其他造成特别严重后果、情节特别恶劣或者后果特别严重的情形。

实施《刑法》第一百三十四条第二款规定的行为，因而发生安全事故，具有本条第一款规定情形的，对相关责任人员，处5年以上有期徒刑。

实施《刑法》第一百三十七条规定的行为，因而发生安全事故，具有本条第一款规定情形的，对直接责任人员，处5年以上10年以下有期徒刑，并处罚金。

实施《刑法》第一百三十八条规定的行为，因而发生安全事故，具有下列情形之一的，对直接责任人员，处3年以上7年以下有期徒刑：

①造成死亡3人以上或者重伤10人以上，负事故主要责任的；

②具有本解释第六条第一款第一项规定情形，同时造成直接经济损失500万元以上并负事故主要责任的，或者同时造成恶劣社会影响的。

（8）在安全事故发生后，负有报告职责的人员不报或者谎报事故情况，贻误事故抢救，具有下列情形之一的，应当认定为《刑法》第一百三十九条之一规定的“情节严重”：

①导致事故后果扩大，增加死亡1人以上，或者增加重伤3人以上，或者增加直接经济损失100万元以上的；

②实施下列行为之一，致使不能及时有效开展事故抢救的：

1）决定不报、迟报、谎报事故情况或者指使、串通有关人员不报、迟报、谎报事故情况的；

2）在事故抢救期间擅离职守或者逃匿的；

3）伪造、破坏事故现场，或者转移、藏匿、毁灭遇难人员尸体，或者转移、藏匿受伤人员的；

4）毁灭、伪造、隐匿与事故有关的图纸、记录、计算机数据等资料以及其他证据的；

③其他情节严重的情形。

具有下列情形之一的，应当认定为《刑法》第一百三十九条之一规定的“情节特别严重”：

1）导致事故后果扩大，增加死亡3人以上，或者增加重伤10人以上，或者增加直接经济损失500万元以上的；

2）采用暴力、胁迫、命令等方式阻止他人报告事故情况，导致事故后果扩大的；

3）其他情节特别严重的情形。

（9）在安全事故发生后，与负有报告职责的人员串通，不报或者谎报事故情况，贻误事故抢救，情节严重的，依照《刑法》第一百三十九条之一的规定，以共犯论处。

（10）在安全事故发生后，直接负责的主管人员和其他直接责任人员故意阻挠开展抢救，导致人员死亡或者重伤，或者为了逃避法律追究，对被害人进行隐藏、遗弃，致使被害人因无法得到救助而死亡或者重度残疾的，分别依照《刑法》第二百三十二条、第二百三十四条的规定，以故意杀人罪或者故意伤害罪定罪处罚。

（11）生产不符合保障人身、财产安全的国家标准、行业标准的安全设备，或者明知安全设备不符合保障人身、财产安全的国家标准、行业标准而进行销售，致使发生安全事故，造成严重后果的，依照《刑法》第一百四十六条的规定，以生产、销售不符合安全标准的产品罪定罪处罚。

（12）实施《刑法》第一百三十二条、第一百三十四条至第一百三十九条之一规定的犯罪行为，具有下列情形之一的，从重处罚：

①未依法取得安全许可证件或者安全许可证件过期、被暂扣、吊销、注销后从事生产经营活动的；

②关闭、破坏必要的安全监控和报警设备的；

③已经发现事故隐患，经有关部门或者个人提出后，仍不采取措施的；

④一年内曾因危害生产安全违法犯罪活动受过行政处罚或者刑事处罚的；

⑤采取弄虚作假、行贿等手段，故意逃避、阻挠负有安全监督管理职责的部门实施监督检查的；

⑥安全事故发生后转移财产意图逃避承担责任的；

⑦其他从重处罚的情形。

实施前款第五项规定的行为，同时构成《刑法》第三百八十九条规定的犯罪的，依照数罪并罚的规定处罚。

（13）实施《刑法》第一百三十二条、第一百三十四条至第一百三十九条之一规定的犯罪行为，在安全事故发生后积极组织、参与事故抢救，或者积极配合调查、主动赔偿损失的，可以酌情从轻处罚。

（14）国家工作人员违反规定投资入股生产经营，构成本解释规定的有关犯罪的，或者国家工作人员的贪污、受贿犯罪行为与安全事故发生存在关联性的，从重处罚；同时构成贪污、受贿犯罪和危害生产安全犯罪的，依照数罪并罚的规定处罚。

（15）国家机关工作人员在履行安全监督管理职责时滥用职权、玩忽职守，致使公共财产、国家和人民利益遭受重大损失的，或者徇私舞弊，对发现的刑事案件依法应当移交司法机关追究刑事责任而不移交，情节严重的，分别依照《刑法》第三百九十七条、第四百零二条的规定，以滥用职权罪、玩忽职守罪或者徇私舞弊不移交刑事案件罪定罪处罚。

公司、企业、事业单位的工作人员在依法或者受委托行使安全监督管理职责时滥用职权或者玩忽职守，构成犯罪的，应当依照《全国人民代表大会常务委员会关于〈中华人民共和国刑法〉第九章渎职罪主体适用问题的解释》的规定，适用渎职罪的规定追究刑事责任。

（16）对于实施危害生产安全犯罪适用缓刑的犯罪分子，可以根据犯罪情况，禁止其在缓刑考验期限内从事与安全生产相关联的特定活动；对于被判处刑罚的犯罪分子，可以根据犯罪情况和预防再犯罪的需要，禁止其自刑罚执行完毕之日或者假释之日起三年至五年内从事与安全生产相关的职业。

本解释自2015年12月16日起施行。本解释施行后，《最高人民法院、最高人民检察院关于办理危害矿山生产安全刑事案件具体应用法律若干问题的解释》（法释〔2007〕5号）同时废止。最高人民法院、最高人民检察院此前发布的司法解释和规范性文件与本解释不一致的，以本解释为准。

## 7.4 中共中央和国务院关于推进安全生产领域改革发展的意见

安全生产是关系人民群众生命财产安全的大事，是经济社会协调健康发展的标志，是党和政府对人民利益高度负责的要求。党中央、国务院历来高度重视安全生产工作，党的十八大以来做出一系列重大决策部署，推动全国安全生产工作取得积极进展。同时也要看到，当前我国正处在工业化、城镇化持续推进过程中，生产经营规模不断扩大，传统和新型生产经营方式并存，各类事故隐患和安全风险交织叠加，安全生产基础薄弱、监管体制机制和法律制度不完善、企业主体责任落实不力等问题依然突出，生产安全事故易发多发，尤其是重特大安全事故频发势头尚未得到有效遏制，一些事故发生呈现由高危行业领域向其他行业领域蔓延趋势，直接危及生产安全和公共安全。为进一步加强安全生产工作，现就推进安全生产领域改革发展提出如下意见。

### 7.4.1 总体要求

（1）指导思想。全面贯彻党的十八大和十八届三中、四中、五中、六中全会精神，以邓小平理论、“三个代表”重要思想、科学发展观为指导，深入贯彻习近平总书记系列重要讲话精神和治国理政新理念新思想新战略，进一步增强“四个意识”，紧紧围绕统筹推进“五位一体”总体布局和协调推进“四个全面”战略布局，牢固树立新发展理念，坚持安全发展，坚守发展决不能以牺牲安全为代价这条不可逾越的红线，以防范遏制重特大生产安全事故为重点，坚持安全第一、预防为主、综合治理的方针，加强领导、改革创新，协调联动、齐抓共管，着力强化企业安全生产主体责任，着力堵塞监督管理漏洞，着力解决不遵守法律法规的问题，依靠严密的责任体系、严格的法治措施、有效的体制机制、有力的基础保障和完善的系统治理，切实增强安全防范治理能力，大力提升我国安全生产整体水平，确保人民群众安康幸福、共享改革发展和社会文明进步成果。

(2) 基本原则。坚持安全发展。贯彻以人民为中心的发展思想，始终把人的生命安全放在首位，正确处理安全与发展的关系，大力实施安全发展战略，为经济社会发展提供强有力的安全保障。

坚持改革创新。不断推进安全生产理论创新、制度创新、体制机制创新、科技创新和文化创新，增强企业内生动力，激发全社会创新活力，破解安全生产难题，推动安全生产与经济社会协调发展。

坚持依法监管。大力弘扬社会主义法治精神，运用法治思维和法治方式，深化安全生产监管执法体制改革，完善安全生产法律法规和标准体系，严格规范公正文明执法，增强监管执法效能，提高安全生产法治化水平。

坚持源头防范。严格安全生产市场准入，经济社会发展要以安全为前提，把安全生产贯穿城乡规划布局、设计、建设、管理和企业生产经营活动全过程。构建风险分级管控和隐患排查治理双重预防工作机制，严防风险演变、隐患升级导致生产安全事故发生。

坚持系统治理。严密层级治理和行业治理、政府治理、社会治理相结合的安全生产治理体系，组织动员各方面力量实施社会共治。综合运用法律、行政、经济、市场等手段，落实人防、技防、物防措施，提升全社会安全生产治理能力。

(3) 目标任务。到2020年，安全生产监管体制机制基本成熟，法律制度基本完善，全国生产安全事故总量明显减少，职业病危害防治取得积极进展，重特大生产安全事故频发势头得到有效遏制，安全生产整体水平与全面建成小康社会目标相适应。到2030年，实现安全生产治理体系和治理能力现代化，全民安全文明素质全面提升，安全生产保障能力显著增强，为实现中华民族伟大复兴的中国梦奠定稳固可靠的安全生产基础。

### 7.4.2 健全落实安全生产责任制

(1) 明确地方党委和政府领导责任。坚持党政同责、“一岗双责”、齐抓共管、失职追责，完善安全生产责任体系。地方各级党委和政府要始终把安全生产摆在重要位置，加强组织领导。党政主要负责人是本地区安全生产第一责任人，班子其他成员对分管范围内的安全生产工作负领导责任。地方各级安全生产委员会主任由政府主要负责人担任，成员由同级党委和政府及相关部门负责人组成。

地方各级党委要认真贯彻执行党的安全生产方针，在统揽本地区经济社会发展全局中同步推进安全生产工作，定期研究决定安全生产重大问题。加强安全生产监管机构领导班子、干部队伍建设。严格安全生产履职绩效考核和失职责任追究。强化安全生产宣传教育和舆论引导。发挥人大对安全生产工作的监督促进作用、政协对安全生产工作的民主监督作用。推动组织、宣传、政法、机构编制等单位支持保障安全生产工作。动员社会各界积极参与、支持、监督安全生产工作。

地方各级政府要把安全生产纳入经济社会发展总体规划，制定实施安全生产专项规划，健全安全投入保障制度。及时研究部署安全生产工作，严格落实属地监管责任。充分发挥安全生产委员会作用，实施安全生产责任目标管理。建立安全生产巡查制度，督促各部门和下级政府履职尽责。加强安全生产监管执法能力建设，推进安全科技创新，提升信息化管理水平。严格安全准入标准，指导管控安全风险，督促整治重大隐患，强化源头治理。加强应急管理，完善安全生产应急救援体系。依法依规开展事故调查处理，督促落实问题整改。

（2）明确部门监管责任。按照管行业必须管安全、管业务必须管安全、管生产经营必须管安全和谁主管谁负责的原则，厘清安全生产综合监管与行业监管的关系，明确各有关部门安全生产和职业健康工作职责，并落实到部门工作职责规定中。安全生产监督管理部门负责安全生产法规标准和政策规划制定修订、执法监督、事故调查处理、应急救援管理、统计分析、宣传教育培训等综合性工作，承担职责范围内行业领域安全生产和职业健康监管执法职责。负有安全生产监督管理职责的有关部门依法依规履行相关行业领域安全生产和职业健康监管职责，强化监管执法，严厉查处违法违规行为。其他行业领域主管部门负有安全生产管理责任，要将安全生产工作作为行业领域管理的重要内容，从行业规划、产业政策、法规标准、行政许可等方面加强行业安全生产工作，指导督促企事业单位加强安全管理。党委和政府其他有关部门要在职责范围内为安全生产工作提供支持保障，共同推进安全发展。

（3）严格落实企业主体责任。企业对本单位安全生产和职业健康工作负全面责任，要严格履行安全生产法定责任，建立健全自我约束、持续改进的内生机制。企业实行全员安全生产责任制度，法定代表人和实际控制人同为安全生产第一责任人，主要技术负责人负有安全生产技术决策和指挥权，强化部门安全生产职责，落实“一岗双责”。完善落实混合所有制企业以及跨地区、多层级和境外中资企业投资主体的安全生产责任。建立企业全过程安全生产和职业健康管理制度，做到安全责任、管理、投入、培训和应急救援“五到位”。国有企业要发挥安全生产工作示范带头作用，自觉接受属地监管。

（4）健全责任考核机制。建立与全面建成小康社会相适应和体现安全发展水平的考核评价体系。完善考核制度，统筹整合、科学设定安全生产考核指标，加大安全生产在社会治安综合治理、精神文明建设等考核中的权重。各级政府要对同级安全生产委员会成员单位和下级政府实施严格的安全生产工作责任考核，实行过程考核与结果考核相结合。各地区各单位要建立安全生产绩效与履职评定、职务晋升、奖励惩处挂钩制度，严格落实安全生产“一票否决”制度。

（5）严格责任追究制度。实行党政领导干部任期安全生产责任制，日常工作依责尽职、发生事故依责追究。依法依规制定各有关部门安全生产权力和责任清单，尽职照单免责、失职照单问责。建立企业生产经营全过程安全责任追溯制度。严肃查处安全生产领域项目审批、行政许可、监管执法中的失职渎职和权钱交易等腐败行为。严格事故直报制度，对瞒报、谎报、漏报、迟报事故的单位和个人依法依规追责。对被追究刑事责任的生产经营者依法实施相应的职业禁入，对事故发生负有重大责任的社会服务机构和人员依法严肃追究法律责任，并依法实施相应的行业禁入。

### 7.4.3 改革安全监管监察体制

（1）完善监督管理体制。加强各级安全生产委员会组织领导，充分发挥其统筹协调作用，切实解决突出矛盾和问题。各级安全生产监督管理部门承担本级安全生产委员会日常工作，负责指导协调、监督检查、巡查考核本级政府有关部门和下级政府安全生产工作，履行综合监管职责。负有安全生产监督管理职责的部门，依照有关法律法规和部门职责，健全安全生产监管体制，严格落实监管职责。相关部门按照各自职责建立完善安全生产工作机制，形成齐抓共管格局。坚持管安全生产必须管职业健康，建立安全生产和职业健康一体化监管执法体制。

（2）改革重点行业领域安全监管监察体制。依托国家煤矿安全监察体制，加强非煤矿山安全生产监管监察，优化安全监察机构布局，将国家煤矿安全监察机构负责的安全生产行政许可事项移交给地方政府承担。着重加强危险化学品安全监管体制改革和力量建设，明确和落实危险化学品建设项目立项、规划、设计、施工及生产、储存、使用、销售、运输、废弃处置等环节的法定安全监管责任，建立有力的协调联动机制，消除监管空白。完善海洋石油安全生产监督管理体制机制，实行政企分开。理顺民航、铁路、电力等行业跨区域监管体制，明确行业监管、区域监管与地方监管职责。

（3）进一步完善地方监管执法体制。地方各级党委和政府要将安全生产监督管理部门作为政府工作部门和行政执法机构，加强安全生产执法队伍建设，强化行政执法职能。统筹加强安全监管力量，重点充实市、县两级安全生产监管执法人员，强化乡镇（街道）安全生产监管力量建设。完善各类开发区、工业园区、港区、风景区等功能区安全生产监管体制，明确负责安全生产监督管理的机构，以及港区安全生产地方监管和部门监管责任。

（4）健全应急救援管理体制。按照政事分开原则，推进安全生产应急救援管理体制改革，强化行政管理职能，提高组织协调能力和现场救援时效。健全省、市、县三级安全生产应急救援管理工作机制，建设联动互通的应急救援指挥平台。依托公安消防、大型企业、工业园区等应急救援力量，加强矿山和危险化学品等应急救援基地和队伍建设，实行区域化应急救援资源共享。

### 7.4.4 大力推进依法治理

（1）健全法律法规体系。建立健全安全生产法律法规立改废释工作协调机制。加强涉及安全生产相关法规一致性审查，增强安全生产法制建设的系统性、可操作性。制定安全生产中长期立法规划，加快制定修订安全生产法配套法规。加强安全生产和职业健康法律法规衔接融合。研究修改刑法有关条款，将生产经营过程中极易导致重大生产安全事故的违法行为列入刑法调整范围。制定完善高危行业领域安全规程。设区的市根据立法法的立法精神，加强安全生产地方性法规建设，解决区域性安全生产突出问题。

（2）完善标准体系。加快安全生产标准制定修订和整合，建立以强制性国家标准为主体的安全生产标准体系。鼓励依法成立的社会团体和企业制定更加严格规范的安全生产标准，结合国情积极借鉴实施国际先进标准。国务院安全生产监督管理部门负责生产经营单位职业危害预防治理国家标准制定发布工作；统筹提出安全生产强制性国家标准立项计划，有关部门按照职责分工组织起草、审查、实施和监督执行，国务院标准化行政主管部门负责及时立项、编号、对外通报、批准并发布。

（3）严格安全准入制度。严格高危行业领域安全准入条件。按照强化监管与便民服务相结合原则，科学设置安全生产行政许可事项和办理程序，优化工作流程，简化办事环节，实施网上公开办理，接受社会监督。对与人民群众生命财产安全直接相关的行政许可事项，依法严格管理。对取消、下放、移交的行政许可事项，要加强事中、事后安全监管。

（4）规范监管执法行为。完善安全生产监管执法制度，明确每个生产经营单位安全生产监督和管理主体，制定实施执法计划，完善执法程序规定，依法严格查处各类违法违规行为。建立行政执法和刑事司法衔接制度，负有安全生产监督管理职责的部门要加强与公安、检察院、法院等协调配合，完善安全生产违法线索通报、案件移送与协查机制。对违法行为当事人拒不执行安全生产行政执法决定的，负有安全生产监督管理职责的部门应依法申请司法机关强制执行。完善司法机关参与事故调查机制，严肃查处违法犯罪行为。研究建立安全生产民事和行政公益诉讼制度。

（5）完善执法监督机制。各级人大常委会要定期检查安全生产法律法规实施情况，开展专题询问。各级政协要围绕安全生产突出问题开展民主监督和协商调研。建立执法行为审议制度和重大行政执法决策机制，评估执法效果，防止滥用职权。健全领导干部非法干预安全生产监管执法的记录、通报和责任追究制度。完善安全生产执法纠错和执法信息公开制度，加强社会监督和舆论监督，保证执法严明、有错必纠。

（6）健全监管执法保障体系。制定安全生产监管监察能力建设规划，明确监管执法装备及现场执法和应急救援用车配备标准，加强监管执法技术支撑体系建设，保障监管执法需要。建立完善负有安全生产监督管理职责的部门监管执法经费保障机制，将监管执法经费纳入同级财政全额保障范围。加强监管执法制度化、标准化、信息化建设，确保规范高效监管执法。建立安全生产监管执法人员依法履行法定职责制度，激励保证监管执法人员忠于职守、履职尽责。严格监管执法人员资格管理，制定安全生产监管执法人员录用标准，提高专业监管执法人员比例。建立健全安全生产监管执法人员凡进必考、入职培训、持证上岗和定期轮训制度。统一安全生产执法标志标识和制式服装。

（7）完善事故调查处理机制。坚持问责与整改并重，充分发挥事故查处对加强和改进安全生产工作的促进作用。完善生产安全事故调查组组长负责制。健全典型事故提级调查、跨地区协同调查和工作督导机制。建立事故调查分析技术支撑体系，所有事故调查报告要设立技术和管理问题专篇，详细分析原因并全文发布，做好解读，回应公众关切的问题。对事故调查发现有漏洞、缺陷的有关法律法规和标准制度，及时启动制定修订工作。建立事故暴露问题整改督办制度，事故结案后一年内，负责事故调查的地方政府和国务院有关部门要组织开展评估，及时向社会公开，对履职不力、整改措施不落实的，依法依规严肃追究有关单位和人员责任。

### 7.4.5 建立安全预防控制体系

（1）加强安全风险管控。地方各级政府要建立完善安全风险评估与论证机制，科学合理确定企业选址和基础设施建设、居民生活区空间布局。高危项目审批必须把安全生产作为前置条件，城乡规划布局、设计、建设、管理等各项工作必须以安全为前提，实行重大安全风险“一票否决”。加强新材料、新工艺、新业态安全风险评估和管控。紧密结合供给侧结构性改革，推动高危产业转型升级。位置相邻、行业相近、业态相似的地区和行业要建立完善重大安全风险联防联控机制。构建国家、省、市、县四级重大危险源信息管理体系，对重点行业、重点区域、重点企业实行风险预警控制，有效防范重特大生产安全事故。

（2）强化企业预防措施。企业要定期开展风险评估和危害辨识。针对高危工艺、设备、物品、场所和岗位，建立分级管控制度，制定落实安全操作规程。树立隐患就是事故的观念，建立健全隐患排查治理制度、重大隐患治理情况向负有安全生产监督管理职责的部门和企业职代会“双报告”制度，实行自查自改自报闭环管理。严格执行安全生产和职业健康“三同时”制度。大力推进企业安全生产标准化建设，实现安全管理、操作行为、设备设施和作业环境的标准化。开展经常性的应急演练和人员避险自救培训，着力提升现场应急处置能力。

（3）建立隐患治理监督机制。制定生产安全事故隐患分级和排查治理标准。负有安全生产监督管理职责的部门要建立与企业隐患排查治理系统联网的信息平台，完善线上线下配套监管制度。强化隐患排查治理监督执法，对重大隐患整改不到位的企业依法采取停产停业、停止施工、停止供电和查封扣押等强制措施，按规定给予上限经济处罚，对构成犯罪的要移交司法机关依法追究刑事责任。严格重大隐患挂牌督办制度，对整改和督办不力的纳入政府核查问责范围，实行约谈告诫、公开曝光，情节严重的依法依规追究相关人员责任。

（4）强化城市运行安全保障。定期排查区域内安全风险点、危险源，落实管控措施，构建系统性、现代化的城市安全保障体系，推进安全发展示范城市建设。提高基础设施安全配置标准，重点加强对城市高层建筑、大型综合体、隧道桥梁、管线管廊、轨道交通、燃气、电力设施及电梯、游乐设施等的检测维护。完善大型群众性活动安全管理制度，加强人员密集场所安全监管。加强公安、民政、国土资源、住房和城乡建设、交通运输、水利、农业、安全监管、气象、地震等相关部门的协调联动，严防自然灾害引发事故。

（5）加强重点领域工程治理。深入推进对煤矿瓦斯、水害等重大灾害以及矿山采空区、尾矿库的工程治理。加快实施人口密集区域的危险化学品和化工企业生产、仓储场所安全搬迁工程。深化油气开采、输送、炼化、码头接卸等领域安全整治。实施高速公路、乡村公路和急弯陡坡、临水临崖危险路段公路安全生命防护工程建设。加强高速铁路、跨海大桥、海底隧道、铁路浮桥、航运枢纽、港口等防灾监测、安全检测及防护系统建设。完善长途客运车辆、旅游客车、危险物品运输车辆和船舶生产制造标准，提高安全性能，强制安装智能视频监控报警、防碰撞和整车整船安全运行监管技术装备，对已运行的要加快安全技术装备改造升级。

（6）建立完善职业病防治体系。将职业病防治纳入各级政府民生工程及安全生产工作考核体系，制定职业病防治中长期规划，实施职业健康促进计划。加快职业病危害严重企业技术改造、转型升级和淘汰退出，加强高危粉尘、高毒物品等职业病危害源头治理。健全职业健康监管支撑保障体系，加强职业健康技术服务机构、职业病诊断鉴定机构和职业健康体检机构建设，强化职业病危害基础研究、预防控制、诊断鉴定、综合治疗能力。完善相关规定，扩大职业病患者救治范围，将职业病失能人员纳入社会保障范围，对符合条件的职业病患者落实医疗与生活救助措施。加强企业职业健康监管执法，督促落实职业病危害告知、日常监测、定期报告、防护保障和职业健康体检等制度措施，落实职业病防治主体责任。

### 7.4.6 加强安全基础保障能力建设

（1）完善安全投入长效机制。加强中央和地方财政安全生产预防及应急相关资金使用管理，加大安全生产与职业健康投入，强化审计监督。加强安全生产经济政策研究，完善安全生产专用设备企业所得税优惠目录。落实企业安全生产费用提取管理使用制度，建立企业增加安全投入的激励约束机制。健全投融资服务体系，引导企业集聚发展灾害防治、预测预警、检测监控、个体防护、应急处置、安全文化等技术、装备和服务产业。

（2）建立安全科技支撑体系。优化整合国家科技计划，统筹支持安全生产和职业健康领域科研项目，加强研发基地和博士后科研工作站建设。开展事故预防理论研究和关键技术装备研发，加快成果转化和推广应用。推动工业机器人、智能装备在危险工序和环节广泛应用。提升现代信息技术与安全生产融合度，统一标准规范，加快安全生产信息化建设，构建安全生产与职业健康信息化全国“一张网”。加强安全生产理论和政策研究，运用大数据技术开展安全生产规律性、关联性特征分析，提高安全生产决策科学化水平。

（3）健全社会化服务体系。将安全生产专业技术服务纳入现代服务业发展规划，培育多元化服务主体。建立政府购买安全生产服务制度。支持发展安全生产专业化行业组织，强化自治自律。完善注册安全工程师制度。改革完善安全生产和职业健康技术服务机构资质管理办法。支持相关机构开展安全生产和职业健康一体化评价等技术服务，严格实施评价公开制度，进一步激活和规范专业技术服务市场。鼓励中小微企业订单式、协作式购买运用安全生产管理和技术服务。建立安全生产和职业健康技术服务机构公示制度和由第三方实施的信用评定制度，严肃查处租借资质、违法挂靠、弄虚作假、垄断收费等各类违法违规行为。

（4）发挥市场机制推动作用。取消安全生产风险抵押金制度，建立健全安全生产责任保险制度，在矿山、危险化学品、烟花爆竹、交通运输、建筑施工、民用爆炸物品、金属冶炼、渔业生产等高危行业领域强制实施，切实发挥保险机构参与风险评估管控和事故预防功能。完善工伤保险制度，加快制定工伤预防费用的提取比例、使用和管理具体办法。积极推进安全生产诚信体系建设，完善企业安全生产不良记录“黑名单”制度，建立失信惩戒和守信激励机制。

（5）健全安全宣传教育体系。将安全生产监督管理纳入各级党政领导干部培训内容。把安全知识普及纳入国民教育，建立完善中小学安全教育和高危行业职业安全教育体系。把安全生产纳入农民工技能培训内容。严格落实企业安全教育培训制度，切实做到先培训、后上岗。推进安全文化建设，加强警示教育，强化全民安全意识和法治意识。发挥工会、共青团、妇联等群团组织作用，依法维护职工群众的知情权、参与权与监督权。加强安全生产公益宣传和舆论监督。建立安全生产“12350”专线与社会公共管理平台统一接报、分类处置的举报投诉机制。鼓励开展安全生产志愿服务和慈善事业。加强安全生产国际交流合作，学习借鉴国外安全生产与职业健康先进经验。

各地区各部门要加强组织领导，严格实行领导干部安全生产工作责任制，根据本意见提出的任务和要求，结合实际认真研究制定实施办法，抓紧出台推进安全生产领域改革发展的具体政策措施，明确责任分工和时间进度要求，确保各项改革举措和工作要求落实到位。贯彻落实情况要及时向党中央、国务院报告，同时抄送国务院安全生产委员会办公室。中央全面深化改革领导小组办公室将适时牵头组织开展专项监督检查。

# 第八章 建筑施工安全管理基本知识

## 8.1 安全与安全生产

### 8.1.1 安全的概念

1. 安全

简而言之，安全是指人的身体健康不受到伤害，财产不受到损伤，保持完整无损的状态。安全通常可分为人身安全和财产安全两种情形。

安全的通俗理解是无危为安、无损为全，安全就是使人的身心健康免受外界因素影响的状态。安全也可以看作是人、机具及人和机具构成的环境三者处于协调或平衡状态，一旦打破这种平衡，安全就不存在了。

2. 安全生产

狭义的安全生产是指生产过程处于避免人身伤害、物的损坏及其他不可接受的损害的风险的状态。

广义的安全生产是指对生产过程控制外的，还包括劳动保护和职业卫生健康。

安全与否，是相对于危险的程度来判定的，是一个相对的概念。任何事物都存在不安全的因素，即都有一定的危险性，当危险降低到人们可以普遍接受的程度时，就可以认为是安全的。

### 8.1.2 建筑施工安全生产管理的特点

安全生产关系人民群众的生命财产安全，关系改革发展和社会稳定大局。建设工程安全生产不仅直接关系到建筑企业自身的发展和收益，更是直接关系到人民群众包括生命健康在内的根本利益，影响构建社会主义和谐社会的大局。在国际经济交往与合作越加紧密的今天，安全生产还关系到我国在国际社会的声誉和地位。近年来，我国建筑企业认真贯彻“安全第一、预防为主、综合治理”的安全生产方针，认真贯彻落实党中央、国务院关于安全生产工作的一系列方针、政策，牢固树立科学发展观，按照构建社会主义和谐社会的总体要求，全面落实安全生产责任制，加强建设工程安全法规和技术标准体系建设，积极开展专项整治和隐患排查治理活动，着眼于建立安全生产长效机制，强化监管，狠抓落实，从而取得全国建筑施工安全生产形势总体趋向稳定好转，施工作业和生产环境的安全、卫生及文明工地状况得到明显改善的成效。

目前，我国正在进行有史以来最大规模的工程建设，随着工程建设项目趋向大型化和复杂化，给建筑业的安全生产带来了挑战。我国每年由于建筑事故伤亡的从业人员超过千人，直接经济损失逾百亿元，建筑业已经成为我国所有工业部门中仅次于采矿业的最危险行业。因此，提高建筑业的安全生产管理水平、保障从业人员的生命安全意义重大，同时，我国提出要在2020年实现全面建设“小康社会”的奋斗目标，其中提高和改善建筑业的安全生产状况成为全面建设“小康社会”的重要内容之一。

建筑业从广义的概念来说是从事建筑安装工程的生产活动，为国民经济各部门建造房屋和构筑物，并安装机器设备。长期以来，由于人员流动性大、劳动对象复杂和劳动条件变化大等特点，建筑业在各个国家都是高风险的行业，伤亡事故发生率一直位于各行业的前列。尤其是现代社会建设项目趋向大型化、高层化、复杂化，加之建设场地的多变性，使得建设工程生产特别是安全生产与其他生产行业相比有明显的区别，建设工程安全生产的特点主要体现在以下几个方面：

①建筑工程施工大多数在露天的环境中进行，所进行的活动必然受到施工现场的地理条件和气象条件的影响。恶劣的气候环境很容易导致施工人员生理或者心理上的疲劳，注意力不集中，造成事故。

②建设工程是一个庞大的人机工程，这一系统的安全性不仅仅取决于施工人员的行为，还取决于各种施工机具、材料以及建筑产品（统称为物）的状态。建设工程中的人、物以及施工环境中存在的导致事故的风险因素非常多，如果不及时发现并且排除，将很容易导致安全事故。

③建设项目的施工具有单一性的特点。不同的建设项目所面临的事故风险的大小和种类都是不同的。建筑业从业人员每一天所面对的都是一个几乎

全新的物理工作环境，在完成一个建筑产品之后，又转移到下一个新项目的施工。项目施工过程中层出不穷的各种事故风险是导致建筑事故频发的重要原因。

④建设工程项目施工还具有分散性的特点。建筑业的主要制造者——现场施工人员，在从事工程项目的施工过程中，分散于施工现场的各个部位，当他们面对各种具体的生产问题时一般依靠自己的经验和知识进行判断做出决定，从而增加了建筑业生产过程中由于不安全行为而导致事故的风险。

⑤工程建设中往往有多方参与，管理层次比较多，管理关系复杂。仅施工现场就涉及建设单位、总承包单位、分承包单位、供应单位和监理单位等各方。各种错综复杂的人的不安全行为，物的不安全状态以及环境的不安全因素往往互相作用，构成安全事故的直接原因。

⑥目前我国建筑业仍属于劳动密集型产业，技术含量相对偏低，建筑业中部分从业人员的文化素质较一般行业人员低。尤其是大量的没有经过全面职业培训和严格安全教育及相关培训的农民工，其数量占到施工一线人数的80% 。

⑦随着社会的不断发展，目前高层建筑、地下空间利用工程和城市轨道交通工程数量不断增多，施工作业环境复杂，高层建筑施工用的建筑起重机械事故存在多发态势，所以，目前建筑施工安全管理是一项十分复杂且技术含量高的一项工作。

⑧建筑业作为一个传统的产业部门，工期、质量和成本的管理往往是项目生产人员关注的主要对象。部分建筑业管理人员认为建筑安全事故完全是由一些偶然因素引起的，因而是不可避免的、无法控制的，没有从科学的角度深入认识事故发生的根本原因并采取积极的预防措施，造成了建设项目安全管理不力，发生事故的可能性增加等问题。

## 8.2 事故与风险的概念

### 8.2.1 事故

事故：在生产过程中，事故是指造成人员死亡、伤害、职业病、财产损失或其他损失的意外事件。

安全生产事故：生产安全事故是指生产经营单位在生产经营活动（包括与生产经营有关的活动）中突然发生的，伤害人身安全和健康，或者损坏设备设施，或者造成经济损失的，导致原生产经营活动（包括与生产经营活动有关的活动）暂时中止或永远终止的事件。

## 8.2.2 风险

风险：是相对某有机体的，指某可能发生的事件，如果发生，能阻碍有机体的发展，甚至走向衰亡，风险是指事件发生与否的不确定性。从认知学上讲，风险的损害发生与否，损害的程度取决于人类主观认识和客观存在之间的差异性。在这个意义上说，风险指在一定条件下特定时期内，预期结果和实际结果之间的差异程度。如果风险发生的可能性可以用概率进行测量，风险的期望值为风险发生的概率与损失的乘积。

风险也可以是与出现损失有关的不确定性。风险要具备两方面条件：一是不确定性；二是产生损失后果，否则就不能称为风险。

①风险因素：是指能产生或增加损失概率和损失程度的条件或因素。是风险发生的潜在原因，是造成损失的内在或间接原因。

②风险事件：是指造成损失的偶发事件。是造成损失的外在原因或直接原因。如失火、雷电、地震等事件。这里要注意把风险事件与风险因素区别开来。例如，因汽车刹车失灵，导致车祸中人员伤亡，这里刹车失灵是风险因素而车祸是风险事件。

③损失：是指非故意的，非计划的和非预期的经济价值的减少，通常以货币单位来衡量。

④风险因素、风险事件、损失与风险之间的关系。

风险因素、风险事件、损失与风险之间的关系可用下图来表示：

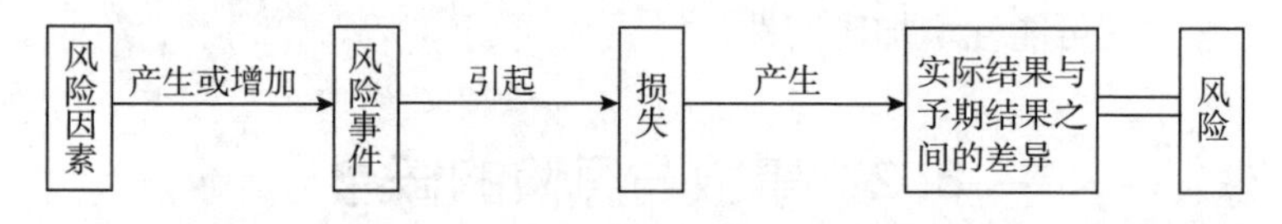


**图8-1 风险因素、风险事件、损失与风险之间的关系图**

从图8-1可看出风险因素引起风险事件，风险事件导致损失，而损失所形成的结果就是风险。因此风险因素是风险源，要预防风险，降低风险损失，就要从消除风险因素抓起。

⑤风险管理：风险管理就是一个识别、确定和度量风险，并制定、选择和实施风险处理方案的过程。

⑥风险管理过程：包括风险识别、风险评价、风险对策、决策、实施决策、检查六个方面的内容。

⑦风险管理的目标：在风险事件发生前，其首要目标是使潜在损失最小，其次是减少忧虑及相应忧虑的价值，在风险事件发生后其首要目标是使实际损失降低到最低程度。

## 8.3 工程质量安全提升行动方案

百年大计，质量第一；安全生产，人命关天。为进一步提升工程质量安全水平，确保人民群众生命财产安全，促进建筑业持续健康发展，特制定本行动方案。

### 8.3.1 指导思想

贯彻落实《中共中央国务院关于进一步加强城市规划建设管理工作的若干意见》和《国务院办公厅关于促进建筑业持续健康发展的意见》（国办发〔2017〕19号）精神，巩固工程质量治理两年行动成果，围绕“落实主体责任”和“强化政府监管”两个重点，坚持企业管理与项目管理并重、企业责任与个人责任并重、质量安全行为与工程实体质量安全并重、深化建筑业改革与完善质量安全管理制度并重，严格监督管理，严格责任落实，严格责任追究，着力构建质量安全提升长效机制，全面提升工程质量安全水平。

### 8.3.2 总体目标

通过开展工程质量安全提升行动（以下简称“提升行动”），用3年左右时间，进一步完善工程质量安全管理制度，落实工程质量安全主体责任，强化工程质量安全监管，提高工程项目质量安全管理水平，提高工程技术创新能力，使全国工程质量安全总体水平得到明显提升。

### 8.3.3 重点任务

1. 落实主体责任

（1）严格落实工程建设参建各方主体责任。进一步完善工程质量安全管理制度和责任体系，全面落实各方主体的质量安全责任，特别是要强化建设单位的首要责任和勘察、设计、施工单位的主体责任。

（2）严格落实项目负责人责任。严格执行建设、勘察、设计、施工、监理五方主体项目负责人质量安全责任规定，强化项目负责人的质量安全责任。

（3）严格落实从业人员责任。强化个人执业管理，落实注册执业人员的质量安全责任，规范从业行为，推动建立个人执业保险制度，加大执业责任追究力度。

（4）严格落实工程质量终身责任。进一步完善工程质量终身责任制，严格执行工程质量终身责任书面承诺、永久性标牌、质量信息档案等制度，加大质量责任追究力度。

2. 提升项目管理水平

（1）提升建筑设计水平。贯彻落实“适用、经济、绿色、美观”的新时期建筑方针，倡导开展建筑评论，促进建筑设计理念的融合和升华。探索建立大型公共建筑工程后评估制度。完善激励机制，引导激发优秀设计创作和建筑设计人才队伍建设。

（2）推进工程质量管理标准化。完善工程质量管控体系，建立质量管理标准化制度和评价体系，推进质量行为管理标准化和工程实体质量控制标准化。开展工程质量管理标准化示范活动，实施样板引路制度。制定并推广应用简洁、适用、易执行的岗位标准化手册，将质量责任落实到人。

（3）提升建筑施工本质安全水平。深入开展建筑施工企业和项目安全生产标准化考评，推动建筑施工企业实现安全行为规范化和安全管理标准化，提升施工人员的安全生产意识和安全技能。

（4）提升城市轨道交通工程风险管控水平。建立施工关键节点风险控制制度，强化工程重要部位和关键环节施工安全条件审查。构建风险分级管控和隐患排查治理双重预防工作机制，落实企业质量安全风险自辨自控、隐患自查自治责任。

3. 提升技术创新能力

（1）推进信息化技术应用。加快推进建筑信息模型（Building Information Modeling，简称 BIM）技术在规划、勘察、设计、施工和运营维护全过程的集成应用。推进勘察设计文件数字化交付、审查和存档工作。加强工程质量安全监管信息化建设，推行工程质量安全数字化监管。

（2）推广工程建设新技术。加快先进建造设备、智能设备的推广应用，大力推广建筑业10项新技术和城市轨道交通工程关键技术等先进适用技术，推广应用工程建设专有技术和工法，以技术进步支撑装配式建筑、绿色建造等新型建造方式发展。

（3）提升减隔震技术水平。推进减隔震技术应用，加强工程建设和使用维护管理，建立减隔震装置质量检测制度，提高减隔震工程质量。

4. 健全监督管理机制

（1）加强政府监管。强化对工程建设全过程的质量安全监管，重点加强对涉及公共安全的工程地基基础、主体结构等部位和竣工验收等环节的监督检查。完善施工图设计文件审查制度，规范设计变更行为。开展监理单位向政府主管部门报告质量监理情况的试点，充分发挥监理单位在质量控制中的作用。加强工程质量检测管理，严厉打击出具虚假报告等行为。推进质量安全诚信体系建设，建立健全信用评价和惩戒机制，强化信用约束。推动发展工程质量保险。

（2）加强监督检查。推行“双随机、一公开”检查方式，加大抽查抽测力度，加强工程质量安全监督执法检查。深入开展以深基坑、高支模、起重机械等危险性较大的分部分项工程为重点的建筑施工安全专项整治。加大对轨道交通工程新开工、风险事故频发以及发生较大事故城市的监督检查力度。组织开展新建工程抗震设防专项检查，重点检查超限高层建筑工程和减隔震工程。

（3）加强队伍建设。加强监督队伍建设，保障监督机构人员和经费。开展对监督机构人员配置和经费保障情况的督查。推进监管体制机制创新，不断提高监管执法的标准化、规范化、信息化水平。鼓励采取政府购买服务的方式，委托具备条件的社会力量进行监督检查。完善监督层级考核机制，落实监管责任。

## 8.4 重大危险源的管控

### 8.4.1 危险性较大的分部分项工程安全管理规定

《危险性较大的分部分项工程安全管理规定》于2018年2月12日，经住房和城乡建设部第37次常务会议审议通过。自2018年6月1日起施行。

1. 基本规定

（1）目的和依据：为加强对房屋建筑和市政基础设施工程中危险性较大

的分部分项工程安全管理，有效防范生产安全事故，依据《中华人民共和国建筑法》《中华人民共和国安全生产法》《建设工程安全生产管理条例》等法律法规，制定《危险性较大的分部分项工程安全管理规定》。

（2）适用范围：适用于房屋建筑和市政基础设施工程中危险性较大的分部分项工程安全管理。

（3）定义：所称危险性较大的分部分项工程（以下简称“危大工程”），是指房屋建筑和市政基础设施工程在施工过程中，容易导致人员群死群伤或者造成重大经济损失的分部分项工程。危大工程及超过一定规模的危大工程范围由国务院住房城乡建设主管部门制定。省级住房城乡建设主管部门可以结合本地区实际情况，补充本地区危大工程范围。

（4）安全监管主体：国务院住房城乡建设主管部门负责全国危大工程安全管理的指导监督。县级以上地方人民政府住房城乡建设主管部门负责本行政区域内危大工程的安全监督管理。

2. 前期保障

（1）建设单位应当依法提供真实、准确、完整的工程地质、水文地质和工程周边环境等资料。

（2）勘察单位应当根据工程实际及工程周边环境资料，在勘察文件中说明地质条件可能造成的工程风险。

（3）设计单位应当在设计文件中注明涉及危大工程的重点部位和环节，提出保障工程周边环境安全和工程施工安全的意见，必要时进行专项设计。

（4）建设单位应当组织勘察、设计等单位在施工招标文件中列出危大工程清单，要求施工单位在投标时补充完善危大工程清单并明确相应的安全管理措施。

（5）建设单位应当按照施工合同约定及时支付危大工程施工技术措施费以及相应的安全防护文明施工措施费，保障危大工程施工安全。

（6）建设单位在申请办理安全监督手续时，应当提交危大工程清单及其安全管理措施等资料。

3. 专项施工方案

（1）施工单位应当在危大工程施工前组织工程技术人员编制专项施工方案。

（2）实行施工总承包的，专项施工方案应当由施工总承包单位组织编制。危大工程实行分包的，专项施工方案可以由相关专业分包单位组织编制。

（3）专项施工方案应当由施工单位技术负责人审核签字、加盖单位公章，并由总监理工程师审查签字、加盖执业印章后方可实施。危大工程实行分包并由分包单位编制专项施工方案的，专项施工方案应当由总承包单位技术负责人及分包单位技术负责人共同审核签字并加盖单位公章。

（4）对于超过一定规模的危大工程，施工单位应当组织召开专家论证会对专项施工方案进行论证。实行施工总承包的，由施工总承包单位组织召开专家论证会。专家论证前专项施工方案应当通过施工单位审核和总监理工程师审查。专家应当从地方人民政府住房城乡建设主管部门建立的专家库中选取，符合专业要求且人数不得少于5名。与本工程有利害关系的人员不得以专家身份参加专家论证会。

（5）专家论证会后，应当形成论证报告，对专项施工方案提出通过、修改后通过或者不通过的一致意见。专家对论证报告负责并签字确认。专项施工方案经论证需修改后通过的，施工单位应当根据论证报告修改完善后，重新履行本规定第十一条的程序。专项施工方案经论证不通过的，施工单位修改后应当按照本规定的要求重新组织专家论证。

4. 现场安全管理

（1）施工单位应当在施工现场显著位置公告危大工程名称、施工时间和具体责任人员，并在危险区域设置安全警示标志。

（2）专项施工方案实施前，编制人员或者项目技术负责人应当向施工现场管理人员进行方案交底。

（3）施工现场管理人员应当向作业人员进行安全技术交底，并由双方和项目专职安全生产管理人员共同签字确认。

（4）施工单位应当严格按照专项施工方案组织施工，不得擅自修改专项施工方案。因规划调整、设计变更等原因确需调整的，修改后的专项施工方案应当按照本规定重新审核和论证。涉及资金或者工期调整的，建设单位应当按照约定予以调整。

（5）施工单位应当对危大工程施工作业人员进行登记，项目负责人应当在施工现场履职。项目专职安全生产管理人员应当对专项施工方案实施情况进行现场监督，对未按照专项施工方案施工的，应当要求立即整改，并及时报告项目负责人，项目负责人应当及时组织限期整改。施工单位应当按照规定对危大工程进行施工监测和安全巡视，发现危及人身安全的紧急情况，应当立即组织作业人员撤离危险区域。

（6）监理单位应当结合危大工程专项施工方案编制监理实施细则，并对危大工程施工实施专项巡视检查。

（7）监理单位发现施工单位未按照专项施工方案施工的，应当要求其进行整改；情节严重的，应当要求其暂停施工，并及时报告建设单位。施工单位拒不整改或者不停止施工的，监理单位应当及时报告建设单位和工程所在地住房城乡建设主管部门。

（8）对于按照规定需要进行第三方监测的危大工程，建设单位应当委托具有相应勘察资质的单位进行监测。监测单位应当编制监测方案。监测方案由监测单位技术负责人审核签字并加盖单位公章，报送监理单位后方可实施。监测单位应当按照监测方案开展监测，及时向建设单位报送监测成果，并对监测成果负责；发现异常时，及时向建设、设计、施工、监理单位报告，建设单位应当立即组织相关单位采取处置措施。

（9）对于按照规定需要验收的危大工程，施工单位、监理单位应当组织相关人员进行验收。验收合格的，经施工单位项目技术负责人及总监理工程师签字确认后，方可进入下一道工序。危大工程验收合格后，施工单位应当在施工现场明显位置设置验收标识牌，公示验收时间及责任人员。

（10）危大工程发生险情或者事故时，施工单位应当立即采取应急处置措施，并报告工程所在地住房城乡建设主管部门。建设、勘察、设计、监理等单位应当配合施工单位开展应急抢险工作。

（11）危大工程应急抢险结束后，建设单位应当组织勘察、设计、施工、监理等单位制定工程恢复方案，并对应急抢险工作进行后评估。

（12）施工、监理单位应当建立危大工程安全管理档案。施工单位应当将专项施工方案及审核、专家论证、交底、现场检查、验收及整改等相关资料纳入档案管理。

（13）监理单位应当将监理实施细则、专项施工方案审查、专项巡视检查、验收及整改等相关资料纳入档案管理。

5. 监督管理

（1）设区的市级以上地方人民政府住房城乡建设主管部门应当建立专家库，制定专家库管理制度，建立专家诚信档案，并向社会公布，接受社会监督。

（2）县级以上地方人民政府住房城乡建设主管部门或者所属施工安全监督机构，应当根据监督工作计划对危大工程进行抽查。

（3）县级以上地方人民政府住房城乡建设主管部门或者所属施工安全监督机构，可以通过政府购买技术服务方式，聘请具有专业技术能力的单位和人员对危大工程进行检查，所需费用向本级财政申请予以保障。

（4）县级以上地方人民政府住房城乡建设主管部门或者所属施工安全监督机构，在监督抽查中发现危大工程存在安全隐患的，应当责令施工单位整改；重大安全事故隐患排除前或者排除过程中无法保证安全的，责令从危险区域内撤出作业人员或者暂时停止施工；对依法应当给予行政处罚的行为，应当依法作出行政处罚决定。

（5）县级以上地方人民政府住房城乡建设主管部门应当将单位和个人的处罚信息纳入建筑施工安全生产不良信用记录。

6. 法律责任

（1）建设单位有下列行为之一的，责令限期改正，并处1万元以上3万元以下的罚款；对直接负责的主管人员和其他直接责任人员处1000元以上5000元以下的罚款：

①未按照本规定提供工程周边环境等资料的；

②未按照本规定在招标文件中列出危大工程清单的；

③未按照施工合同约定及时支付危大工程施工技术措施费或者相应的安全防护文明施工措施费的；

④未按照本规定委托具有相应勘察资质的单位进行第三方监测的；

⑤未对第三方监测单位报告的异常情况组织采取处置措施的。

（2）勘察单位未在勘察文件中说明地质条件可能造成的工程风险的，责令限期改正，依照《建设工程安全生产管理条例》对单位进行处罚；对直接负责的主管人员和其他直接责任人员处1000元以上5000元以下的罚款。

（3）设计单位未在设计文件中注明涉及危大工程的重点部位和环节，未提出保障工程周边环境安全和工程施工安全的意见的，责令限期改正，并处1万元以上3万元以下的罚款；对直接负责的主管人员和其他直接责任人员处1000元以上5000元以下的罚款。

（4）施工单位未按照本规定编制并审核危大工程专项施工方案的，依照《建设工程安全生产管理条例》对单位进行处罚，并暂扣安全生产许可证30日；对直接负责的主管人员和其他直接责任人员处1000元以上5000元以下的罚款。

(5) 施工单位有下列行为之一的,依照《中华人民共和国安全生产法》《建设工程安全生产管理条例》对单位和相关责任人员进行处罚:

①未向施工现场管理人员和作业人员进行方案交底和安全技术交底的;

②未在施工现场显著位置公告危大工程,并在危险区域设置安全警示标志的;

③项目专职安全生产管理人员未对专项施工方案实施情况进行现场监督的。

(6) 施工单位有下列行为之一的,责令限期改正,处1万元以上3万元以下的罚款,并暂扣安全生产许可证30日;对直接负责的主管人员和其他直接责任人员处1000元以上5000元以下的罚款:

①未对超过一定规模的危大工程专项施工方案进行专家论证的;

②未根据专家论证报告对超过一定规模的危大工程专项施工方案进行修改,或者未按照本规定重新组织专家论证的;

③未严格按照专项施工方案组织施工,或者擅自修改专项施工方案的。

(7) 施工单位有下列行为之一的,责令限期改正,并处1万元以上3万元以下的罚款;对直接负责的主管人员和其他直接责任人员处1000元以上5000元以下的罚款:

①项目负责人未按照本规定现场履职或者组织限期整改的;

②施工单位未按照本规定进行施工监测和安全巡视的;

③未按照本规定组织危大工程验收的;

④发生险情或者事故时,未采取应急处置措施的;

⑤未按照本规定建立危大工程安全管理档案的。

(8) 监理单位有下列行为之一的,依照《中华人民共和国安全生产法》《建设工程安全生产管理条例》对单位进行处罚;对直接负责的主管人员和其他直接责任人员处1000元以上5000元以下的罚款:

①总监理工程师未按照本规定审查危大工程专项施工方案的;

②发现施工单位未按照专项施工方案实施,未要求其整改或者停工的;

③施工单位拒不整改或者不停止施工时,未向建设单位和工程所在地住房城乡建设主管部门报告的。

(9) 监理单位有下列行为之一的,责令限期改正,并处1万元以上3万元以下的罚款;对直接负责的主管人员和其他直接责任人员处1000元以上5000

元以下的罚款：

①未按照本规定编制监理实施细则的；

②未对危大工程施工实施专项巡视检查的；

③未按照本规定参与组织危大工程验收的；

④未按照本规定建立危大工程安全管理档案的。

（10）监测单位有下列行为之一的，责令限期改正，并处 1 万元以上 3 万元以下的罚款；对直接负责的主管人员和其他直接责任人员处 1000 元以上 5000 元以下的罚款：

①未取得相应勘察资质从事第三方监测的；

②未按照本规定编制监测方案的；

③未按照监测方案开展监测的；

④发现异常未及时报告的。

（11）县级以上地方人民政府住房城乡建设主管部门或者所属施工安全监督机构的工作人员，未依法履行危大工程安全监督管理职责的，依照有关规定给予处分。

7. 管理措施

（1）健全危大工程安全管控体系。

工程建设各方主体要严格执行危大工程安全管理制度，着力健全危大工程安全管控体系。建设单位应当提供真实准确的工程地质、水文地质资料和工程周边环境的相关资料，保障危大工程的工期和费用，并在办理项目安全监督手续时提交危大工程清单和安全管理措施。勘察单位应当针对工程实际，在勘察文件中说明地质条件可能造成的工程风险。设计单位应当在设计文件中列出可能涉及的危大工程，并提出保障工程周边环境安全和工程施工安全的技术措施。施工单位应当在施工前辨识危大工程，编制危大工程专项方案，加强全过程管控。监理单位应当将危大工程列入监理规划和监理实施细则，对施工单位危大工程管控情况进行监督。

（2）严格危大工程安全管控流程。

①严把方案编审关。施工单位项目技术负责人应当组织相关技术人员针对危大工程单独编制专项方案，专项方案应当包括计算书及相关图纸。专项方案经施工单位技术负责人批准后，报项目总监审核签字。超过一定规模的危大工程，施工单位应当组织专家对专项方案进行论证。

②严把方案交底关。专项方案实施前，编制人员或项目技术负责人应当向

现场管理人员进行专项方案交底，现场管理人员应当向施工作业班组、作业人员进行安全技术交底，并签字确认。

③严把方案实施关。施工单位必须严格按照专项方案组织施工，不得擅自修改专项方案。应当指定专人对专项方案实施情况进行现场监督，发现不按专项方案实施的，要立即整改；发现有危及人身安全情况的，立即组织人员撤离。

④严把工序验收关。对于按规定需要验收的危大工程，施工单位、监理单位应当组织相关人员进行验收。验收合格的，经施工单位项目技术负责人及项目总监理工程师签字后，方可进入下一道工序。验收完成后，应当在危大工程所在区域设置验收标识牌，公示验收时间及责任人。

（3）强化危大工程安全管控责任。

要进一步强化危大工程安全管控责任。施工总承包单位对危大工程安全生产负总责，分包单位在各自范围内对分包的危大工程安全生产负责。施工单位项目经理是危大工程安全管控第一责任人，必须在危大工程施工期间现场带班，超过一定规模的危大工程施工时，施工单位负责人应当带班检查。监理单位对危大工程安全生产承担监理责任，项目总监理工程师或其委托的专业监理工程师必须对危大工程实施旁站监理。建设、勘察、设计等单位根据各自职责对危大工程安全生产承担相应责任。

（4）严肃查处危大工程安全违法行为。

要把危大工程作为日常监管、安全巡查的重点，加大抽查频次和力度。要树立“隐患就是事故”的理念，对危大工程安全生产违法违规行为严格依法处罚，对于未编制危大工程专项方案或未按照专项方案施工等行为，立即责令整改，依法实施责令项目经理、项目总监理工程师停止执业及暂扣施工企业安全生产许可证等行政处罚。要加大生产安全事故问责力度，严格按照“四不放过”原则，对责任单位和责任人员资质资格实施处罚，并对查处情况予以公开曝光。

## 8.4.2 起重机械、基坑工程等五项危险性较大的分部分项工程施工安全要点

1. 起重机械安装拆卸作业安全要点

（1）起重机械安装拆卸作业必须按照规定编制、审核专项施工方案，超

过一定规模的要组织专家论证。

（2）起重机械安装拆卸单位必须具有相应的资质和安全生产许可证，严禁无资质、超范围从事起重机械安装拆卸作业。

（3）起重机械安装拆卸人员、起重机械司机、信号司索工必须取得建筑施工特种作业人员操作资格证书。

（4）起重机械安装拆卸作业前，安装拆卸单位应当按照要求办理安装拆卸告知手续。

（5）起重机械安装拆卸作业前，应当向现场管理人员和作业人员进行安全技术交底。

（6）起重机械安装拆卸作业要严格按照专项施工方案组织实施，相关管理人员必须在现场监督，发现不按照专项施工方案施工的，应当要求立即整改。

（7）起重机械的顶升、附着作业必须由具有相应资质的安装单位严格按照专项施工方案实施。

（8）遇大风、大雾、大雨、大雪等恶劣天气，严禁起重机械安装、拆卸和顶升作业。

（9）塔式起重机顶升前，应将回转下支座与顶升套架可靠连接，并应进行配平。顶升过程中，应确保平衡，不得进行起升、回转、变幅等操作。顶升结束后，应将标准节与回转下支座可靠连接。

（10）起重机械加节后需进行附着的，应按照先装附着装置、后顶升加节的顺序进行。附着装置必须符合标准规范要求。拆卸作业时应先降节，后拆除附着装置。

（11）辅助起重机械的起重性能必须满足吊装要求，安全装置必须齐全有效，吊索具必须安全可靠，场地必须符合作业要求。

（12）起重机械安装完毕及附着作业后，应当按规定进行自检、检验和验收，验收合格后方可投入使用。

2. 起重机械使用安全要点

（1）起重机械使用单位必须建立机械设备管理制度，并配备专职设备管理人员。

（2）起重机械安装验收合格后应当办理使用登记，在机械设备活动范围内设置明显的安全警示标志。

（3）起重机械司机、信号司索工必须取得建筑施工特种作业人员操作资格证书。

（4）起重机械使用前，应当向作业人员进行安全技术交底。

（5）起重机械操作人员必须严格遵守起重机械安全操作规程和标准规范要求，严禁违章指挥、违规作业。

（6）遇大风、大雾、大雨、大雪等恶劣天气，不得使用起重机械。

（7）起重机械应当按规定进行维修、维护和保养，设备管理人员应当按规定对机械设备进行检查，发现隐患及时整改。

（8）起重机械的安全装置、连接螺栓必须齐全有效，结构件不得开焊和开裂，连接件不得严重磨损和塑性变形，零部件不得达到报废标准。

（9）两台以上塔式起重机在同一现场交叉作业时，应当制定塔式起重机防碰撞措施。任意两台塔式起重机之间的最小架设距离应符合规范要求。

（10）塔式起重机使用时，起重臂和吊物下方严禁有人员停留。物件吊运时，严禁从人员上方通过。

3. 基坑工程施工安全要点

（1）基坑工程必须按照规定编制、审核专项施工方案，超过一定规模的深基坑工程要组织专家论证。基坑支护必须进行专项设计。

（2）基坑工程施工企业必须具有相应的资质和安全生产许可证，严禁无资质、超范围从事基坑工程施工。

（3）基坑施工前，应当向现场管理人员和作业人员进行安全技术交底。

（4）基坑施工要严格按照专项施工方案组织实施，相关管理人员必须在现场进行监督，发现不按照专项施工方案施工的，应当要求立即整改。

（5）基坑施工必须采取有效措施，保护基坑主要影响区范围内的建（构）筑物和地下管线安全。

（6）基坑周边施工材料、设施或车辆荷载严禁超过设计要求的地面荷载限值。

（7）基坑周边应按要求采取临边防护措施，设置作业人员上下专用通道。

（8）基坑施工必须采取基坑内外地表水和地下水控制措施，防止出现积水和漏水漏沙。汛期施工，应当对施工现场排水系统进行检查和维护，保证排水通畅。

（9）基坑施工必须做到先支护后开挖，严禁超挖，及时回填。采取支撑的支护结构未达到拆除条件时严禁拆除支撑。

（10）基坑工程必须按照规定实施施工监测和第三方监测，指定专人对基坑周边进行巡视，出现危险征兆时应当立即报警。

4. 脚手架施工安全要点

（1）脚手架工程必须按照规定编制、审核专项施工方案，超过一定规模的要组织专家论证。

（2）脚手架搭设、拆除单位必须具有相应的资质和安全生产许可证，严禁无资质从事脚手架搭设、拆除作业。

（3）脚手架搭设、拆除人员必须取得建筑施工特种作业人员操作资格证书。

（4）脚手架搭设、拆除前，应当向现场管理人员和作业人员进行安全技术交底。

（5）脚手架材料进场使用前，必须按规定进行验收，未经验收或验收不合格的严禁使用。

（6）脚手架搭设、拆除要严格按照专项施工方案组织实施，相关管理人员必须在现场进行监督，发现不按照专项施工方案施工的，应当要求立即整改。

（7）脚手架外侧以及悬挑式脚手架、附着升降脚手架底层应当封闭严密。

（8）脚手架必须按专项施工方案设置剪刀撑和连墙件。落地式脚手架搭设场地必须平整坚实。严禁在脚手架上超载堆放材料，严禁将模板支架、缆风绳、泵送混凝土和砂浆的输送管等固定在架体上。

（9）脚手架搭设必须分阶段组织验收，验收合格的，方可投入使用。

（10）脚手架拆除必须由上而下逐层进行，严禁上下同时作业。连墙件应当随脚手架逐层拆除，严禁先将连墙件整层或数层拆除后再拆脚手架。

5. 模板支架施工安全要点

（1）模板支架工程必须按照规定编制、审核专项施工方案，超过一定规模的要组织专家论证。

（2）模板支架搭设、拆除单位必须具有相应的资质和安全生产许可证，严禁无资质从事模板支架搭设、拆除作业。

（3）模板支架搭设、拆除人员必须取得建筑施工特种作业人员操作资格证书。

（4）模板支架搭设、拆除前，应当向现场管理人员和作业人员进行安全技术交底。

（5）模板支架材料进场验收前，必须按规定进行验收，未经验收或验收不合格的严禁使用。

（6）模板支架搭设、拆除要严格按照专项施工方案组织实施，相关管理人员必须在现场进行监督，发现不按照专项施工方案施工的，应当要求立即整改。

（7）模板支架搭设场地必须平整坚实。必须按专项施工方案设置纵横向水平杆、扫地杆和剪刀撑；立杆顶部自由端高度、顶托螺杆伸出长度严禁超出专项施工方案要求。

（8）模板支架搭设完毕应当组织验收，验收合格的，方可铺设模板。

（9）混凝土浇筑时，必须按照专项施工方案规定的顺序进行，应当指定专人对模板支架进行监测，发现架体存在坍塌风险时应当立即组织作业人员撤离现场。

（10）混凝土强度必须达到规范要求，并经监理单位确认后方可拆除模板支架。模板支架拆除应从上而下逐层进行。

### 8.4.3 危险性较大的分部分项工程范围

1. 基坑工程

（1）开挖深度超过3m（含3m）的基坑（槽）的土方开挖、支护、降水工程。

（2）开挖深度虽未超过3m，但地质条件、周围环境和地下管线复杂，或影响毗邻建、构筑物安全的基坑（槽）的土方开挖、支护、降水工程。

2. 模板工程及支撑体系

（1）各类工具式模板工程：包括滑模、爬模、飞模、隧道模等工程。

（2）混凝土模板支撑工程：搭设高度5m及以上，或搭设跨度10m及以上，或施工总荷载（荷载效应基本组合的设计值，以下简称设计值）10kN/m$^2$及以上，或集中线荷载（设计值）15kN/m及以上，或高度大于支撑水平投影宽度且相对独立无联系构件的混凝土模板支撑工程。

（3）承重支撑体系：用于钢结构安装等满堂支撑体系。

3. 起重吊装及起重机械安装拆卸工程

（1）采用非常规起重设备、方法，且单件起吊重量在10kN及以上的起重吊装工程。

（2）采用起重机械进行安装的工程。

（3）起重机械安装和拆卸工程。

4. 脚手架工程

（1）搭设高度24m及以上的落地式钢管脚手架工程（包括采光井、电梯井脚手架）。

（2）附着式升降脚手架工程。

（3）悬挑式脚手架工程。

（4）高处作业吊篮。

（5）卸料平台、操作平台工程。

（6）异型脚手架工程。

5. 拆除工程

可能影响行人、交通、电力设施、通信设施或其他建、构筑物安全的拆除工程。

6. 暗挖工程

采用矿山法、盾构法、顶管法施工的隧道、洞室工程。

7. 其他

（1）建筑幕墙安装工程。

（2）钢结构、网架和索膜结构安装工程。

（3）人工挖孔桩工程。

（4）水下作业工程。

（5）装配式建筑混凝土预制构件安装工程。

（6）采用新技术、新工艺、新材料、新设备可能影响工程施工安全，尚无国家、行业及地方技术标准的分部分项工程。

### 8.4.4 超过一定规模的危险性较大的分部分项工程范围

1. 深基坑工程

开挖深度超过5m（含5m）的基坑（槽）的土方开挖、支护、降水工程。

2. 模板工程及支撑体系

（1）各类工具式模板工程：包括滑模、爬模、飞模、隧道模等工程。

（2）混凝土模板支撑工程：搭设高度8m及以上，或搭设跨度18m及以上，或施工总荷载（设计值）15kN/m$^2$ 及以上，或集中线荷载（设计值）20kN/m 及以上。

（3）承重支撑体系：用于钢结构安装等满堂支撑体系，承受单点集中荷载 7kN 及以上。

3. 起重吊装及起重机械安装拆卸工程

（1）采用非常规起重设备、方法，且单件起吊重量在 100kN 及以上的起重吊装工程。

（2）起重量 300kN 及以上，或搭设总高度 200m 及以上，或搭设基础标高在 200m 及以上的起重机械安装和拆卸工程。

4. 脚手架工程

（1）搭设高度 50m 及以上的落地式钢管脚手架工程。

（2）提升高度在 150m 及以上的附着式升降脚手架工程或附着式升降操作平台工程。

（3）分段架体搭设高度 20m 及以上的悬挑式脚手架工程。

5. 拆除工程

（1）码头、桥梁、高架、烟囱、水塔或拆除中容易引起有毒有害气（液）体或粉尘扩散、易燃易爆事故发生的特殊建、构筑物的拆除工程。

（2）文物保护建筑、优秀历史建筑或历史文化风貌区影响范围内的拆除工程。

6. 暗挖工程

采用矿山法、盾构法、顶管法施工的隧道、洞室工程。

7. 其他

（1）施工高度 50m 及以上的建筑幕墙安装工程。

（2）跨度 36m 及以上的钢结构安装工程，或跨度 60m 及以上的网架和索膜结构安装工程。

（3）开挖深度 16m 及以上的人工挖孔桩工程。

（4）水下作业工程。

（5）重量 1000kN 及以上的大型结构整体顶升、平移、转体等施工工艺。

（6）采用新技术、新工艺、新材料、新设备可能影响工程施工安全，尚无国家、行业及地方技术标准的分部分项工程。

# 第九章　施工现场文明施工监理

施工现场的管理与文明施工是安全生产的重要组成部分。安全生产是树立以人为本的管理理念，保护社会弱势群体的重要体现；文明施工是现代化施工的一个重要标志，是施工企业一项基础性的管理工作，坚持文明施工具有重要意义。安全生产与文明施工是相辅相成的，建筑施工安全生产不但要保证职工的生命财产安全，同时要加强现场管理，保证施工井然有序，对提高投资效益和保证工程质量也具有深远意义。

## 9.1　基本规定

### 9.1.1　施工现场的平面布置与划分

施工现场的平面布置图是施工组织设计的重要组成部分，必须科学合理地规划，绘制出施工现场平面布置图，在施工实施阶段按照施工总平面图要求设置道路、组织排水、搭建临时设施、堆放物料和设置机械设备等。

施工现场功能区域划分要求如下所述：

施工现场按照功能可划分为施工作业区、辅助作业区、材料堆放区和办公生活区。施工现场的办公、生活区应当与作业区分开设置，并保持安全距离。办公、生活区应当设置于在建建筑物坠落半径之外，与作业区之间设置防护措施，进行明显的划分隔离，以免人员误入危险区域；办公生活区如果设置于在建建筑物坠落半径之内时，必须采取可靠的防砸措施。功能区规划时还应考虑交通、水电、消防和卫生、环保等因素。这里的生活区是指建设工程作业人员集中居住、生活的场所，包括施工现场以内和施工现场以外独立设置的生活区。施工现场以外独立设置的生活区是指施工现场内无条件建立生活区，在施工现场以外搭设的用于作业人员居住、生活的临时用房或者集中居住的生活基地。

### 9.1.2 防护棚的要求

施工现场的防护棚较多，如加工站厂棚、机械操作棚、通道防护棚等。大型站厂棚可用砖混、砖木结构，并应进行结构计算，保证结构安全。小型防护棚一般采用钢管扣件脚手架搭设，并应严格按照《建筑施工扣件式钢管脚手架安全技术规范》的要求搭设。防护棚顶应当满足承重、防雨要求，在施工坠落半径之内的，棚顶应当具有抗砸能力。可采用多层结构，最上层材料强度应能承受10kPa的均布静荷载，也可采用50mm厚木板架设或采用两层竹笆，上下竹笆层间距应不小于600mm。

### 9.1.3 施工现场的卫生与防疫

1. 卫生保健

（1）施工现场应设置保健卫生室，配备保健药箱、常用药及绷带、止血带、颈托、担架等急救器材，小型工程可以用办公用房兼做保健卫生室。

（2）施工现场应当配备兼职或专职急救人员，处理伤员和职工保健，对生活卫生进行监督和定期检查食堂、饮食等卫生情况。

（3）要利用板报等形式向职工介绍防病的知识和方法，做好对职工卫生防病的宣传教育工作，例如，针对季节性流行病、传染病等。

（4）当施工现场作业人员发生法定传染病、食物中毒、急性职业中毒时，必须在2小时内向事故发生所在地建设行政主管部门和卫生防疫部门报告，并应积极配合调查处理。

（5）现场施工人员患有法定的传染病或病源携带时，应及时进行隔离，并由卫生防疫部门进行处置。

2. 保洁

办公区和生活区应设专职或兼职保洁员，负责卫生清扫和保洁，应有灭鼠、蚊、蝇、蟑螂等措施，并应定期投放和喷洒药物。食堂卫生规定：

（1）食堂必须有卫生许可证。

（2）炊事人员必须持有身体健康证，上岗应穿戴洁净的工作服、工作帽和口罩，并应保持个人卫生。

（3）炊具、餐具和饮水器具必须及时清洗和消毒。

（4）必须加强食品、原料的进货管理，做好进货登记，严禁购买无照、无证商贩经营的食品和原料，施工现场的食堂严禁出售变质食品。

## 9.2 文明施工要求

施工现场文明施工应符合现行国家标准《建设工程施工现场消防安全技术规范》（GB 50720）、《建筑施工现场环境与卫生标准》（JGJ 146）和《施工现场临时建筑物技术规范》（JGJ/T 188）的规定。

### 9.2.1 文明施工管理的重点

现场围挡、封闭管理、施工场地、材料管理、现场办公与住宿、现场防火、综合治理、公示标牌、生活设施、社区服务。

### 9.2.2 文明施工要求

1. 材料管理

（1）建筑材料、构件、料具应按总平面布局进行码放。

（2）材料应码放整齐，并应标明名称、规格等。

（3）施工现场材料码放应采取防火、防锈蚀、防雨等措施。

（4）建筑物内施工垃圾的清运，应采用器具或管道运输，严禁随意抛掷。

（5）易燃易爆物品应分类储藏在专用库房内，并应制定防火措施。

2. 现场防火

（1）施工现场应建立消防安全管理制度，制定消防措施。

（2）施工现场临时用房和作业场所的防火设计应符合规范要求。

（3）施工现场应设置消防通道、消防水源，并应符合规范要求。

（4）施工现场灭火器材应保证可靠有效，布局配置应符合规范要求。

（5）明火作业应履行动火审批手续，配备动火监护人员。

3. 综合治理

（1）生活区内应设置供作业人员学习和娱乐的场所。

（2）施工现场应建立治安保卫制度，责任分解落实到人。

（3）施工现场应制定治安防范措施。

4. 公示标牌

（1）大门口处应设置公示标牌，主要内容应包括：工程概况牌、消防保卫牌、安全生产牌、文明施工牌、管理人员名单及监督电话牌、施工现场总平面图。

（2）标牌应规范、整齐、统一。

（3）施工现场应有安全标语。

（4）应有宣传栏、读报栏、黑板报。

5. 生活设施

（1）应建立卫生责任制度并落实到人。

（2）食堂与厕所、垃圾站、有毒有害场所等污染源的距离应符合规范要求。

（3）食堂必须有卫生许可证，炊事人员必须持身体健康证上岗。

（4）食堂使用的燃气罐应单独设置存放间，存放间应通风良好，并严禁存放其他物品。

（5）食堂的卫生环境应良好，且应配备必要的排风、冷藏、消毒、防鼠、防蚊蝇等设施。

（6）厕所内的设施数量和布局应符合规范要求。

（7）厕所必须符合卫生要求。

（8）必须保证现场人员卫生饮水。

（9）应设置淋浴室，且能满足现场人员需求。

（10）生活垃圾应装入密闭式容器内，并应及时清理。

6. 社区服务

（1）夜间施工前，必须经批准后方可进行施工。

（2）施工现场严禁焚烧各类废弃物。

（3）施工现场应制定防粉尘、防噪声、防光污染等措施。

（4）应制定施工不扰民措施。

## 9.3　施工现场生活区和办公区设置

### 9.3.1　临时设施的基本要求

施工现场的临时设施较多，这里主要指施工期间临时搭建、租赁的各种房屋临时设施。临时设施必须合理选址、正确用材，确保使用功能和安全，符合卫生、环保、消防要求。

1. 临时设施的选址

办公生活临时设施的选址首先应考虑与作业区相隔离，保持安全距离，其次位置的周边环境必须具有安全性，如不得设置在高压线下，也不得设置在沟边、崖边、河流边、强风口处、高墙下以及滑坡、泥石流等灾害地质带上和山洪可能冲击到的区域。

安全距离是指在施工坠落半径和高压线防电距离之外，建筑物高度2~5m，坠落半径为2m；高度30m，坠落半径为5m（如因条件限制，办公和生活区设置在坠落半径区域内，必须有防护措施）。1kV以下裸露输电线，安全距离为4m；330~550kV，安全距离为15m（最外线的投影距离）。

2. 临时设施的布置原则

（1）合理布局，协调紧凑，充分利用地形，节约用地。

（2）尽量利用建设单位在施工现场或附近能提供的现有房屋和设施。

（3）临时房屋应本着厉行节约，减少浪费的精神，充分利用当地材料，尽量采用活动式或容易拆装的房屋。

（4）临时房屋布置应方便生产和生活。

（5）临时房屋的布置应符合安全、消防和环境卫生的要求。

## 9.3.2 现场办公与住宿

（1）施工作业、材料存放区与办公、生活区应划分清晰，并应采取相应的隔离措施；施工现场应设置办公室，办公室内布局应合理，文件资料宜归类存放，并应保持室内清洁卫生。

（2）在建工程内、伙房、库房不得兼做宿舍。

（3）宿舍、办公用房的防火等级应符合规范要求。

（4）宿舍应当选择在通风、干燥的位置，防止雨水、污水流入。

（5）不得在尚未竣工建筑物内设置员工集体宿舍。

（6）宿舍必须设置可开启式窗户，设置外开门。

（7）宿舍内应保证有必要的生活空间，室内净高不得小于2.4m，通道宽度不得小于0.9m，宿舍内住宿人员人均面积不应小于2.5m$^2$，每间宿舍居住人员不应超过16人。

（8）宿舍内的单人铺不得超过2层，严禁使用通铺，床铺应高于地面

0.3m，人均床铺面积不得小于1.9m×0.9m，床铺间距不得小于0.3m。

（9）宿舍内应设置生活用品专柜，有条件的宿舍宜设置生活用品储藏室；宿舍内严禁存放施工材料、施工机具和其他杂物。

（10）宿舍应设置垃圾桶、鞋柜或鞋架，生活区内应为作业人员提供晾晒衣物的场地，房屋外应道路平整，晚间有充足的照明。

（11）寒冷地区冬季宿舍应有保暖措施、防煤气中毒措施，火炉应当统一设置、管理，炎热季节应有消暑和防蚊虫叮咬措施。

（12）应当制定宿舍管理使用责任制，生活用品应摆放整齐，环境卫生应良好。轮流负责卫生和使用管理或安排专人管理。

### 9.3.3 现场围挡

（1）市区主要路段的工地应设置高度不小于2.5m的封闭围挡。

（2）一般路段的工地应设置高度不小于1.8m的封闭围挡。

（3）围挡应坚固、稳定、整洁、美观。

### 9.3.4 封闭管理

（1）施工现场进出口应设置大门，并应设置门卫值班室。

（2）应建立门卫值守管理制度，并应配备门卫值守人员。

（3）施工人员进入施工现场应佩戴工作卡。

（4）施工现场出入口应标有企业名称或标识，并应设置车辆冲洗设施。

### 9.3.5 施工场地

（1）施工现场的主要道路及材料加工区地面应进行硬化处理。

（2）施工现场道路应畅通，路面应平整坚实。

（3）施工现场应有防止扬尘措施。

（4）施工现场应设置排水设施，且排水通畅无积水。

（5）施工现场应有防止泥浆、污水、废水污染环境的措施。

（6）施工现场应设置专门的吸烟处，严禁随意吸烟。

（7）温暖季节应有绿化布置。

### 9.3.6 食堂

（1）食堂应当选择在通风、干燥的位置，防止雨水、污水流入，应当保持环境卫生，远离厕所、垃圾站、有毒有害场所等污染源的地方，装修材料必须符合环保、消防要求。

（2）食堂应设置独立的制作间、储藏间。

（3）食堂应配备必要的排风设施和冷藏设施，安装纱门纱窗，室内不得有蚊蝇，门下方应设不低于0.2m的防鼠挡板。

（4）食堂的燃气罐应单独设置存放间，存放间应通风良好并严禁存放其他物品。

（5）食堂制作间灶台及其周边应贴瓷砖，瓷砖的高度不宜小于1.5m；地面应做硬化和防滑处理，按规定设置污水排放设施。

（6）食堂制作间的刀、盆、案板等炊具必须生熟分开，食品必须有遮盖，遮盖物品应有正反面标识，炊具宜存放在封闭的橱柜内。

（7）食堂内应有存放各种佐料和副食的密闭器皿，并应有标识，粮食存放台距墙和地面应大于0.2m。

（8）食堂外应设置密闭式泔水桶，并应及时清运，保持清洁。

（9）当制定并在食堂张挂食堂卫生责任制，责任落实到人，加强管理。

### 9.3.7 厕所的设置

（1）厕所大小应根据施工现场作业人员的数量设置。

（2）高层建筑施工超过8层以后，每隔四层宜设置临时厕所。

（3）施工现场应设置水冲式或移动式厕所，厕所地面应硬化，门窗齐全。蹲坑间宜设置隔板，隔板高度不宜低于0.9m。

（4）厕所应设专人负责，定时进行清扫、冲刷、消毒，防止蚊蝇滋生，化粪池应及时清掏。

# 第十章　施工现场消防安全监理

## 10.1　施工现场消防安全管理要求

### 10.1.1　基本规定

（1）为了预防火灾和减少火灾危害，加强应急救援工作，保护人身、财产安全，维护公共安全。

（2）消防工作贯彻预防为主、防消结合的方针，按照政府统一领导、部门依法监管、单位全面负责、公民积极参与的原则，实行消防安全责任制，建立健全社会化的消防工作网络。国务院领导全国的消防工作。地方各级人民政府负责本行政区域内的消防工作；各级人民政府应当将消防工作纳入国民经济和社会发展计划，保障消防工作与经济社会发展相适应。

（3）国务院公安部门对全国的消防工作实施监督管理。县级以上地方人民政府公安机关对本行政区域内的消防工作实施监督管理，并由本级人民政府公安机关消防机构负责实施。军事设施的消防工作，由其主管单位监督管理，公安机关消防机构协助；矿井地下部分、核电厂、海上石油天然气设施的消防工作，由其主管单位监督管理。县级以上人民政府其他有关部门在各自的职责范围内，依照本法和其他相关法律、法规的规定做好消防工作。法律、行政法规对森林、草原的消防工作另有规定的，从其规定。

（4）任何单位和个人都有维护消防安全、保护消防设施、预防火灾、报告火警的义务。任何单位和成年人都有参加有组织的灭火工作的义务。

（5）各级人民政府应当组织开展经常性的消防宣传教育，提高公民的消防安全意识。机关、团体、企业、事业等单位，应当加强对本单位人员的消防宣传教育。公安机关及其消防机构应当加强消防法律、法规的宣传，并督促、指导、协助有关单位做好消防宣传教育工作。教育、人力资源行政主管部门和学校、有关职业培训机构应当将消防知识纳入教育、教学、培训的内容。新闻、广播、电视等有关单位，应当有针对性地面向社会进行消防宣传教育。工会、共产主义青年团、妇女联合会等团体应当结合各自工作对象的特点，组织开展消防宣传教育。村民委员会、居民委员会应当协助人民政府以及公安机关等部门，加强消防宣传教育。

（6）国家鼓励、支持消防科学研究和技术创新，推广使用先进的消防和应急救援技术、设备；鼓励、支持社会力量开展消防公益活动。对在消防工作中有突出贡献的单位和个人，应当按照国家有关规定给予表彰和奖励。

### 10.1.2 火灾预防

（1）地方各级人民政府应当将包括消防安全布局、消防站、消防供水、消防通信、消防车通道、消防装备等内容的消防规划纳入城乡规划，并负责组织实施。城乡消防安全布局不符合消防安全要求的，应当调整、完善；公共消防设施、消防装备不足或者不适应实际需要的，应当增建、改建、配置或者进行技术改造。

（2）建设工程的消防设计、施工必须符合国家工程建设消防技术标准。建设、设计、施工、工程监理等单位依法对建设工程的消防设计、施工质量负责。按照国家工程建设消防技术标准需要进行消防设计的建设工程，建设单位应当自依法取得施工许可之日起 7 个工作日内，将消防设计文件报公安机关消防机构备案，公安机关消防机构应当进行抽查。

（3）依法应当经公安机关消防机构进行消防设计审核的建设工程，未经依法审核或经审核不合格的，负责审批该工程施工许可的部门不得给予施工许可，建设单位、施工单位不得施工；其他建设工程取得施工许可后经依法抽查不合格的，应当停止施工。

（4）按照国家工程建设消防技术标准需要进行消防设计的建设工程竣工，依照下列规定进行消防验收、备案：

①建设单位应当向公安机关消防机构申请消防验收；

②其他建设工程，建设单位在验收后应当报公安机关消防机构备案，公安机关消防机构应当进行抽查。

依法应当进行消防验收的建设工程，未经消防验收或经消防验收不合格的，禁止投入使用；其他建设工程经依法抽查不合格的，应当停止使用。

（5）建设工程消防设计审核、消防验收、备案和抽查的具体办法，由国务院公安部门规定。

（6）禁止在具有火灾、爆炸危险的场所吸烟、使用明火。因施工等特殊情况需要使用明火作业的，应当按照规定事先办理审批手续，采取相应的消防安全措施；作业人员应当遵守消防安全规定。进行电焊、气焊等具有火灾危险作业的人员和自动消防系统的操作人员，必须持证上岗，并遵守消防安全操作规程。

### 10.1.3　消防组织

（1）各级人民政府应当加强消防组织建设，根据经济社会发展的需要，建立多种形式的消防组织，加强消防技术人才培养，增强火灾预防、扑救和应急救援的能力。

（2）县级以上地方人民政府应当按照国家规定建立公安消防队、专职消防队，并按照国家标准配备消防装备，承担火灾扑救工作。乡镇人民政府应当根据当地经济发展和消防工作的需要，建立专职消防队、志愿消防队，承担火灾扑救工作。

（3）公安消防队、专职消防队按照国家规定承担重大灾害事故和其他以抢救人员生命为主的应急救援工作。

（4）公安消防队、专职消防队应当充分发挥火灾扑救和应急救援专业力量的骨干作用；按照国家规定，组织实施专业技能训练，配备并维护保养装备器材，提高火灾扑救和应急救援的能力。

### 10.1.4　灭火救援

（1）县级以上地方人民政府应当组织有关部门针对本行政区域内的火灾特点制定应急预案，建立应急反应和处置机制，为火灾扑救和应急救援工作提供人员、装备等保障。

（2）任何人发现火灾都应当立即报警。任何单位、个人都应当无偿为报警提供便利，不得阻拦报警。严禁谎报火警。人员密集场所发生火灾，该场所的现场工作人员应当立即组织、引导在场人员疏散。任何单位发生火灾，必须立即组织力量扑救。邻近单位应当给予支援。消防队接到火警，必须立即赶赴火灾现场，救助遇险人员，排除险情，扑灭火灾。

### 10.1.5　监督检查

（1）地方各级人民政府应当落实消防工作责任制，对本级人民政府有关部门履行消防安全职责的情况进行监督检查。县级以上地方人民政府有关部门应当根据本系统的特点，有针对性地开展消防安全检查，及时督促整改火灾隐患。

（2）公安机关消防机构应当对机关、团体、企业、事业等单位遵守消防法律、法规的情况依法进行监督检查。公安派出所可以负责日常消防监督检查、开展消防宣传教育，具体办法由国务院公安部门规定。公安机关消防机构、公安派出所的工作人员进行消防监督检查，应当出示证件。

（3）公安机关消防机构在消防监督检查中发现火灾隐患的，应当通知有关单位或者个人立即采取措施消除隐患；不及时消除隐患可能严重威胁公共安全的，公安机关消防机构应当依照规定对危险部位或者场所采取临时查封措施。

（4）公安机关消防机构在消防监督检查中发现城乡消防安全布局、公共消防设施不符合消防安全要求，或者发现本地区存在影响公共安全的重大火灾隐患的，应当由公安机关书面报告本级人民政府。接到报告的人民政府应当及时核实情况，组织或者责成有关部门、单位采取措施，予以整改。

（5）公安机关消防机构及其工作人员应当按照法定的职权和程序进行消防设计审核、消防验收和消防安全检查，做到公正、严格、文明、高效。公安机关消防机构及其工作人员进行消防设计审核、消防验收和消防安全检查等，不得收取费用，不得利用消防设计审核、消防验收和消防安全检查牟取利益。公安机关消防机构及其工作人员不得利用职务为用户、建设单位指定或者变相指定消防产品的品牌、销售单位或者消防技术服务机构、消防设施施工单位。

（6）公安机关消防机构及其工作人员执行职务，应当自觉接受社会和公民的监督。任何单位和个人都有权对公安机关消防机构及其工作人员在执法中的违法行为进行检举、控告。收到检举、控告的机关，应当按照职责及时查处。

### 10.1.6 法律责任

（1）违反本法规定，有下列行为之一的，责令停止施工、停止使用或者停产停业，并处 3 万元以上 30 万元以下的罚款：

①依法应当经公安机关消防机构进行消防设计审核的建设工程，未经依法审核或审核不合格，擅自施工的；

②消防设计经公安机关消防机构依法抽查不合格，不停止施工的；

③依法应当进行消防验收的建设工程，未经消防验收或经消防验收不合格，擅自投入使用的；

④建设工程投入使用后经公安机关消防机构依法抽查不合格，不停止使用的；

⑤公众聚集场所未经消防安全检查或者经检查不符合消防安全要求，擅自投入使用、营业的。

（2）建设单位未依照规定将消防设计文件报公安机关消防机构备案，或者在竣工后未依照规定报公安机关消防机构备案的，责令限期改正，处 5000 元以下的罚款。

（3）违反规定，有下列行为之一的，责令改正或者停止施工，并处 1 万元以上 10 万元以下的罚款：

①建设单位要求建筑设计单位或者建筑施工企业降低消防技术标准设计、施工的；

②建筑设计单位不按照消防技术标准强制性要求进行消防设计的；

③建筑施工企业不按照消防设计文件和消防技术标准施工，降低消防施工质量的；

④工程监理单位与建设单位或者建筑施工企业串通，弄虚作假，降低消防施工质量的。

（4）单位违反本法规定，有下列行为之一的，责令改正，处 5000 元以上 5 万元以下的罚款：

①消防设施、器材或者消防安全标志的配置、设置不符合国家标准、行业标准，或者未保持完好有效的；

②损坏、挪用或者擅自拆除、停用消防设施、器材的；

③占用、堵塞、封闭疏散通道、安全出口或者有其他妨碍安全疏散行为的；

④埋压、圈占、遮挡消火栓或者占用防火间距的；

⑤占用、堵塞、封闭消防车通道，妨碍消防车通行的；

⑥人员密集场所在门窗上设置影响逃生和灭火救援的障碍物的；

⑦对火灾隐患经公安机关消防机构通知后不及时采取措施消除的。

（5）生产、储存、经营易燃易爆危险品的场所与居住场所设置在同一建筑物内，或者未与居住场所保持安全距离的，责令停产停业，并处 5000 元以上5万元以下的罚款。生产、储存、经营其他物品的场所与居住场所设置在同一建筑物内，不符合消防技术标准的，依照前款规定处罚。

（6）有下列行为之一的，依照《中华人民共和国治安管理处罚法》的规定处罚：

①违反有关消防技术标准和管理规定生产、储存、运输、销售、使用、销毁易燃易爆危险品的；

②非法携带易燃易爆危险品进入公共场所或者乘坐公共交通工具的；

③谎报火警的；

④阻碍消防车、消防艇执行任务的；

⑤阻碍公安机关消防机构的工作人员依法执行职务的。

（7）违反本法规定，有下列行为之一的，处警告或者500元以下的罚款；情节严重的，处5日以下拘留：

①违反消防安全规定进入生产、储存易燃易爆危险品场所的；

②违反规定使用明火作业或者在具有火灾、爆炸危险的场所吸烟、使用明火的。

（8）违反本法规定，有下列行为之一，尚不构成犯罪的，处10日以上15日以下拘留，可以并处500元以下的罚款；情节较轻的，处警告或者500元以下的罚款：

①指使或者强令他人违反消防安全规定，冒险作业的；

②过失引起火灾的；

③在火灾发生后阻拦报警，或者负有报告职责的人员不及时报警的；

④扰乱火灾现场秩序，或者拒不执行火灾现场指挥员指挥，影响灭火救援的；

⑤故意破坏或者伪造火灾现场的；

⑥擅自拆封或者使用被公安机关消防机构查封的场所、部位的。

（9）违反本法规定，生产、销售不合格的消防产品或者国家明令淘汰的消防产品的，由产品质量监督部门或者工商行政管理部门依照《中华人民共和国产品质量法》的规定从重处罚。人员密集场所使用不合格的消防产品或者国家明令淘汰的消防产品的，责令限期改正；逾期不改正的，处5000元以上5万元以下的罚款，并对其直接负责的主管人员和其他直接责任人员处500元以上2000元以下的罚款；情节严重的，责令停产停业。

（10）电器产品、燃气用具的安装、使用及其线路、管路的设计、敷设、维护保养、检测不符合消防技术标准和管理规定的，责令限期改正；逾期不改正的，责令停止使用，可以并处1000元以上5000元以下的罚款。

（11）建设、产品质量监督、工商行政管理等其他有关行政主管部门的工作人员在消防工作中滥用职权、玩忽职守、徇私舞弊，尚不构成犯罪的，依法给予处分。

## 10.2　消防安全职责

县级以上地方人民政府公安机关消防机构、团体、企业、事业等单位都必须遵守相关消防安全的职责，具体规定如下所述。

（1）机关、团体、企业、事业等单位应当履行下列消防安全职责：

①落实消防安全责任制，制定本单位的消防安全制度、消防安全操作规程，制定灭火和应急疏散预案；

②按照国家标准、行业标准配置消防设施、器材，设置消防安全标志，并定期组织检验、维修，确保完好有效；

③对建筑消防设施每年至少进行一次全面检测，确保完好有效，检测记录应当完整准确，存档备查；

④保障疏散通道、安全出口、消防车通道畅通，保证防火防烟分区、防火间距符合消防技术标准；

⑤组织防火检查，及时消除火灾隐患；

⑥组织进行有针对性的消防演练；

⑦法律、法规规定的其他消防安全职责。

（2）单位的主要负责人是本单位的消防安全责任人。

（3）县级以上地方人民政府公安机关消防机构应当将发生火灾可能性较大以及发生火灾可能造成重大的人身伤亡或者财产损失的单位，确定为本行政区域内的消防安全重点单位，并由公安机关报本级人民政府备案。

消防安全重点单位应当履行下列消防安全职责：

①确定消防安全管理人，组织实施本单位的消防安全管理工作；

②建立消防档案，确定消防安全重点部位，设置防火标志，实行严格管理；

③实行每日防火巡查，并建立巡查记录；

④对职工进行岗前消防安全培训，定期组织消防安全培训和消防演练。

（4）同一建筑物由两个以上单位管理或者使用的，应当明确各方的消防安全责任，并确定责任人对共用的疏散通道、安全出口、建筑消防设施和消防车通道进行统一管理。住宅区的物业服务企业应当对管理区域内的共用消防设施进行维护管理，提供消防安全防范服务。

（5）生产、储存、经营易燃易爆危险品的场所不得与居住场所设置在同一建筑物内，并应当与居住场所保持安全距离。生产、储存、经营其他物品的场所与居住场所设置在同一建筑物内的，应当符合国家工程建设消防技术标准。

（6）禁止在具有火灾、爆炸危险的场所吸烟、使用明火。因施工等特殊情况需要使用明火作业的，应当按照规定事先办理审批手续，采取相应的消防安全措施；作业人员应当遵守消防安全规定。进行电焊、气焊等具有火灾危险作业的人员和自动消防系统的操作人员，必须持证上岗，并遵守消防安全操作规程。

（7）消防产品必须符合国家标准；没有国家标准的，必须符合行业标准。禁止生产、销售或者使用不合格的消防产品以及国家明令淘汰的消防产品。依法实行强制性产品认证的消防产品，由具有法定资质的认证机构按照国家标准、行业标准的强制性要求认证合格后，方可生产、销售、使用。实行强制性产品认证的消防产品目录，由国务院产品质量监督部门会同国务院公安部门制定并公布。新研制的尚未制定国家标准、行业标准的消防产品，应当按照国务院产品质量监督部门会同国务院公安部门规定的办法，经技术鉴定符合消防安全要求的，方可生产、销售、使用。

（8）建筑构件、建筑材料和室内装修、装饰材料的防火性能必须符合国家标准；没有国家标准的，必须符合行业标准。人员密集场所室内装修、装饰，应当按照消防技术标准的要求，使用不燃、难燃材料。电器产品、燃气用具的产品标准，应当符合消防安全的要求。电器产品、燃气用具的安装、使用及其线路、管路的设计、敷设、维护保养、检测，必须符合消防技术标准和管理规定。

（9）任何单位、个人不得损坏、挪用或者擅自拆除、停用消防设施、器材，不得埋压、圈占、遮挡消火栓或者占用防火间距，不得占用、堵塞、封闭疏散通道、安全出口、消防车通道。人员密集场所的门窗不得设置影响逃生和灭火救援的障碍物。

## 10.3 施工现场消防安全责任制度

### 10.3.1 防火制度的建立

（1）施工现场都要建立健全防火检查制度。

（2）建立义务消防队，人数不少于施工总人员的10%。

（3）建立动用明火审批制度，按规定划分级别，审批手续完善，并有监护措施。

### 10.3.2 消防器材的配备

（1）临时搭设的建筑物区域内，每100$m^2$配备2个10升灭火器。

（2）大型临时设施总面积超过1200$m^2$，应备有专供消防用的积水桶（池）、黄沙池等设施，上述设施周围不得堆放物品。

（3）临时木工间、油漆间和木、机具间等每25$m^2$配备1个种类合适的灭火器，油库危险品仓库应配备足够数量、种类合适的灭火器。

（4）24m高度以上高层建筑施工现场，应设置具有足够扬程的高压水泵或其他防火设备和设施。

### 10.3.3 施工现场的防火要求

（1）各单位在编制施工组织设计时，施工总平面图、施工方法和施工技术均要符合消防安全要求。

（2）施工现场应明确划分用火作业、易燃可燃材料堆场、仓库、易燃废品集中站和生活区等区域。

（3）施工现场夜间应有照明设备，保持消防车通道畅通无阻，并要安排力量加强值班巡逻。

（4）施工作业期间需搭设临时性建筑时，必须经施工企业技术负责人批准，施工结束应及时拆除。但不得在高压架下面搭设临时性建筑物或堆放可燃物品。

（5）施工现场应配备足够的消防器材，指定专人维护、管理、定期更新，保证完整好用。

（6）在土建施工时，应先将消防器材和设施配备好，有条件的，应敷设好室外消防水管和消火栓。

（7）焊、割作业点与氧气瓶、电石桶和乙炔发生器等危险物品的距离不得少于10m，与易燃易爆物品的距离不得少于30m；如达不到上述要求的，应执行动火审批制度，并采取有效的安全隔离措施。

（8）乙炔发生器和氧气瓶存放在一起时，两者之间的距离不得小于2m，同时使用时，二者之间的距离不得小于5m。

（9）氧气瓶、乙炔发生器等焊割设备上的安全附件应完整有效，否则不准使用。

（10）施工现场的焊、割作用，必须符合防火要求。

（11）冬期施工采用保温加热措施时，应符合以下要求：

①采用电热器加温，应设电压调整器控制电压，导线应绝缘良好，连接牢固，并在现场设置多处测量点。

②采用锯末生石灰蓄热，应选择安全配方比，并经工程技术人员同意后方可使用。

③采用保温或加热措施前，应进行安全教育，施工过程中，应安排专人巡逻检查，发现隐患及时处理。

（12）施工现场的动火作业，必须执行审批制度。

①一级动火作业由所在单位行政负责人填写动火申请表，编制安全技术措施方案，报公司保卫部门及消防部门审查批准后，方可动火。

②二级动火作业由所在工地、车间的负责人填写动火申请表，编制安全技术措施方案，报本单位主管部门审查批准后，方可动火。

③三级动火作业由所在班级填写动火申请表，经工地、车间负责人及主管人员审查批准后，方可动火。

④古建筑和重要文物单位等场所动火作业，按一级动火手续上报审批。

## 10.4 在建高层建筑防火要求

随着经济的快速发展，城市高层建筑数量日益增多，在建高层施工过程中发生火灾，如何采取有效措施进行救援，如何有效预防在建高层建筑的火灾，是当今预防火灾事故的一项主要工作。

### 10.4.1 在建高层建筑火灾的案例

（1）2006年11月10日11时14分，江苏省无锡市某在建工程（26层，地上24层，地下2层，建筑高度98m，建筑面积23000$m^2$）发生火灾，无锡市消防支队共调集五个中队、28辆消防车、165名官兵赶往灭火，经过1小时紧张扑救，终将大火扑灭。起火部位位于建筑物东南角约13层至16层处，火灾主要烧毁建筑外部脚手架上的防护网、竹制踏板及玻璃幕墙固定架。

（2）2010年9月9日7时40分左右，长春市某在建高层小区意外发生火灾。最初为一栋楼起火，很快又引燃附近另外一栋楼房。事发的小区共有6栋新建高层楼房，主体框架工程都已经完成。楼体外面被绿色的安全网遮盖着。大火最先是在小区西侧的一栋楼房开始燃起，大火将楼体外面的安全网点燃，整个楼房都笼罩在大火中，大火随后又引燃附近一栋楼房的安全网，造成2栋楼先后起火。

（3）2010年11月1日8时1分，长春市经济技术开发区某在建工程的4号楼顶层着火，现场浓烟滚滚，情势危急。该在建小区共有6栋高层建筑，均为32层，总面积约为13.2万$m^2$。起火点是4号楼顶层32层，高有100m。

（4）2011年3月9日晚8时左右，湖北宜昌市某在建工程发生火灾，宜昌市消防支队接到报警后迅速调集72名官兵参与现场救援，成功疏散96名被困工人，火势随后被扑灭，事故未造成人员伤亡。

（5）2011年3月11日下午3时许，郑州市某在建的一栋34层高楼工地发生火灾。消防官兵赶到后，现场浓烟弥漫，能见度不足5m，消防官兵采取近战进攻扑救火灾。该在建工程有近百名民工居住，消防部门坚持救人第一思想，迅速组成攻坚组，佩戴空气呼吸器深入各楼层搜寻，成功疏散96名被困民工。据了解，起火点位于二楼，着火的物质为装饰材料塑胶海绵。

近年来，高层建筑成了城市建筑的发展趋势，在建高层建筑结构复杂，消防水源布设不到位，加之各方责任主体消防安全意识淡薄。预防工作不到位，消防安全设施及器材匮乏。一旦发生火灾扑救难度大。因此，在建高层建筑的火灾防控成为当今消防工作的一大难题。那么如何解决在建高层建筑预防火灾和一旦发生火灾如何有效救援的难题？下面从分析火灾的诱发因素入手，研究火灾的特点，提出预防的措施。

### 10.4.2　分析在建高层建筑有哪些诱发火灾的因素

（1）可燃物多。在建高层建筑工地临时建筑多为彩钢板临时房屋，材料易燃。建筑物外脚手架的防护材料采用安全网、竹笆、木板等可燃易燃材料。因施工需要，施工楼层存放大量木料、模板、油漆、装修和保温材料。

（2）消防设施不完善。由于在建高层建筑本身的消防设施未建成，建筑内部的自动报警、自动喷淋和消火栓等预警设施、消防设施不完善，使初期火情不易被察觉，不能及时控制火灾蔓延，《建筑施工安全检查标准》（JGJ 59）规定高层建筑施工过程中必须设置消防水源，但实际情况是多数不设置或设置的不符合要求，缺水成了最大问题，从而延误扑救的有利时机。同时，由于工程正在施工，建筑内部未进行防火分割，楼梯间、门窗洞口、电梯井、各类管道井等未封堵，空气水平、垂直流通迅速，烟囱效应十分明显，使火势瞬间蔓延。

（3）在建高层建筑工地环境复杂。由于在建高层建筑作业施工面大，建筑材料多，建筑内部情况复杂，堵塞了消防通道，一旦发生火灾，消防车根本无法在第一时间靠近火场，不利于扑救。

（4）节假日群众燃放烟花爆竹及孔明灯给在建高层建筑的火灾防范带来极大的压力。烟花爆炸和燃放期间明火落到工地的可燃物上，很快即会引起火灾。

（5）施工人员的消防安全意识淡薄、消防管理混乱。施工单位往往将办公区、生活区和作业区未严格分隔开，甚至有的工地在建工程兼做宿舍，施工单位没有采取相应的防火措施和严格的消防安全管理制度，没有制定相应的灭火、疏散预案，也没组织施工人员进行演练。许多工地建筑电焊工、建筑电工等特种作业人员缺乏专业培训，存在无证上岗现象；电焊和氧切割作业不办理动火审批手续，现场无人管理，由于工人经常违章操作，施工时操作不规范，电焊作业产生的火花、灼热熔珠四处飞溅散落，易造成火灾事故。在建高层建筑的各类施工机械、电焊、氧切割等作业都需要大量的电、气，而施工现场的设施往往不按照规范设计和安装，不采取有效的保护措施，临时的电气线路布线过乱，很容易引起火灾事故。相当一部分施工人员消防安全意识淡薄，为了方便，往往在宿舍和楼层内烧火做饭，甚至烧木材取暖，乱扔烟头等火源，非常容易引起可燃物燃烧，酿成火灾事故。

### 10.4.3 在建高层建筑的火灾特点

在建高层建筑的烟、火蔓延途径多，由于无防火、防烟分隔，电梯井、管道井等未封堵，火灾发生后极易蔓延，飞火从高处散落，引燃安全网和地面的建筑材料，容易形成立体火灾，消防人员难以堵截。

（1）内部情况复杂，人员疏散难度大。有的在建高层楼梯无扶手、疏散指示标志和应急照明等疏散设施，楼面孔洞多，电梯井口无防护门，楼面穿管预排的凸起物多，现场堆放着各种材料，外脚手架和防护材料多为可燃物，如果发生火灾，容易造成二次事故，无论是对施工人员还是对消防营救人员，疏散和搜救的难度都非常大，极易造成人员伤亡。

（2）消防部队灭火难度大。在建高层建筑施工现场通道狭窄，由于受工地场地的制约，各临时建筑之间和建筑材料堆放区域之间缺乏必要的防火间距，甚至有些材料堵塞了消防通道，消防车难以接近起火点。

（3）内部情况复杂，难以掌握内部情况，缺少应急照明设施，消防人员不能及时到达着火层。

（4）消防供水很难保证。由于高层建筑施工工地现场周围环境复杂，加上建筑内部未建成开通自动消防设施，消防用水匮乏，即使有水源，水压、水量也无法满足灭火需要。

### 10.4.4 在建高层建筑火灾的预防措施

（1）严格把好消防设计审核、验收关。公安消防部门要严格按照《消防法》及建设工程消防监督法规，进一步完善建设工程消防监督工作制度，依法落实消防设计审核。提高建筑工程消防行政许可的效果，从高层建筑落实国家消防技术标准的源头把关。公安消防部门与建设主管部门要密切配合，建立协作机制，加强对高层建设工程项目各方责任主体的监督管理，在对建设单位审核发放施工许可证时，应当对建设工程是否具备保障安全的具体措施进行审查，同时施工现场应具备以下消防安全条件：一是施工现场应设置消防通道。二是建筑工地要满足消防车通行、停靠和施救作业的要求。三是建筑内应在楼梯间、出入口设置醒目标志和应急照明，及时清理建筑垃圾和障碍物。四是材料堆放要整齐有序，保证消防通道畅通。五是施工现场应按规定设置消防水源。应当在工地附近设置室外消火栓系统，并保持充足的管网压力和流量。根据在建工程施工进度，同步安装室内消火栓系统或设置临时消火栓，配备水枪水带，设置水泵接合器，满足施工现场火灾扑救的消防供水要求。六是施工现场应当配备必要的消防设施和灭火器材。施工现场的重点防火部位和在建高层建筑的各个楼层应配置消防器材。七是施工现场的办公区、生活区与作业区应当分开设置，采取防火分隔措施，保持安全距离，施工单位不得在尚未竣工的建筑物内设置员工集体宿舍。对不具备条件的，不得颁发施工许可证，以确保施工现场消防安全。

（2）加强建设过程的管理，及时发现并清除建筑火灾隐患。针对高层建筑的高火灾风险，要加强对在建高层建筑施工现场的消防监督检查，重点检查施工单位火灾隐患的整改情况以及防范措施的落实情况，疏散通道、消防车通道、消防水源情况，灭火器材配置及有效情况，用火、用电和有无违章情况，特种作业人员及其他施工人员消防知识掌握情况，消防安全重点部位管理情况，易燃易爆危险物品和场所防火防爆措施落实情况，防火巡查落实情况等；并且要深入开展在建工程消防专项监督检查，对于不满足施工现场消防安全条件、施工现场消防安全责任制不落实的要依法督促整改。推行施工单位消防安全信誉制度，强化建筑工程建设、设计、施工和监理等单位的安全责任意识，依法严肃查处违反消防法规和消防技术标准建设、施工等行为，施工单位应当制定并落实各项消防安全管理制度和操作规程，在施工组织设计中编制消防安全技术措施和专项施工方案，并由专职安全生产管理人员进行现场监督。动用明火必须实行严格的消防安全管理，禁止在具有火灾、爆炸危险的场所使用明火；需要进行明火作业的，动火部门和人员应当按照用火管理制度办理审批手续，落实现场监护人，在确认无火灾、爆炸危险后方可动火施工；动火施工人员应当遵守消防安全管理规定，并落实相应的消防安全措施；易燃易爆危险物品和场所应有具体的防火防爆措施；建筑电焊、建筑电工等特种人员必须持证上岗。将火灾后果严重的部位确定为重点防火部位，实施防火巡查制度进行严格管理。通过加大监督执法力度，严厉查处违法违规行为，及时消除高层建筑火灾隐患，确保高层建筑施工安全，降低高层建筑火灾风险。

（3）强化消防安全宣传培训，增强安全救援能力。施工单位请公安消防部门开展教育培训工作，加大对消防法规、建筑火灾预防及消防安全管理知识的宣传及培训力度，培训施工单位各个岗位人员掌握有关消防法规、消防安全制度、安全操作规程、本岗位的火灾危险性和防火措施、有关消防设施的性能和灭火器材的使用方法等，同时告知报告火警、扑救初期火灾以及自救逃生的知识和技能等，通过教育使施工现场人员具有相应的消防常识和逃生自救能力，增强在建高层建筑的消防安全管理能力，教育引导其各司其职、各负其责，共同落实好高层建筑消防安全管理职责，最大限度地预防建筑火灾，减少火灾危害。

（4）加强在建高层建筑初期火灾扑救和实战演练。在建高层建筑的施工单位应当根据国家有关消防法规和建设工程安全生产法规的规定，建立施工现场消防管理组织，制定灭火和应急疏散预案，定期组织演练，公安消防部门应对施工单位消防应急预案的制订、演练进行指导，切实提高施工人员及时报警、扑灭初期火灾和自救逃生能力。同时训练消防官兵熟悉在建高层建筑结构，通过熟悉建筑内部结构和周边环境，制订在建高层建筑灭火救援应急预案，同时强化技术和战术研究，用科技的方法和手段，研究出切实可行的办法，对高层建筑可能发生的火灾等灾害事故，制定针对性较强的预案。还要进行灭火救援及实地实战演练，达到有效的救援，避免不必要的损失。

预防和扑救高层建筑火灾还是当今的一个消防难题，按国家法律规定，在建高层建筑的火灾预防工作，必须遵循“预防为主，防消结合”的消防工作方针，针对在建高层建筑发生火灾的特点，立足于自防自救，采用可靠的防火措施，做到早预防、早发现、早扑救。确保在建高层建筑工程施工安全。

# 第十一章　基坑工程与模板支架工程安全监理

## 11.1　基坑工程安全监理技术

### 11.1.1　基坑工程施工前准备工作

施工单位在基坑工程实施前应进行下列工作：

（1）组织所有施工技术人员熟悉设计文件、工程地质与水文地质报告、安全监测方案和相关技术标准，并参与基坑工程图纸会审和技术交底；

（2）进行施工现场勘查和环境调查，进一步了解施工现场、基坑影响范围内地下管线、建筑物地基基础情况，必要时制定预先加固方案；

（3）掌握支护结构施工与地下水控制、土方开挖、安全监测的重点与难点，明确施工与设计和监测进行配合的义务与责任；

（4）按照评审通过的基坑工程设计施工图、基坑工程安全监测方案、施工勘查与环境调查报告等文件，编制基坑工程施工组织设计，并应按照有关规定组织施工开挖方案的专家论证；施工安全等级为一级的基坑工程尚应编制施工安全专项方案。

### 11.1.2　施工方案

（1）基坑工程应编制专项施工方案；

（2）专项施工方案应按规定进行审核、审批；

（3）超过一定规模条件的基坑工程专项施工方案应按规定组织专家论证；

（4）基坑周边环境或施工条件发生变化时，专项施工方案应重新进行审核、审批。

### 11.1.3 支护安全

（1）人工开挖的狭窄基槽，开挖深度较大或存在边坡塌方危险时应采取支护措施；

（2）自然放坡的坡率应符合专项施工方案和规范要求；

（3）基坑支护结构应符合设计要求；

（4）支护结构水平位移达到设计报警值应采取有效控制措施。

### 11.1.4 基坑开挖

（1）基坑开挖深度范围内有地下水应采取有效的降排水措施；

（2）基坑边沿周围地面应设排水沟，并排水沟设置应符合规范要求；

（3）放坡开挖对坡顶、坡面、坡脚应采取降排水措施；

（4）基坑底四周应设排水沟和集水井；

（5）支护结构应达到设计要求的强度才能开挖下层土方；

（6）应按设计和施工方案的要求分层、分段开挖；

（7）基坑开挖过程中应采取防止碰撞支护结构或工程桩的有效措施；

（8）机械在软土场地作业，应采取铺设渣土、砂石等硬化措施。

### 11.1.5 坑边堆载及降水

（1）基坑边堆置土、料具等荷载不得超过基坑支护设计允许要求；

（2）施工机械与基坑边沿的安全距离应符合设计要求；

（3）开挖深度2m及以上的基坑周边应按规范要求设置防护栏杆；

（4）基坑内应设置供施工人员上下的专用梯道；

（5）降水井口应设置防护盖板或围栏。

### 11.1.6 基坑监测

（1）应按要求进行基坑工程监测；

（2）基坑监测项目应符合设计和规范要求；

（3）监测的时间间隔应符合监测方案要求，监测结果变化速率较大应加密观测次数；

（4）应按设计要求提交监测报告，监测报告内容应完整、真实。

### 11.1.7　安全防护

（1）基坑支撑结构的拆除方式、拆除顺序应符合专项施工方案要求；

（2）机械拆除作业时，施工荷载不得大于支撑结构承载能力；

（3）人工拆除作业时，应按规定设置防护设施；

（4）采用非常规拆除方式应符合国家现行相关规范要求；

（5）基坑内土方机械、施工人员的安全距离应符合规范要求；

（6）上下垂直作业应采取防护措施；

（7）在各种管线范围内挖土作业应设专人监护，确保作业区光线良好；

（8）按要求编制基坑工程应急预案，应急预案内容要完整，具有可操作性；

（9）应急组织机构应健全，应急物资、材料、工具机具储备必须符合应急预案要求。

## 11.2　模板支架安全技术管理

### 11.2.1　概念

（1）面板：直接接触新浇混凝土的承力板，包括拼装的板和加肋楞带板。面板的种类有钢、木、胶合板、塑料板等。

（2）支架：撑面板用的楞梁、立柱、连接件、斜撑、剪刀撑和水平拉条等构件的总称。

（3）连接件：板与楞梁的连接、面板自身的拼接、支架结构自身的连接和其中二者相互间连接所用的零配件。包括卡销、螺栓、扣件、卡具、拉杆等。

（4）模板体系：面板、支架和连接件三部分系统组成的体系，可简称为“模板”。

（5）小梁：接支承面板的小型楞梁，又称次楞或次梁。

（6）主梁：直接支承小楞的结构构件，又称主楞。一般采用钢、木梁或钢桁架。

（7）支架立柱：直接支承主楞的受压结构构件，又称支撑柱、立柱。

（8）配模：施工设计中所包括的模板排列图、连接件和支承件布置图，以及细部结构、异形模板和特殊部位详图。

（9）早拆模板体系：模板支架立柱的顶端，采用柱头的特殊构造装置来保证国家现行标准所规定的拆模原则下，达到早期拆除部分模板的体系。

（10）滑动模板：模板一次组装完成，上面设置有施工作业人员的操作平台。并从下而上采用液压或其他提升装置沿现浇混凝土表面边浇筑混凝土边进行同步滑动提升和连续作业，直到现浇结构的作业部分或全部完成。其特点是施工速度快、结构整体性能好、操作条件方便和工业化程度较高。

（11）爬模：建筑物的钢筋混凝土墙体为支承主体，依靠自升式爬升支架使大模板完成提升、下降、就位、校正和固定等工作的模板系统。

（12）飞模：主要由平台板、支撑系统（梁、支架、支撑、支腿等）和其他配件（升降和行走机构等）组成。它是一种大型工具式模板，由于可借助起重机械，从已浇筑好的楼板下吊运飞出，转移到上层重复使用，称为飞模。因其外形如桌，故又称桌模或台模。

（13）隧道模：一种组合式的、可同时浇筑墙体和楼板混凝土的、外形像隧道的定型模板。

### 11.2.2 材料选用

1. 钢材

为保证模板结构的承载能力，防止在一定条件下出现脆性破坏，应根据模板体系的重要性、荷载特征、连接方法等不同情况，选用适合的钢材型号和材性，且宜采用 Q235 钢和 Q345 钢。对模板的支架材料宜优先选用钢材。

2. 冷弯薄壁型钢

（1）用于承重模板结构的冷弯薄壁型钢的带钢或钢板，应采用符合现行国家标准《碳素结构钢》（GB/T 700）规定的 Q235 钢和《低合金高强度结构钢》（GB/T 1591）规定的 Q345 钢。

（2）用于承重模板结构的冷弯薄壁型钢的带钢或钢板，应具有抗拉强度、伸长率、屈服强度、冷弯试验和硫、磷含量的合格保证；对焊接结构尚应具有碳含量的合格保证。

3. 木材

（1）模板结构或构件的树种应根据各地区实际情况选择质量好的材料，不得使用有腐朽、霉变、虫蛀、折裂、枯节的木材。

（2）模板结构设计应根据受力种类或用途选用相应的木材材质等级。木材材质标准应符合现行国家标准《木结构设计规范》（GB 50005）的规定。

（3）用于模板体系的原木、方木和板材可采用目测法分级。选材应符合现行国家标准《木结构设计规范》（GB 50005）的规定，不得利用商品材的等级标准替代。

（4）主要承重构件应选用针叶材；重要的木制连接件应采用细密、直纹、无节和无其他缺陷的耐腐蚀的硬质阔叶材。

4. 铝合金型材

（1）当建筑模板结构或构件采用铝合金型材时，应采用纯铝加入锰、镁等合金元素构成的铝合金型材，并应符合国家现行标准《铝及铝合金型材》（YB 1703）的规定。

（2）铝合金型材的机械性能应符合相关规定。

5. 竹、木胶合模板板材

（1）胶合模板板材表面应平整光滑，具有防水、耐磨、耐酸碱的保护膜，并应有保温性能好、易脱模和可两面使用等特点。板材厚度不应小于 12mm，并应符合国家现行标准《混凝土模板用胶合板》（ZBB 70006）的规定。

（2）各层板的原材含水率不应大于 15%，且同一胶合模板各层原材间的含水率差别不应大于 5%。

（3）胶合模板应采用耐水胶，其胶合强度不应低于木材或竹材顺纹抗剪和横纹抗拉的强度，并应符合环境保护的要求。

（4）进场的胶合模板除应具有出厂质量合格证外，还应保证外观及尺寸合格。

## 11.2.3 模板构造与安装

1. 一般规定

（1）模板安装前必须做好下列安全技术准备工作：

①应审查模板结构设计与施工说明书中的荷载、计算方法、节点构造和安全措施，设计审批手续应齐全。

②应进行全面的安全技术交底，操作班组应熟悉设计与施工说明书，并应做好模板安装作业的分工准备。采用爬模、飞模、隧道模等特殊模板施工时，所有参加作业人员必须经过专门技术培训，考核合格后方可上岗。

③应对模板和配件进行挑选、检测，不合格者应剔除，并应运至工地指定地点堆放。

④备齐操作所需的一切安全防护设施和器具。

（2）模板构造与安装应符合下列规定：

①模板安装应按设计与施工说明书顺序拼装。木杆、钢管、门架等支架立柱不得混用。

②竖向模板和支架立柱支承部分安装在基土上时，应加设垫板，垫板应有足够强度和支承面积，且应中心承载。基土应坚实，并应有排水措施。对湿陷性黄土应有防水措施；对特别重要的结构工程可采用混凝土、打桩等措施防止支架柱下沉。对冻胀性土应有防冻融措施。

③当满堂或共享空间模板支架立柱高度超过 8m 时，若地基土达不到承载要求，无法防止立柱下沉，则应先施工地面下的工程，再分层回填夯实基土，浇筑地面混凝土垫层，达到强度后方可支模。

④模板及其支架在安装过程中，必须设置有效防倾覆的临时固定设施。

⑤现浇钢筋混凝土梁、板，当跨度大于 4m 时，模板应起拱，当设计无具体要求时，起拱高度宜为全跨长度的 1/1000 ~ 3/1000。

⑥现浇多层或高层房屋和构筑物，安装上层模板及其支架应符合下列规定：

1）下层楼板应具有承受上层施工荷载的承载能力，否则应加设支撑支架；

2）上层支架立柱应对准下层支架立柱，并应在立柱底铺设垫板；

3）当采用悬臂吊模板、桁架支模方法时，其支撑结构的承载能力和刚度必须符合设计构造要求。

⑦当层间高度大于 5m 时，应选用桁架支模或钢管立柱支模。当层间高度小于或等于 5m 时，可采用木立柱支模。

（3）安装模板应保证工程结构和构件各部分形状、尺寸和相互位置的正确，防止漏浆，构造应符合模板设计要求。

模板应具有足够的承载能力、刚度和稳定性，应能可靠承受新浇混凝土自重和侧压力以及施工过程中所产生的荷载。

（4）拼装高度为 2m 以上的竖向模板，不得站在下层模板上拼装上层模板。安装过程中应设置临时固定设施。

（5）当承重焊接钢筋骨架和模板一起安装时，应符合下列规定：

①梁的侧模、底模必须固定在承重焊接钢筋骨架的节点上。

②安装钢筋模板组合体时，吊索应按模板设计的吊点位置绑扎。

（6）当支架立柱成一定角度倾斜，或其支架立柱的顶表面倾斜时，应采取可靠措施确保支点稳定，支撑底脚必须有防滑移的可靠措施。

（7）除设计图另有规定，所有垂直支架柱应保证其垂直。

（8）对梁和板安装二次支撑前，其上不得有施工荷载，支撑的位置必须正确。安装后所传给支撑或连接件的荷载不应超过其允许值。

（9）支撑梁、板的支架立柱构造与安装应符合下列规定：

①梁和板的立柱，其纵横向间距应相等或成倍数。

②木立柱底部应设垫木，顶部应设支撑头。钢管立柱底部应设垫木和底座，顶部应设可调支托，“U”型支托与楞梁两侧间如有间隙，必须楔紧，其螺杆伸出钢管顶部不得大于200mm，螺杆外径与立柱钢管内径的间隙不得大于3mm，安装时应保证上下同心。

③在立柱底距地面200mm高处，沿纵横水平方向应按纵下横上的程序设扫地杆。可调支托底部的立柱顶端应沿纵横向设置一道水平拉杆。扫地杆与顶部水平拉杆之间的间距，在满足模板设计所确定的水平拉杆步距要求条件下，进行平均分配确定步距后，在每一步距处纵横向应各设一道水平拉杆。当层高在8～20m时，在最顶步距两水平拉杆中间应加设一道水平拉杆；当层高大于20m时，在最顶两步距水平拉杆中间应分别增加一道水平拉杆。所有水平拉杆的端部均应与四周建筑物顶紧顶牢。无处可顶时，应在水平拉杆端部和中部沿竖向设置连续式剪刀撑。

④木立柱的扫地杆、水平拉杆、剪刀撑应采用40mm×50mm木条或25mm×80mm的木板条与木立柱钉牢。钢管立柱的扫地杆、水平拉杆、剪刀撑应采用$\phi$48mm×3.5mm钢管，用扣件与钢管立柱扣牢。木扫地杆、水平拉杆、剪刀撑应采用搭接，并应采用铁钉钉牢。钢管扫地杆、水平拉杆应采用对接，剪刀撑应采用搭接，搭接长度不得小于500mm，并应采用2个旋转扣件分别在离杆端不小于100mm处进行固定。

（10）施工时，在已安装好的模板上的实际荷载不得超过设计值。已承受荷载的支架和附件，不得随意拆除或移动。

（11）组合钢模板、滑升模板等的构造与安装，尚应符合现行国家标准《组合钢模板技术规范》（GB 50214）和《滑动模板工程技术规范》（GB 50113）的相应规定。

（12）安装模板时，安装所需各种配件应置于工具箱或工具袋内，严禁散放在模板或脚手板上；安装所用工具应系挂在作业人员身上或置于随身携带的工具袋中，不得掉落。

（13）当模板安装高度超过 3m 时，必须搭设脚手架，除操作人员外，其他人不得站在脚手架下。

（14）吊运模板时，必须符合下列规定：

①作业前应检查绳索、卡具、模板上的吊环，它们必须完整有效，在升降过程中应设专人指挥，统一信号，密切配合。

②吊运大块或整体模板时，竖向吊运不应少于 2 个吊点，水平吊运不应少于 4 个吊点。吊运必须使用卡环连接，并应稳起稳落，待模板就位连接牢固后，方可摘除卡环。

③吊运散装模板时，必须码放整齐，待捆绑牢固后方可起吊。

④严禁起重机在架空输电线路下面工作。

⑤遇 5 级及以上大风时，应停止一切吊运作业。

（15）木料应堆放在下风向，离火源不得小于 30m，且料场四周应设置灭火器材。

2. 支架立柱构造与安装

（1）梁式或桁架式支架的构造与安装应符合下列规定：

①采用伸缩式桁架时，其搭接长度不得小于 500mm，上下弦连接销钉规格、数量应按设计规定，并应采用不少于 2 个“U”型卡或钢销钉销紧，2 个“U”型卡距或销距不得小于 400mm。

②安装的梁式或桁架式支架的间距设置应与模板设计图一致。

③支承梁式或桁架式支架的建筑结构应具有足够强度，否则，应另设立柱支撑。

④若桁架采用多榀成组排放，在下弦折角处必须加设水平撑。

（2）工具式立柱支撑的构造与安装应符合下列规定：

①工具式钢管单立柱支撑的间距应符合支撑设计的规定。

②立柱不得接长使用。

③所有夹具、螺栓、销子和其他配件应处在闭合或拧紧的位置。

（3）木立柱支撑的构造与安装应符合下列规定：

①木立柱宜选用整料，当不能满足要求时，立柱的接头不宜超过 1 个，并应采用对接夹板接头方式。立柱底部可采用垫块垫高，但不得采用单码砖垫高，垫高高度不得超过 300mm。

②木立柱底部与垫木之间应设置硬木对角楔调整标高，并应用铁钉将其固定在垫木上。

③严禁使用板皮替代规定的拉杆。

④所有单立柱支撑应在底垫木和梁底模板的中心，并应与底部垫木和顶部梁底模板紧密接触，且不得承受偏心荷载。

⑤当仅为单排立柱时，应在单排立柱的两边每隔 3m 加设斜支撑，且每边不得少于 2 根，斜支撑与地面的夹角应为 60°。

（4）当采用扣件式钢管作立柱支撑时，其构造与安装应符合下列规定：

①钢管规格、间距、扣件应符合设计要求。每根立柱底部应设置底座及垫板，垫板厚度不小于 50mm。

②当立柱底部不在同一高度时，高处的纵向扫地杆应向低处延长不少于 2 跨，高低差不大于 1m，立柱距边坡上方边缘不小于 0.5m。

③立柱接长严禁搭接，必须采用对接扣件连接，相邻两立柱的对接接头不能在同步内，且对接接头沿竖向错开的距离不宜小于 500mm，各接头中心距主节点不宜大于步距的 1/3。

④严禁将上段的钢管立柱与下段钢管立柱错开固定在水平拉杆上。

⑤满堂模板和共享空间模板支架立柱，在外侧周圈应设由下至上的竖向连续式剪刀撑；中间在纵横向应每隔 10m 左右设由下至上的竖向连续式剪刀撑，其宽度宜为 4～6m，并在剪刀撑部位的顶部、扫地杆处设置水平剪刀撑。剪刀撑杆件的底端应与地面顶紧，夹角宜为 45°～60°。当建筑层高在 8～20m 时，除应满足上述规定外，还应在纵横向相邻的两竖向连续式剪刀撑之间增加之字斜撑，在有水平剪刀撑的部位，应在每个剪刀撑中间处增加一道水平剪刀撑。当建筑层高超过 20m 时，在满足以上规定的基础上，应将所有之字斜撑全部改为连续式剪刀撑。

⑥当支架立柱高度超过 5m 时，应在立柱周圈外侧和中间有结构柱的部位，按水平间距 6～9m、竖向间距 2～3m 与建筑结构设置一个固结点。

（5）当采用标准门架作支撑时，其构造与安装应符合下列规定：

①门架的跨距和间距应按设计规定布置，间距宜小于 1.2m；支撑架底部垫木上应设固定底座或可调底座。门架、调节架及可调底座，其高度应按其支撑的高度确定。

②门架支撑可沿梁轴线垂直和平行布置。当垂直布置时，在两门架间的两侧应设置交叉支撑；当平行布置时，在两门架间的两侧亦应设置交叉支

撑，交叉支撑应与立杆上的锁销锁牢，上下门架的组装连接必须设置连接棒及锁臂。

③当门架支撑宽度为4跨及以上或5个间距及以上时，应在周边底层和顶层、中间每5列和每5排在每门架立杆跟部设 $\phi$48mm×3.5mm 通长水平加固杆，并应采用扣件与门架立杆扣牢。

④当门架支撑高度超过8m时，剪刀撑不应大于4个间距，并应采用扣件与门架立杆扣牢。

⑤顶部操作层应采用挂扣式脚手板满铺。

（6）悬挑结构立柱支撑的安装应符合下列要求：

①多层悬挑结构模板的上下立柱应保持在同一条垂直线上。

②多层悬挑结构模板的立柱应连续支撑，并不得少于3层。

3. 普通模板构造与安装

（1）基础及地下工程模板应符合下列规定：

①地面以下支模应先检查土壁的稳定情况，当有裂纹及塌方危险迹象时，应采取安全防范措施后，方可下人作业。当深度超过2m时，操作人员应通过梯子上、下。

②距基槽（坑）上口边缘1m内不得堆放模板。向基槽（坑）内运料应使用起重机、溜槽或绳索；运下的模板严禁立放在基槽（坑）的土壁上。

③斜支撑与侧模的夹角不应小于45°，支在土壁的斜支撑应加设垫板，底部的对角楔木应与斜支撑连牢。高大长脖基础若采用分层支模时，其下层模板应经就位校正并支撑稳固后，方可进行上一层模板的安装。

④在有斜支撑的位置，应在两侧模间采用水平撑连成整体。

（2）柱模板应符合下列规定：

①现场拼装柱模时，应适时地安设临时支撑进行固定，斜撑与地面的倾角宜为60°，严禁将大片模板系在柱子钢筋上。

②待四片柱模就位组拼经对角线校正无误后，应立即自下而上安装柱箍。

③若为整体预组合柱模，吊装时应采用卡环和柱模连接，不得采用钢筋钩代替。

④柱模校正（用四根斜支撑或用连接在柱模顶四角带花篮螺栓的揽风绳，底端与楼板钢筋拉环固定进行校正）后，应采用斜撑或水平撑进行四周支撑，以确保整体稳定。当高度超过4m时，应群体或成列同时支模，并应将支撑连成一体，形成整体框架体系。当需单根支模时，柱宽大于500mm应每边在同

一标高上设置不得少于2根斜撑或水平撑。斜撑与地面的夹角宜为45°~60°，下端尚应有防滑移的措施。

⑤角柱模板的支撑，除满足上款要求外，还应在里侧设置能承受拉力和压力的斜撑。

（3）墙模板应符合下列规定：

①当采用散拼定型模板支模时，应自下而上进行，必须在下一层模板全部紧固后，方可进行上一层安装。当下层不能独立安设支撑件时，应采取临时固定措施。

②当采用预拼装的大块墙模板进行支模安装时，严禁同时起吊2块模板，并应边就位、边校正、边连接，固定后方可摘钩。

③安装电梯井内墙模前，必须在板底下200mm处牢固地满铺一层脚手板。

④模板未安装对拉螺栓前，板面应向后倾一定角度。

⑤当钢楞长度需接长时，接头处应增加相同数量和不小于原规格的钢楞，其搭接长度不得小于墙模板宽或高的15%~20%。

⑥拼接时的“U”型卡应正反交替安装，间距不得大于300mm；2块模板对接接缝处的“U”型卡应满装。

⑦对拉螺栓与墙模板应垂直，松紧应一致，墙厚尺寸应正确。

⑧墙模板内外支撑必须坚固、可靠，应确保模板的整体稳定。当墙模板外面无法设置支撑时，应在里面设置能承受拉力和压力的支撑。多排并列且间距不大的墙模板，当其与支撑互成一体时，应采取措施，防止灌筑混凝土时引起临近模板变形。

（4）独立梁和整体楼盖梁结构模板应符合下列规定：

①安装独立梁模板时应设安全操作平台，并严禁操作人员站在独立梁底模或柱模支架上操作及上下通行。

②底模与横楞应拉结好，横楞与支架、立柱应连接牢固。

③安装梁侧模时，应边安装边与底模连接，当侧模高度多于2m时，应采取临时固定措施。

④起拱应在侧模内外楞连固前进行。

⑤单片预组合梁模，钢楞与板面的拉结应按设计规定制作，并应按设计吊点试吊无误后，方可正式吊运安装，侧模与支架支撑稳定后方准摘钩。

（5）楼板或平台板模板应符合下列规定：

①当预组合模板采用桁架支模时，桁架与支点的连接应固定牢靠，桁架支

承应采用平直通长的型钢或木方。

②当预组合模板块较大时，应加钢楞后方可吊运。当组合模板为错缝拼配时，板下横楞应均匀布置，并应在模板端穿插销。

③单块模就位安装，必须待支架搭设稳固、板下横楞与支架连接牢固后进行。

④“U”型卡应按设计规定安装。

（6）其他结构模板应符合下列规定：

①安装圈梁、阳台、雨篷及挑檐等模板时，其支撑应独立设置，不得支搭在施工脚手架上。

②安装悬挑结构模板时，应搭设脚手架或悬挑工作台，并应设置防护栏杆和安全网。作业处的下方不得有人通行或停留。

③烟囱、水塔及其他高大构筑物的模板，应编制专项施工设计和安全技术措施，并应详细地向操作人员进行交底后方可安装。

④在危险部位进行作业时，操作人员应系好安全带。

### 11.2.4 模板拆除

1. 模板拆除要求

（1）模板的拆除措施应经技术主管部门或负责人批准，拆除模板的时间可按现行国家标准《混凝土结构工程施工质量验收规范》（GB 50204）的有关规定执行。冬期施工的拆模，应符合专门规定。

（2）当混凝土未达到规定强度或已达到设计规定强度，需提前拆模或承受部分超设计荷载时，必须经过计算和技术主管确认其强度能足够承受此荷载后，方可拆除。

（3）在承重焊接钢筋骨架作配筋的结构中，承受混凝土重量的模板，应在混凝土达到设计强度的 25% 后方可拆除承重模板。当在已拆除模板的结构上加置荷载时，应另行核算。

（4）大体积混凝土的拆模时间除应满足混凝土强度要求外，还应使混凝土内外温差降低到 25℃ 以下时方可拆模，否则应采取有效措施防止产生温度裂缝。

（5）后张预应力混凝土结构的侧模宜在施加预应力前拆除，底模应在施加预应力后拆除。当设计有规定时，应按规定执行。

（6）拆模前应检查所使用的工具有效和可靠，扳手等工具必须装入工具袋或系挂在身上，并应检查拆模场所范围内的安全措施。

（7）模板的拆除工作应设专人指挥。作业区应设围栏，其内不得有其他工种作业，并应设专人负责监护。拆下的模板、零配件严禁抛掷。

（8）拆模的顺序和方法应按模板的设计规定进行。当设计无规定时，可采取先支的后拆、后支的先拆、先拆非承重模板、后拆承重模板，并应从上而下进行拆除。拆下的模板不得抛扔，应按指定地点堆放。

（9）多人同时操作时，应明确分工、统一信号或行动，应具有足够的操作面，人员应站在安全处。

（10）高处拆除模板时，应符合有关高处作业的规定。严禁使用大锤和撬棍，操作层上临时拆下的模板堆放不能超过3层。

（11）在提前拆除互相搭连并涉及其他后拆模板的支撑时，应补设临时支撑。拆模时，应逐块拆卸，不得成片撬落或拉倒。

（12）拆模如遇中途停歇，应将已拆松动、悬空、浮吊的模板或支架进行临时支撑牢固或相互连接稳固。对活动部件必须一次拆除。

（13）已拆除了模板的结构，应在混凝土强度达到设计强度值后方可承受全部设计荷载。若在未达到设计强度以前，需在结构上加置施工荷载时，应另行核算，强度不足时，应加设临时支撑。

（14）遇6级或6级以上大风时，应暂停室外的高处作业。雨、雪、霜后应先清扫施工现场，方可进行工作。

（15）拆除有洞口模板时，应采取防止操作人员坠落的措施。洞口模板拆除后，应按国家现行标准《建筑施工高处作业安全技术规范》（JGJ 80）的有关规定及时进行防护。

2. 支架立柱拆除

（1）当拆除钢楞、木楞、钢桁架时，应在其下面临时搭设防护支架。使所拆楞梁及桁架先落在临时防护支架上。

（2）当立柱的水平拉杆超出2层时，应首先拆除2层以上的拉杆，当拆除最后一道水平拉杆时，应和拆除立柱同时进行。

（3）当拆除4～8m跨度的梁下立柱时，应先从跨中开始，对称地分别向两端拆除。拆除时，严禁采用连梁底板向旁侧一片拉倒的拆除方法。

（4）对于多层楼板模板的立柱，当上层及以上楼板正在浇筑混凝土时，下层楼板立柱的拆除，应根据下层楼板结构混凝土强度的实际情况，经过计算确定。

（5）拆除平台、楼板下的立柱时，作业人员应站在安全处。

（6）对已拆下的钢楞、木楞、桁架、立柱及其他零配件应及时运到指定地点。对有芯钢管立柱运出前应先将芯管抽出或用销卡固定。

3. 普通模板拆除

（1）拆除条形基础、杯形基础、独立基础或设备基础的模板时，应符合下列规定：

①拆除前应先检查基槽（坑）土壁的安全状况，发现有松软、龟裂等不安全因素时，应在采取安全防范措施后，方可进行作业。

②模板和支撑杆件等应随拆随运，不得在离槽（坑）上口边缘 1m 以内堆放。

③拆除模板时，施工人员必须站在安全地方。应先拆内外木楞、再拆木面板；钢模板应先拆钩头螺栓和内外钢楞，后拆“U”型卡和“L”型插销，拆下的钢模板应妥善传递或用绳钩放置地面，不得抛掷。拆下的小型零配件应装入工具袋内或小型箱笼内，不得随处乱扔。

（2）拆除柱模应符合下列规定：

①柱模拆除应分别采用分散拆和分片拆 2 种方法。

分散拆除的顺序应为：

拆除拉杆或斜撑、自上而下拆除柱箍或横楞、拆除竖楞，自上而下拆除配件及模板、运走并分类堆放、清理、拔钉、钢模维修、刷防锈油或脱模剂、入库备用。

分片拆除的顺序应为：

拆除全部支撑系统、自上而下拆除柱箍及横楞、拆掉柱角“U”型卡、分 2 片或 4 片拆除模板、原地清理、刷防锈油或脱模剂、分片运至新支模地点备用。

②柱子拆下的模板及配件不得向地面抛掷。

（3）拆除墙模应符合下列规定：

①墙模分散拆除顺序应为：拆除斜撑或斜拉杆、自上而下拆除外楞及对拉螺栓、分层自上而下拆除木楞或钢楞及零配件和模板、运走分类堆放、拔钉清理或清理检修后刷防锈油或脱模剂、入库备用。

②预组拼大块墙模拆除顺序应为：拆除全部支撑系统、拆卸大块墙模接缝处的连接型钢及零配件、拧去固定埋设件的螺栓及大部分对拉螺栓、挂上吊装绳扣并略拉紧吊绳后，拧下剩余对拉螺栓，用方木均匀敲击大块墙模立楞及钢模板，使其脱离墙体，用撬棍轻轻外撬大块墙模板使全部脱离，指挥起吊、运

走、清理、刷防锈油或脱模剂备用。

③拆除每一大块墙模的最后2个对拉螺栓后，作业人员应撤离大模板下侧，以后的操作均应在上部进行。个别大块模板拆除后产生局部变形者应及时整修好。

④大块模板起吊时，速度要慢，应保持垂直，严禁模板碰撞墙体。

（4）拆除梁、板模板应符合下列规定：

①梁、板模板应先拆梁侧模，再拆板底模，最后拆除梁底模，并应分段分片进行，严禁成片撬落或成片拉拆。

②拆除时，作业人员应站在安全的地方进行操作。严禁站在已拆或松动的模板上进行拆除作业。

③拆除模板时，严禁用铁棍或铁锤乱砸，已拆下的模板应妥善传递或用绳钩放至地面。

④严禁作业人员站在悬臂结构边缘敲拆下面的底模。

⑤待分片、分段的模板全部拆除后，方允许将模板、支架、零配件等按指定地点运出堆放，并进行拔钉、清理、整修、刷防锈油或脱模剂，入库备用。

## 11.2.5 安全管理

（1）从事模板作业的人员，应经安全技术培训。从事高处作业人员，应定期体检，不符合要求的不得从事高处作业。

（2）安装和拆除模板时，操作人员应戴安全帽、系安全带、穿防滑鞋。安全帽和安全带应定期检查，不合格者严禁使用。

（3）模板及配件进场应有出厂合格证或当年的检验报告，安装前应对所用部件（立柱、楞梁、吊环、扣件等）进行认真检查，不符合要求者不得使用。

（4）模板工程应编制施工设计和安全技术措施，并应严格按施工设计与安全技术措施的规定进行施工。满堂模板、建筑层高8m及以上和梁跨大于或等于15m的模板，在安装、拆除作业前，工程技术人员应以书面形式向作业班组进行施工操作的安全技术交底，作业班组应对照书面交底进行上下班的自检和互检。

（5）施工过程中的检查项目应符合下列要求：

①立柱底部基土应回填夯实。

②垫木应满足设计要求。

③底座位置应正确，顶托螺杆伸出长度应符合规定。

④立杆的规格尺寸和垂直度应符合要求，不得出现偏心荷载。

⑤扫地杆、水平拉杆、剪刀撑等的设置应符合规定，固定应可靠。

⑥安全网和各种安全设施应符合要求。

（6）在高处安装和拆除模板时，周围应设安全网或搭脚手架，并应加设防护栏杆。在临街面及交通要道地区，尚应设警示牌，派专人看管。

（7）作业时，模板和配件不得随意堆放。模板应放平放稳，严防滑落。脚手架或操作平台上临时堆放的模板不宜超过3层，连接件应放在箱盒或工具袋中，不得散放在脚手板上。脚手架或操作平台上的施工总荷载不得超过其设计值。

（8）对负荷面积大和高4m以上的支架立柱采用扣件式钢管、门式钢管脚手架时，除应有合格证外，对所用扣件应采用扭矩扳手进行抽检，达到合格后方可承力使用。

（9）多人共同操作或扛抬组合钢模板时，必须密切配合、协调一致、互相呼应。

（10）施工用的临时照明和行灯的电压不得超过36V；当为满堂模板、钢支架及特别潮湿的环境时，不得超过12V。照明行灯及机电设备的移动线路应采用绝缘橡胶套电缆线。

（11）有关避雷、防触电和架空输电线路的安全距离应符合国家现行标准《施工现场临时用电安全技术规范》（JGJ 46）的有关规定。施工用的临时照明和动力线应采用绝缘线和绝缘电缆线，且不得直接固定在钢模板上。夜间施工时，应有足够的照明，并应制定夜间施工的安全措施。施工用临时照明和机电设备线严禁非电工乱拉乱接。同时还应经常检查线路的完好情况，严防绝缘破损漏电伤人。

（12）模板安装高度在2m及以上时，应符合国家现行标准《建筑施工高处作业安全技术规范》（JGJ 80）的有关规定。

（13）模板安装时，上下应有人接应，随装随运，严禁抛掷。且不得将模板支搭在门窗框上，也不得将脚手板支搭在模板上，并严禁将模板与上料井架及有车辆运行的脚手架或操作平台支成一体。

（14）支模过程中如遇中途停歇，应将已就位模板或支架连接稳固，不得浮搁或悬空。拆模中途停歇时，应将已松扣或已拆松的模板、支架等拆下运走，防止构件坠落或作业人员扶空坠落伤人。

（15）作业人员严禁攀登模板、斜撑杆、拉条或绳索等，不得在高处的墙顶、独立梁或在其模板上行走。

（16）模板施工中应设专人负责安全检查，发现问题应报告有关人员处理。当遇险情时，应立即停工和采取应急措施；待修复或排除险情后，方可继续施工。

（17）寒冷地区冬期施工用钢模板时，不宜采用电热法加热混凝土，否则应采取防触电措施。

（18）在大风地区或大风季节施工时，模板应有抗风的临时加固措施。

（19）当钢模板高度超过15m时，应安设避雷设施，避雷设施的接地电阻不得大于4Ω。

（20）当遇大雨、大雾、沙尘、大雪或6级以上大风等恶劣天气时，应停止露天高处作业。5级及以上风力时，应停止高空吊运作业。雨、雪停止后，应及时清除模板和地面上的积水及冰雪。

（21）使用后的木模板应拔除铁钉，分类进库，堆放整齐。若为露天堆放，顶面应遮防雨篷布。

（22）使用后的钢模、钢构件应符合下列规定：

①使用后的钢模、桁架、钢楞和立柱应将黏结物清理洁净，清理时严禁采用铁锤敲击的方法。

②清理后的钢模、桁架、钢楞、立柱，应逐块、逐榀、逐根进行检查，发现翘曲、变形、扭曲、开焊等必须修理完善。

③清理整修好的钢模、桁架、钢楞、立柱应刷防锈漆。

④钢模板及配件，使用后必须进行严格清理检查，已损坏断裂的应剔除，不能修复的应报废。螺栓的螺纹部分应整修上油，然后应分别按规格分类装在箱笼内备用。

⑤钢模板及配件等修复后，应按其修复后的质量标准的规定进行检查验收。凡检查不合格者应重新整修，待合格后方准应用。

⑥钢模板由拆模现场运至仓库或维修场地时，装车不宜超出车栏杆，少量高出部分必须拴牢，零配件应分类装箱，不得散装运输。

⑦经过维修、刷油、整理合格的钢模板及配件，如需运往其他施工现场或入库，必须分类装入集装箱内，杆应成捆、配件应成箱，清点数量，入库或接收单位验收。

⑧装车时，应轻搬轻放，不得相互碰撞。卸车时，严禁成捆从车上推下和拆散抛掷。

⑨钢模板及配件应放入室内或操作棚内，当需露天堆放时，应装入集装箱内，底部垫高100mm，顶面应遮盖防水篷布或塑料布，集装箱堆放高度不宜超过2层。

# 第十二章　脚手架工程和高处作业安全监理

## 12.1　落地式钢管脚手架安全监理技术

### 12.1.1　基本规定

扣件式钢管脚手架施工前，应按规范的规定对其结构构件与立杆地基承载力进行设计计算，并应编制专项施工方案。

### 12.1.2　构配件

1. 钢管

（1）脚手架钢管应采用现行国家标准《直缝电焊钢管》（GB/T 13793）或《低压流体输送用焊接钢管》（GB/T 3091）中规定的Q235普通钢管，钢管的钢材质量应符合现行国家标准《碳素结构钢》（GB/T 700）中Q235级钢的规定。

（2）脚手架钢管宜采用48.3×3.6钢管。每根钢管的最大质量不应大于25.8kg。

2. 扣件

（1）扣件应采用可锻铸铁或铸钢制作，其质量和性能应符合现行国家标准《钢管脚手架扣件》（GB 15831）的规定，采用其他材料制作的扣件，应经试验证明其质量符合该标准的规定后方可使用。

（2）扣件在螺栓拧紧扭力矩达到65（N·m）时，不得发生破坏。

3. 脚手板

（1）脚手板可采用钢、木、竹材料制作，单块脚手板的质量不宜大于30kg。

（2）冲压钢脚手板的材质应符合现行国家标准《碳素结构钢》（GB/T

700）中 Q235 级钢的规定。

（3）木脚手板材质应符合现行国家标准《木结构设计规范》（GB 50005）中Ⅱa 级材质的规定。脚手板厚度不应小于 50mm，两端宜各设置直径不小于 4mm 的镀锌钢丝箍两道。

（4）竹脚手板宜采用由毛竹或楠竹制作的竹串片板、竹笆板；竹串片脚手板应符合现行行业标准《建筑施工木脚手架安全技术规范》（JGJ 164）的相关规定。

4. 可调托撑

（1）可调托撑螺杆外径不得小于 36mm，直径与螺距应符合现行国家标准《梯形螺纹　第 2 部分：直径与螺距系列》（GB/T 5796.2）和《梯形螺纹　第 3 部分：基本尺寸》（GB/T 5796.3）的规定。

（2）可调托撑的螺杆与支托板焊接应牢固，焊缝高度不得小于 6mm；可调托撑螺杆与螺母旋合长度不得少于 5 扣，螺母厚度不得小于 30mm。

（3）可调托撑受压承载力设计值不应小于 40kN，支托板厚不应小于 5mm。

### 12.1.3　荷载

（1）作用于脚手架的荷载可分为永久荷载（恒荷载）与可变荷载（活荷载）。

（2）脚手架永久荷载应包含下列内容：

①架体结构自重：包括立杆、纵向水平杆、横向水平杆、剪刀撑、扣件等的自重；

②构、配件自重：包括脚手板、栏杆、挡脚板、安全网等防护设施的自重。

### 12.1.4　构造要求

1. 常用单、双排脚手架设计尺寸

单排脚手架搭设高度不应超过 24m；双排脚手架搭设高度不宜超过 50m，高度超过 50m 的双排脚手架，应采用分段搭设等措施。

2. 纵向水平杆、横向水平杆、脚手板

（1）纵向水平杆的构造应符合下列规定：

①纵向水平杆应设置在立杆内侧，单根杆长度不应小于 3 跨。

②纵向水平杆接长应采用对接扣件连接或搭接，并应符合下列规定：

两根相邻纵向水平杆的接头不应设置在同步或同跨内；不同步或不同跨两

个相邻接头在水平方向错开的距离不应小于 500mm；各接头中心至最近主节点的距离不应大于纵距的 1/3；搭接长度不应小于 1m，应等间距设置 3 个旋转扣件固定；端部扣件盖板边缘至搭接纵向水平杆杆端的距离不应小于 100mm。

（2）当使用冲压钢脚手板、木脚手板、竹串片脚手板时，纵向水平杆应作为横向水平杆的支座，用直角扣件固定在立杆上；当使用竹笆脚手板时，纵向水平杆应采用直角扣件固定在横向水平杆上，并应等间距设置，间距不应大于 400mm。

3. 横向水平杆的构造应符合下列规定：

（1）作业层上非主节点处的横向水平杆，宜根据支承脚手板的需要等间距设置，最大间距不应大于纵距的 1/2；

（2）当使用冲压钢脚手板、木脚手板、竹串片脚手板时，双排脚手架的横向水平杆两端均应采用直角扣件固定在纵向水平杆上；单排脚手架的横向水平杆的一端应用直角扣件固定在纵向水平杆上，另一端应插入墙内，插入长度不应小于 180mm；

（3）当使用竹笆脚手板时，双排脚手架的横向水平杆的两端，应用直角扣件固定在立杆上；单排脚手架的横向水平杆的一端，应用直角扣件固定在立杆上，另一端插入墙内，插入长度不应小于 180mm。

（4）主节点处必须设置一根横向水平杆，用直角扣件扣接且严禁拆除。

4. 脚手板的设置应符合下列规定：

（1）作业层脚手板应铺满、铺稳、铺实。

（2）冲压钢脚手板、木脚手板、竹串片脚手板等，应设置在三根横向水平杆上。当脚手板长度小于 2m 时，可采用两根横向水平杆支承，但应将脚手板两端与横向水平杆可靠固定，严防倾翻。脚手板的铺设应采用对接平铺或搭接铺设。脚手板对接平铺时，接头处应设两根横向水平杆，脚手板外伸长度应取 130～150mm，两块脚手板外伸长度的和不应大于 300mm；脚手板搭接铺设时，接头应支在横向水平杆上，搭接长度不应小于 200mm，其伸出横向水平杆的长度不应小于 100mm

（3）竹笆脚手板应按其主竹筋垂直于纵向水平杆方向铺设，且应对接平铺，四个角应用直径不小于 1.2mm 的镀锌钢丝固定在纵向水平杆上。

（4）作业层端部脚手板探头长度应取 150mm，其板的两端均应固定于支承杆件上。

### 12.1.5 立杆

（1）每根立杆底部宜设置底座或垫板。

（2）脚手架必须设置纵、横向扫地杆。纵向扫地杆应采用直角扣件固定在距钢管底端不大于200mm处的立杆上。横向扫地杆应采用直角扣件固定在紧靠纵向扫地杆下方的立杆上。

（3）脚手架立杆基础不在同一高度上时，必须将高处的纵向扫地杆向低处延长两跨与立杆固定，高低差不应大于1m。靠边坡上方的立杆轴线到边坡的距离不应小于500mm。

（4）单、双排脚手架底层步距均不应大于2m。

（5）单排、双排与满堂脚手架立杆接长除顶层顶步外，其余各层各步接头必须采用对接扣件连接。

（6）脚手架立杆的对接、搭接应符合下列规定：

①当立杆采用对接接长时，立杆的对接扣件应交错布置，两根相邻立杆的接头不应设置在同步内，同步内隔一根立杆的两个相隔接头在高度方向错开的距离不宜小于500mm；各接头中心至主节点的距离不宜大于步距的1/3；

②当立杆采用搭接接长时，搭接长度不应小于1m，并应采用不少于2个旋转扣件固定。端部扣件盖板的边缘至杆端距离不应小于100mm。

（7）脚手架立杆顶端栏杆宜高出女儿墙上端1m，宜高出檐口上端1.5m。

### 12.1.6 连墙件

（1）脚手架连墙件设置的位置、数量应按专项施工方案确定。

（2）脚手架连墙件数量的设置除应满足本规范的计算要求外，还应符合表12-1的规定。

**表12-1 连墙件的间距**

| 搭设方法 | 高度（m） | 竖向间距（h） | 水平间距（la） | 每根连墙件覆盖面积（$m^2$） |
|---|---|---|---|---|
| 双排落地 | ≤50 | 3 | 3 | ≤40 |
| 双排悬挑 | >50 | 2 | 3 | ≤27 |
| 单排 | ≤24 | 3 | 3 | ≤40 |

注：h——步距；la——纵距。

（3）连墙件的布置应符合下列规定：

①应靠近主节点设置，偏离主节点的距离不应大于300mm；

②应从底层第一步纵向水平杆处开始设置，当该处设置有困难时，应采用其他可靠措施固定；

③应优先采用菱形布置，或采用方形、矩形布置。

（4）开口型脚手架的两端必须设置连墙件，连墙件的垂直间距不应大于建筑物的层高，并且不应大于4m。

（5）连墙件中的连墙杆应呈水平设置，当不能水平设置时，应向脚手架一端下斜连接。

（6）连墙件必须采用可承受拉力和压力的构造。对高度24m以上的双排脚手架，应采用刚性连墙件与建筑物连接。

（7）当脚手架下部暂不能设连墙件时应采取防倾覆措施。当搭设抛撑时，抛撑应采用通长杆件，并用旋转扣件固定在脚手架上，与地面的倾角应在45°~60°；连接点中心至主节点的距离不应大于300mm。抛撑应在连墙件搭设后方可拆除。

（8）架高超过40m且有风涡流作用时，应采取抗上升翻流作用的连墙措施。

## 12.1.7 门洞

（1）单、双排脚手架门洞宜采用上升斜杆、平行弦杆桁架结构形式，斜杆与地面的倾角α应在45°~60°。门洞桁架的形式宜按下列要求确定：

①当步距（h）小于纵距（la）时，应采用A型；

②当步距（h）大于纵距（la）时，应采用B型，并应符合下列规定：

1）h=1.8m时，纵距不应大于1.5m；

2）h=2.0m时，纵距不应大于1.2m。

（2）单、双排脚手架门洞桁架的构造应符合下列规定：

①单排脚手架门洞处，应在平面桁架的每一节间设置一根斜腹杆；双排脚手架门洞处的空间桁架，除下弦平面外，应在其余5个平面内的图示节间设置一根斜腹杆。

②斜腹杆宜采用旋转扣件固定在与之相交的横向水平杆的伸出端上，旋转扣件中心线至主节点的距离不宜大于150mm。当斜腹杆在1跨内跨越2个步距时，宜在相交的纵向水平杆处，增设一根横向水平杆，将斜腹杆固定在其伸出

端上。

③斜腹杆宜采用通长杆件，当必须接长使用时，宜采用对接扣件连接，也可采用搭接。

（3）单排脚手架过窗洞时应增设立杆或增设一根纵向水平杆。

（4）门洞桁架下的两侧立杆应为双管立杆，副立杆高度应高于门洞口1~2步。

（5）门洞桁架中伸出上下弦杆的杆件端头，均应增设一个防滑扣件，该扣件宜紧靠主节点处的扣件。

### 12.1.8 剪刀撑与横向斜撑

（1）双排脚手架应设置剪刀撑与横向斜撑，单排脚手架应设置剪刀撑。

（2）单、双排脚手架剪刀撑的设置应符合下列规定：

①每道剪刀撑宽度不应小于4跨，且不应小于6m，斜杆与地面的倾角应在45°~60°；

②剪刀撑斜杆的接长应采用搭接或对接；

③剪刀撑斜杆应用旋转扣件固定在与之相交的横向水平杆的伸出端或立杆上，旋转扣件中心线至主节点的距离不应大于150mm。

（3）高度在24m及以上的双排脚手架应在外侧全立面连续设置剪刀撑；高度在24m以下的单、双排脚手架，均必须在外侧两端、转角及中间间隔不超过15m的立面上，各设置一道剪刀撑，并应由底至顶连续设置。

（4）双排脚手架横向斜撑的设置应符合下列规定：

①横向斜撑应在同一节间，由底至顶层呈之字形连续布置；

②高度在24m以下的封闭型双排脚手架可不设横向斜撑，高度在24m以上的封闭型脚手架，除拐角应设置横向斜撑外，中间应每隔6跨距设置一道。

（5）开口型双排脚手架的两端均必须设置横向斜撑。

### 12.1.9 斜道

（1）人行并兼作材料运输的斜道的形式宜按下列要求确定：

①高度不大于6m的脚手架，宜采用“一”字形斜道；

②高度大于6m的脚手架，宜采用“之”字形斜道。

（2）斜道的构造应符合下列规定：

①斜道应附着外脚手架或建筑物设置；

②运料斜道宽度不应小于1.5m，坡度不应大于1∶6；人行斜道宽度不应小于1m，坡度不应大于1∶3；

③拐弯处应设置平台，其宽度不应小于斜道宽度；

④斜道两侧及平台外围均应设置栏杆及挡脚板；栏杆高度应为1.2m，挡脚板高度不应小于180mm。

（3）斜道脚手板构造应符合下列规定：

①脚手板横铺时，应在横向水平杆下增设纵向支托杆，纵向支托杆间距不应大于500mm；

②脚手板顺铺时，接头应采用搭接，下面的板头应压住上面的板头，板头的凸棱处应采用三角木填顺；

③人行斜道和运料斜道的脚手板上应每隔250~300mm设置一根防滑木条，木条厚度应为20~30mm。

## 12.1.10 满堂支撑架

（1）满堂支撑架步距与立杆间距不宜超过规定的上限值，立杆伸出顶层水平杆中心线至支撑点的长度不应超过0.5m。满堂支撑架搭设高度不宜超过30m。

（2）满堂支撑架立杆、水平杆的构造要符合规定。

（3）满堂支撑架应根据架体的类型设置剪刀撑，并应符合下列规定：

①普通型：

1）在架体外侧周边及内部纵、横向每5~8m，应由底至顶设置连续竖向剪刀撑，剪刀撑宽度应为5~8m。

2）在竖向剪刀撑顶部交点平面应设置连续水平剪刀撑。当支撑高度超过8m，或施工总荷载大于15kN/m$^2$，或集中线荷载大于20kN/m$^2$的支撑架，扫地杆的设置层应设置水平剪刀撑。水平剪刀撑至架体底平面距离与水平剪刀撑间距不宜超过8m。

②加强型：

1）当立杆纵、横间距为0.9×0.9m~1.2×1.2m（含0.9×0.9m，1.2~1.2m）时，在架体外侧周边及内部纵、横向每4跨（且不大于5m），应由底至顶设置连续竖向剪刀撑，剪刀撑宽度应为4跨。

2）当立杆纵、横间距为0.6×0.6m~0.9×0.9m（含0.6×0.6m，0.9×0.9m）时，在架体外侧周边及内部纵、横向每5跨（且不小于3m），应由底至顶设置连续竖向剪刀撑，剪刀撑宽度应为5跨。

3）当立杆纵、横间距为0.4×0.4m～0.6×0.6m（含0.4×0.4m）时，在架体外侧周边及内部纵、横向每3～3.2m应由底至顶设置连续竖向剪刀撑，剪刀撑宽度应为3～3.2m。

4）在竖向剪刀撑顶部交点平面应设置水平剪刀撑，扫地杆的设置层水平剪刀撑的设置应符合规定，水平剪刀撑至架体底平面距离与水平剪刀撑间距不宜超过6m，剪刀撑宽度应为3～5m。

（4）竖向剪刀撑斜杆与地面的倾角应为45°～60°，水平剪刀撑与支架纵（或横）向夹角应为45°～60°，剪刀撑斜杆的接长应符合规定。

（5）剪刀撑的固定应符合相关规定。

（6）满堂支撑架的可调底座、可调托撑螺杆伸出长度不宜超过300mm，插入立杆内的长度不得小于150mm。

### 12.1.11　施工要求

1. 施工准备

（1）脚手架搭设前，应按专项施工方案向施工人员进行交底。

（2）应按本规范的规定和脚手架专项施工方案要求对钢管、扣件、脚手板、可调托撑等进行检查验收，不合格产品不得使用。

（3）经检验合格的构配件应按品种、规格分类，堆放整齐、平稳，堆放场地不得有积水。

（4）应清除搭设场地杂物，平整搭设场地，并应使排水畅通。

2. 地基与基础

（1）脚手架地基与基础的施工，应根据脚手架所受荷载、搭设高度、搭设场地土质情况与现行国家标准《建筑地基基础工程施工质量验收规范》（GB 50202）的有关规定进行。

（2）压实填土地基应符合现行国家标准《建筑地基基础设计规范》（GB 50007）的相关规定；灰土地基应符合现行国家标准《建筑地基基础工程施工质量验收规范》（GB 50202）的相关规定。

（3）立杆垫板或底座底面标高宜高于自然地坪50～100mm。

（4）脚手架基础经验收合格后，应按施工组织设计或专项方案的要求放线定位。

## 12.1.12 搭设要求

单、双排脚手架必须配合施工进度搭设，一次搭设高度不应超过相邻连墙件以上两步；如果超过相邻连墙件以上两步，无法设置连墙件时，应采取撑拉固定等措施与建筑结构拉结。每搭完一步脚手架后，应校正步距、纵距、横距及立杆的垂直度。底座安放应符合下列规定：底座、垫板均应准确地放在定位线上；垫板应采用长度不少于2跨、厚度不小于50mm、宽度不小于200mm的木垫板。

1. 立杆搭设应符合下列规定

（1）相邻立杆的对接连接应符合规范规定；

（2）脚手架开始搭设立杆时，应每隔6跨设置一根抛撑，直至连墙件安装稳定后，方可根据情况拆除；

（3）当架体搭设至有连墙件的主节点时，在搭设完该处的立杆、纵向水平杆、横向水平杆后，应立即设置连墙件。

2. 脚手架纵向水平杆的搭设应符合下列规定

（1）脚手架纵向水平杆应随立杆按步搭设，并应采用直角扣件与立杆固定；

（2）纵向水平杆的搭设应符合规范规定；

（3）在封闭型脚手架的同一步中，纵向水平杆应四周交圈设置，并应用直角扣件与内外角部立杆固定。

3. 脚手架横向水平杆搭设应符合下列规定

（1）搭设横向水平杆应符合规范规定；

（2）双排脚手架横向水平杆的靠墙一端至墙装饰面的距离不应大于100mm；

（3）单排脚手架的横向水平杆不应设置在下列部位：

①设计上不允许留脚手眼的部位；

②过梁上与过梁两端呈60°角的三角形范围内及过梁净跨度1/2的高度范围内；

③宽度小于1m的窗间墙；

④梁或梁垫下及其两侧各500mm的范围内；

⑤砖砌体的门窗洞口两侧200mm和转角处450mm的范围内，其他砌体的门窗洞口两侧300mm和转角处600mm的范围内；

⑥墙体厚度小于或等于180mm；

⑦独立或附墙砖柱，空斗砖墙、加气块墙等轻质墙体；

⑧砌筑砂浆强度等级小于或等于M2.5的砖墙。

（4）脚手架纵向、横向扫地杆搭设应符合规范规定。

（5）脚手架连墙件安装应符合下列规定：

①连墙件的安装应随脚手架搭设同步进行，不得滞后安装；

②当单、双排脚手架施工操作层高出相邻连墙件以上两步时，应采取确保脚手架稳定的临时拉结措施，直到上一层连墙件安装完毕后再根据情况拆除。

（6）脚手架剪刀撑与双排脚手架横向斜撑应随立杆、纵向和横向水平杆等同步搭设，不得滞后安装。

（7）扣件安装应符合下列规定：

①扣件规格应与钢管外径相同；

②螺栓拧紧扭力矩不应小于40（N·m），且不应大于65（N·m）；

③在主节点处固定横向水平杆、纵向水平杆、剪刀撑、横向斜撑等用的直角扣件、旋转扣件的中心点的相互距离不应大于150mm；

④对接扣件开口应朝上或朝内；

⑤各杆件端头伸出扣件盖板边缘的长度不应小于100mm。

（8）作业层、斜道的栏杆和挡脚板的搭设应符合下列规定：

①栏杆和挡脚板均应搭设在外立杆的内侧；

②上栏杆上皮高度应为1.2m；

③挡脚板高度不应小于180mm；

④中栏杆应居中设置。

（9）脚手板的铺设应符合下列规定：

①脚手板应铺满、铺稳，离墙面的距离不应大于150mm；

②采用对接或搭接时均应符合规范规定；脚手板探头应用直径3.2mm的镀锌钢丝固定在支承杆件上；

③在拐角、斜道平台口处的脚手板，应用镀锌钢丝固定在横向水平杆上，防止滑动。

### 12.1.13 拆除

（1）脚手架拆除应按专项方案施工，拆除前应做好下列准备工作：

①应全面检查脚手架的扣件连接、连墙件、支撑体系等是否符合构造

要求；

②应根据检查结果补充完善脚手架专项方案中的拆除顺序和措施，经审批后方可实施；

③拆除前应对施工人员进行交底；

④应清除脚手架上杂物及地面障碍物。

（2）单、双排脚手架拆除作业必须由上而下逐层进行，严禁上下同时作业；连墙件必须随脚手架逐层拆除，严禁先将连墙件整层或数层拆除后再拆脚手架；分段拆除高差大于两步时，应增设连墙件加固。

（3）当脚手架拆至下部最后一根长立杆的高度（约6.5m）时，应先在适当位置搭设临时抛撑加固后，再拆除连墙件。当单、双排脚手架采取分段、分立面拆除时，对不拆除的脚手架两端，应设置连墙件和横向斜撑加固。

（4）架体拆除作业应设专人指挥，当有多人同时操作时，应明确分工、统一行动，且应具有足够的操作面。

（5）卸料时各构配件严禁抛、掷至地面。

（6）运至地面的构配件应按本规范的规定及时检查、整修与保养，并应按品种、规格分别存放。

### 12.1.14 检查与验收

1. 新钢管的检查应符合下列规定

（1）应有产品质量合格证；

（2）应有质量检验报告，钢管材质检验方法应符合现行国家标准《金属材料 室温拉伸试验方法》（GB/T 228）的有关规定；

（3）钢管表面应平直光滑，不应有裂缝、结疤、分层、错位、硬弯、毛刺、压痕和深的划道；

（4）钢管应涂有防锈漆。

2. 旧钢管的检查应符合下列规定

（1）表面锈蚀检查应每年一次。检查时，应在锈蚀严重的钢管中抽取三根，在每根锈蚀严重的部位横向截断取样检查，当锈蚀深度超过规定值时不得使用。

（2）钢管弯曲变形应符合规范规定。

3. 扣件验收应符合下列规定

（1）扣件应有生产许可证、法定检测单位的测试报告和产品质量合格证。

当对扣件质量有怀疑时，应按现行国家标准《钢管脚手架扣件》（GB 15831）的规定抽样检测。

（2）新、旧扣件均应进行防锈处理。

（3）扣件的技术要求应符合现行国家标准《钢管脚手架扣件》（GB 15831）的相关规定。

4. 扣件进入施工现场的规定

扣件进入施工现场应检查产品合格证，并应进行抽样复试，技术性能应符合现行国家标准《钢管脚手架扣件》（GB 15831）的规定。扣件在使用前应逐个挑选，有裂缝、变形、螺栓出现滑丝的严禁使用。

5. 脚手板的检查应符合下列规定

（1）冲压钢脚手板的检查应符合下列规定：

①新脚手板应有产品质量合格证；

②尺寸偏差应符合规范的规定，且不得有裂纹、开焊与硬弯；

③新、旧脚手板均应涂防锈漆；

④应有防滑措施。

（2）木脚手板、竹脚手板的检查应符合下列规定：

①木脚手板宽度、厚度允许偏差应符合现行国家标准《木结构工程施工质量验收规范》（GB 50206）的规定；不得使用扭曲变形、劈裂、腐朽的脚手板；

②竹笆脚手板、竹串片脚手板的材料应符合规范规定。

6. 可调托撑的检查应符合下列规定

（1）应有产品质量合格证；

（2）应有质量检验报告，可调托撑抗压承载力应符合规范规定；

（3）可调托撑支托板厚不应小于5mm，变形不应大于1mm；

（4）严禁使用有裂缝的支托板、螺母。

7. 脚手架及其地基基础应在下列阶段进行检查与验收

（1）基础完工后及脚手架搭设前；

（2）作业层上施加荷载前；

（3）每搭设完6～8m高度后；

（4）达到设计高度后；

（5）遇有六级强风及以上风或大雨后，冻结地区解冻后；

（6）停用超过一个月。

8. 应根据下列技术文件进行脚手架检查、验收

（1）专项施工方案及变更文件；

（2）技术交底文件。

9. 脚手架使用中，应定期检查下列要求内容

（1）杆件的设置和连接，连墙件、支撑、门洞桁架等的构造应符合本规范和专项施工方案的要求；

（2）地基应无积水，底座应无松动，立杆应无悬空；

（3）扣件螺栓应无松动；

（4）安全防护措施应符合本规范要求。

### 12.1.15 安全管理

（1）扣件式钢管脚手架安装与拆除人员必须是经考核合格的专业架子工。架子工应持证上岗。

（2）搭拆脚手架人员必须戴安全帽、系安全带、穿防滑鞋。

（3）脚手架的构配件质量与搭设质量，应按规定进行检查验收，并应确认合格后使用。

（4）钢管上严禁打孔。

（5）作业层上的施工荷载应符合设计要求，不得超载。不得将模板支架、缆风绳、泵送混凝土和砂浆的输送管等固定在架体上；严禁悬挂起重设备，严禁拆除或移动架体上安全防护设施。

（6）满堂支撑架在使用过程中，应设有专人监护施工，当出现异常情况时，应立即停止施工，并应迅速撤离作业面上人员。应在采取确保安全的措施后，查明原因、做出判断和处理。

（7）满堂支撑架顶部的实际荷载不得超过设计规定。

（8）当有六级强风及以上风、浓雾、雨或雪天气时应停止脚手架搭设与拆除作业。雨、雪后上架作业应有防滑措施，并应扫除积雪。

（9）夜间不宜进行脚手架搭设与拆除作业。

（10）脚手架的安全检查与维护，应按规定进行。

（11）脚手板应铺设牢靠、严实，并应用安全网双层兜底。施工层以下每隔 10m 应用安全网封闭。

（12）单、双排脚手架、悬挑式脚手架沿架体外围应用密目式安全网全封闭，密目式安全网宜设置在脚手架外立杆的内侧，并应与架体绑扎牢固。

（13）在脚手架使用期间，严禁拆除下列杆件：

①主节点处的纵、横向水平杆，纵、横向扫地杆；

②连墙件。

（14）当在脚手架使用过程中开挖脚手架基础下的设备基础或管沟时，必须对脚手架采取加固措施。

（15）满堂脚手架与满堂支撑架在安装过程中，应采取防倾覆的临时固定措施。

（16）临街搭设脚手架时，外侧应有防止坠物伤人的防护措施。

（17）在脚手架上进行电、气焊作业时，应有防火措施和专人看守。

（18）工地临时用电线路的架设及脚手架接地、避雷措施等，应按现行行业标准《施工现场临时用电安全技术规范》（JGJ 46）的有关规定执行。

（19）搭拆脚手架时，地面应设围栏和警戒标志，并应派专人看守，严禁非操作人员入内。

## 12.2 悬挑式钢管脚手架安全监理技术

### 12.2.1 悬挑脚手架用型钢

（1）悬挑脚手架用型钢的材质应符合现行国家标准《碳素结构钢》（GB/T 700）或《低合金高强度结构钢》（GB/T 1591）的规定。

（2）用于固定型钢悬挑梁的“U”型钢筋拉环或锚固螺栓材质应符合现行国家标准《钢筋混凝土用钢第 1 部分：热轧光圆钢筋中 HPB235 级钢筋》的规定。

### 12.2.2 型钢悬挑脚手架的搭设要求

（1）一次悬挑脚手架高度不宜超过 20m。

（2）型钢悬挑梁宜采用双轴对称截面的型钢。悬挑钢梁型号及锚固件应按设计确定，钢梁截面高度不应小于 160mm。悬挑梁尾端应在两处及以上固定于钢筋混凝土梁板结构上。锚固型钢悬挑梁的“U”型钢筋拉环或锚固螺栓直径不宜小于 16mm。

（3）用于锚固的“U”型钢筋拉环或螺栓应采用冷弯成型。“U”型钢筋拉环、锚固螺栓与型钢间隙应用钢楔或硬木楔楔紧。

（4）每个型钢悬挑梁外端宜设置钢丝绳或钢拉杆与上一层建筑结构斜拉结。钢丝绳、钢拉杆不参与悬挑钢梁受力计算；钢丝绳与建筑结构拉结的吊环应使用 HPB235 级钢筋，其直径不宜小于 20mm，吊环预埋锚固长度应符合现行国家标准《混凝土结构设计规范》（GB 50010）中钢筋锚固的规定。

（5）悬挑钢梁悬挑长度应按设计确定，固定段长度不应小于悬挑段长度的 1.25 倍。型钢悬挑梁固定端应采用 2 个（对）及以上“U”型钢筋拉环或锚固螺栓与建筑结构梁板固定，“U”型钢筋拉环或锚固螺栓应预埋至混凝土梁、板底层钢筋位置，并应与混凝土梁、板底层钢筋焊接或绑扎牢固，其锚固长度应符合现行国家标准《混凝土结构设计规范》（GB 50010）中钢筋锚固的规定。

（6）当型钢悬挑梁与建筑结构采用螺栓钢压板连接固定时，钢压板尺寸不应小于 100mm × 10mm（宽 × 厚）；当采用螺栓角钢压板连接时，角钢的规格不应小于 63mm × 63mm × 6mm。

（7）型钢悬挑梁悬挑端应设置能使脚手架立杆与钢梁可靠固定的定位点，定位点离悬挑梁端部不应小于 100mm。

（8）锚固位置设置在楼板上时，楼板的厚度不宜小于 120mm。如果楼板的厚度小于 120mm 应采取加固措施。

（9）悬挑梁间距应按悬挑架架体立杆纵距设置，每一纵距设置一根。

（10）悬挑架的外立面剪刀撑应自下而上连续设置。

（11）锚固型钢的主体结构混凝土强度等级不得低于 C20。

## 12.3 附式升降脚手架安全监理技术

### 12.3.1 施工方案

（1）应编制专项施工方案并进行设计计算；

（2）专项施工方案应按规定审核、审批；

（3）脚手架提升超过规定允许高度，专项施工方案应按规定组织专家论证。

### 12.3.2 安全装置

（1）采用防坠落装置或技术性能应符合规范要求；

（2）防坠落装置与升降设备应分别独立固定在建筑结构上；

（3）防坠落装置应设置在竖向主框架处并与建筑结构附着；

（4）应安装防倾覆装置，防倾覆装置应符合规范要求；

（5）升降或使用工况，最上和最下两个防倾装置之间的最小间距应符合规范要求；

（6）应安装同步控制装置，技术性能应符合规范要求。

### 12.3.3 架体结构

（1）架体高度不得大于5倍楼层高；

（2）架体宽度不得大于1.2m；

（3）直线布置的架体支承跨度不得大于7m或折线、曲线布置的架体支承跨度不得大于5.4m；

（4）架体的水平悬挑长度不得大于2m或大于跨度；

（5）架体悬臂高度不得大于架体高度2/5或大于6m；

（6）架体全高与支撑跨度的乘积不得大于110$m^2$。

### 12.3.4 附着支架

（1）应按竖向主框架所覆盖的每个楼层设置一道附着支座；

（2）使用工况应将竖向主框架与附着支座固定；

（3）升降工况应将防倾、导向装置设置在附着支座上；

（4）附着支座与建筑结构连接固定方式应符合规范要求。

### 12.3.5 架体安装

（1）主框架及水平支承桁架的节点应采用焊接或螺栓连接；

（2）各杆件轴线应汇交于节点；

（3）水平支承桁架的上弦及下弦之间设置的水平支撑杆件应采用焊接或螺栓连接；

（4）架体立杆底端应设置在水平支承桁架上弦杆件节点处；

（5）竖向主框架组装高度不得低于架体高度；

（6）架体外立面设置的连续剪刀撑应将竖向主框架、水平支承桁架和架体构架连成一体。

### 12.3.6 架体升降

（1）两跨以上架体升降不得采用手动升降设备；

（2）升降工况附着支座与建筑结构连接处混凝土强度应达到设计和规范要求；

（3）升降工况架体上不得有施工荷载或有人员停留。

### 12.3.7 检查验收

（1）主要构配件进场应进行验收；

（2）分区段安装、分区段使用应进行分区段验收；

（3）架体搭设完毕应办理验收手续；

（4）验收内容应进行量化，经责任人签字确认；

（5）架体提升前应有检查记录；

（6）架体提升后、使用前应履行验收手续。

### 12.3.8 脚手板

（1）脚手板应满铺，并且铺设要严密和牢固；

（2）作业层与建筑结构之间空隙封闭要严密；

（3）脚手板规格、材质应符合要求。

### 12.3.9 架体防护

（1）脚手架外侧应采用密目式安全网封闭，且网间连接要严密；

（2）作业层防护栏杆应符合规范要求；

（3）作业层应设置高度不得小于180mm的挡脚板。

### 12.3.10 安全作业

（1）操作前应向有关技术人员和作业人员进行安全技术交底，交底要有文字记录；

（2）作业人员应经培训合格后上岗，并定岗定责；

（3）安装拆除单位资质应符合要求，特种作业人员应持证上岗。

## 12.4 其他脚手架安全监理技术

### 12.4.1 门式钢管脚手架

1. 施工方案

(1) 应根据实际情况编制专项施工方案，并进行设计计算；

(2) 专项施工方案应按规定审核、审批；

(3) 架体搭设超过规范允许高度，专项施工方案应组织专家论证。

2. 架体要求

(1) 架体与建筑物结构拉结方式或间距应符合规范要求；

(2) 应按规范要求设置剪刀撑；

(3) 门架立杆垂直偏差不得超过规范要求；

(4) 交叉支撑的设置应符合规范要求；

(5) 应按规定组装或漏装杆件、锁臂；

(6) 应按规范要求设置纵向水平加固杆；

(7) 扣件与连接的杆件参数应匹配；

(8) 脚手板应满铺，并且铺设要牢固稳定；

(9) 脚手板规格或材质应符合要求；

(10) 采用挂扣式钢脚手板时挂钩应挂扣在横向水平杆上，且挂钩应处于锁住状态；

(11) 作业层防护栏杆应符合规范要求；

(12) 作业层应设置高度不小于 180mm 的挡脚板；

(13) 架体外侧应设置密目式安全网封闭，并网间连接严密可靠；

(14) 作业层脚手板下应采用安全平网兜底或作业层以下每隔 10m 采用安全平网封闭。

3. 交底与验收

(1) 架体搭设前应进行交底，交底应有文字记录；

(2) 架体分段搭设、分段使用应办理分段验收；

(3) 架体搭设完毕应办理验收手续；

(4) 验收内容应进行量化，并经责任人签字确认。

4. 其他要求

（1）构配件材质杆件变形、锈蚀严重的不得使用；

（2）构配件的规格、型号、材质或产品质量应符合规范要求；

（3）施工荷载不得超过设计规定；

（4）荷载堆放应均匀；

（5）架体内应设置人员上下专用通道；

（6）安全通道设置应符合要求。

### 12.4.2 碗扣式钢管脚手架

1. 施工方案

（1）应编制专项施工方案，并进行设计计算；

（2）专项施工方案应按规定审核、审批；

（3）架体搭设超过规范允许高度，专项施工方案应组织专家论证。

2. 架体基础

（1）基础应平实，符合专项施工方案要求；

（2）架体底部应设置垫板，垫板的规格应符合要求；

（3）架体底部应按规范要求设置底座；

（4）架体底部应按规范要求设置扫地杆；

（5）架体底部应采取排水措施。

3. 架体稳定

（1）架体与建筑结构应按规范要求拉结；

（2）架体底层第一步水平杆处应按规范要求设置连墙件，并采用其他可靠措施固定，连墙件应采用刚性杆件；

（3）应按规范要求设置专用斜杆或“八”字形斜撑；

（4）专用斜杆两端应固定在纵、横向水平杆与立杆汇交的碗扣节点处；

（5）专用斜杆或“八”字形斜撑应沿脚手架高度连续设置，并且角度应符合要求；

（6）立杆间距、水平杆步距不得超过设计或规范要求；

（7）应按专项施工方案设计的步距在立杆连接碗扣节点处设置纵、横向水平杆；

（8）架体搭设高度超过24m时，顶部24m以下的连墙件层应按规定设置水平斜杆；

（9）架体组装应牢固，上碗扣紧固应符合要求；

（10）脚手板应满铺，并且铺设应牢固稳定；

（11）脚手板规格或材质应符合要求；

（12）采用挂扣式钢脚手板时挂钩应挂扣在横向水平杆上，且挂钩应处于锁住状态；架体外侧应采用密目式安全网封闭，并且网间连接应严密；

（13）作业层防护栏杆应符合规范要求；

（14）作业层外侧应设置高度不小于180mm的挡脚板；

（15）作业层脚手板下应采用安全平网兜底或作业层以下每隔10m应采用安全平网封闭。

4. 交底与验收

（1）架体搭设前应进行交底，并且交底应有文字记录；

（2）架体分段搭设、分段使用应进行分段验收；

（3）架体搭设完毕应办理验收手续；

（4）验收内容应进行量化，并经责任人签字确认。

5. 其他要求

（1）杆件弯曲、变形、锈蚀严重的不得使用；

（2）钢管、构配件的规格、型号、材质或产品质量应符合规范要求；

（3）施工荷载不得超过设计规定，荷载堆放应均匀可靠；

（4）应设置人员上下专用通道，安全通道设置应符合要求。

### 12.4.3 承插型盘扣式钢管脚手架

1. 施工方案

（1）应编制专项施工方案，并进行设计计算；

（2）专项施工方案应按规定审核、审批。

2. 架体要求

（1）架体基础应平实，应符合专项施工方案要求；

（2）架体立杆底部应设垫板，垫板的规格应符合规范要求；

（3）架体立杆底部应按要求设置可调底座；

（4）应按规范要求设置纵、横向扫地杆，架体底部应采取排水措施；

（5）架体与建筑结构应按规范要求拉结，架体底层第一步水平杆处应按规范要求设置连墙件，并采用可靠措施固定；连墙件应采用刚性杆件；应按规范要求设置竖向斜杆或剪刀撑；

（6）竖向斜杆两端应固定在纵、横向水平杆与立杆汇交的盘扣节点处；

（7）斜杆或剪刀撑应沿脚手架高度连续设置，并且角度应符合规范要求；

（8）架体立杆间距、水平杆步距不得超过设计或规范要求；

（9）应按专项施工方案设计的步距在立杆连接插盘处设置纵、横向水平杆；

（10）双排脚手架的每步水平杆，当无挂扣钢脚手板时应按规范要求设置水平斜杆；

（11）脚手板应满铺，并且铺设牢固稳定；

（12）脚手板规格或材质应符合要求；

（13）采用挂扣式钢脚手板时挂钩应挂扣在水平杆上，并且挂钩应处于锁住状态；

（14）架体外侧应采用密目式安全网封闭，并且网间连接要严密可靠；

（15）作业层防护栏杆应符合规范要求；

（16）作业层外侧应设置高度不小于180mm的挡脚板；

（17）作业层脚手板下应采用安全平网兜底，作业层以下每隔10m应采用安全平网封闭；

（18）立杆竖向接长位置应符合要求；

（19）剪刀撑的斜杆接长应符合要求。

3. 交底与验收

（1）架体搭设前应进行交底，并且交底应有文字记录；

（2）架体分段搭设、分段使用并应进行分段验收；

（3）架体搭设完毕应办理验收手续；

（4）验收内容应进行量化，并经责任人签字确认。

4. 其他要求

（1）钢管、构配件的规格、型号、材质或产品质量应符合规范要求；

（2）架体内应设置人员上下专用通道，安全通道设置应符合要求。

## 12.4.4 满堂脚手架

1. 施工方案

（1）应编制专项施工方案，并进行设计计算；

（2）专项施工方案应按规定审核、审批。

2. 架体要求

（1）架体基础应平实，应符合专项施工方案要求；

（2）架体底部应设置垫板，并且垫板的规格应符合规范要求；

（3）架体底部应按规范要求设置底座；

（4）架体底部应按规范要求设置扫地杆；

（5）应采取排水措施；架体四周与中间应按规范要求设置竖向剪刀撑或专用斜杆；

（6）应按规范要求设置水平剪刀撑或专用水平斜杆；

（7）架体高宽比超过规范要求时应采取与结构拉结或其他可靠的稳定措施；

（8）架体立杆间距、水平杆步距不得超过设计和规范要求；

（9）杆件接长应符合要求；

（10）架体搭设可靠，并杆件节点紧固应符合要求；

（11）脚手板应满铺，并且铺设应牢固稳定；

（12）脚手板规格或材质应符合要求；

（13）采用挂扣式钢脚手板时挂钩应挂扣在水平杆上，并挂钩应处于锁住状态；作业层防护栏杆应符合规范要求；

（14）作业层外侧应设置高度不小于 180mm 挡脚板；

（15）作业层脚手板下应采用安全平网兜底，作业层以下每隔 10m 应采用安全平网封闭。

3. 交底和验收

（1）架体搭设前应进行交底，并且交底应有文字记录；

（2）架体应分段搭设、分段使用，并进行分段验收；

（3）架体搭设完毕应办理验收手续，验收内容应进行量化，并经责任人签字确认。

4. 其他要求

（1）钢管、构配件的规格、型号、材质或产品质量应符合规范要求；

（2）架体的施工荷载不得超过设计和规范要求；荷载堆放应均匀；

（3）架体内应设置人员上下专用通道，安全通道设置应符合要求。

# 12.5 高处作业吊篮安全监理技术

## 12.5.1 相关概念

(1) 吊篮：悬挂机构架设于建筑物或构筑物上，提升机驱动悬吊平台通过钢丝绳沿立面上下运行的一种非常设悬挂设备。

(2) 悬吊平台：四周装有护栏，用于搭载作业人员、工具和材料进行高处作业的悬挂装置。

(3) 悬挂机构：架设于建筑物或构筑物上，通过钢丝绳悬挂悬吊平台的机构。

(4) 提升机：悬吊平台上下运行的装置。

(5) 额定提升力：提升机允许提升的额定载荷。

(6) 安全锁：悬吊平台下滑速度达到锁绳速度或悬吊平台倾斜角度达到锁绳角度时，能自动锁住安全钢丝绳，使悬吊平台停止下滑或倾斜的装置。

(7) 额定载重量：悬吊平台允许承受的最大有效载重量。

(8) 限位装置：制运动部件或装置超过预设极限位置的装置。

## 12.5.2 吊篮的型式

吊篮按驱动方式分为手动、气动和电动。

1. 主参数及其系列

吊篮的主参数用额定载重量表示，主参数系列见表 12－2。

**表 12－2 主参数系列表**

| 主参数 | 主参数系列 |
|---|---|
| 额定载重量 | 100、150、200、250、300、350、400、500、630、800、1000、1250 |

2. 型号

(1) 吊篮型号由类、组、型代号、特性代号、主参数代号、悬吊平台结构层数和更新变型代号组成。

(2) 标记示例：

①额定载重量 500kg 电动、单层爬升式高处作业吊篮：

高处作业吊篮 ZLP 500　GB 19155

②额定载重量 800kg 电动、双层爬升式高处作业吊篮：

高处作业吊篮 2ZLP 800AGB 19155

③额定载重量 300kg 手动、单层爬升式高处作业吊篮：

高处作业吊篮 ZLSP 300GB 19155

④额定载重量 500kg 气动、单层爬升式高处作业吊篮：

高处作业吊篮 ZLQP 500GB 19155

⑤额定载重量 300kg 电动，卷扬式高处作业吊篮：

高处作业吊篮 ZLJ 300GB 19155

### 12.5.3　技术要求

（1）结构安全系数：

①吊篮的承载结构件为塑性材料时，按材料的屈服点计算，其安全系数不应小于 2；

②吊篮的承载结构件为非塑性材料时，按材料的强度极限计算，其安全系数不应小于 5；

③吊篮在结构设计时，应考虑风载荷的影响：在工作状态下，应能承受的基本风压值不低于 500Pa；在非工作状态下，当吊篮安装高度≤60m 时，应能承受的基本风压值不低于 1915Pa，每增高 30m，基本风压值增加 165Pa；吊篮的固定装置结构设计风压值应按 1.5 倍的基本风压值计算。

（2）吊篮制动器必须是带有动力试验载荷的悬吊平台，在不大于 100mm 制动距离内停止运行。

（3）吊篮必须设置上行程限位装置。

（4）吊篮的每个吊点必须设置 2 根钢丝绳，安全钢丝绳必须装有安全锁或相同作用的独立安全装置。在正常运行时，安全钢丝绳应顺利通过安全锁或相同作用的独立安全装置。

（5）吊篮宜设超载保护装置。

（6）吊篮必须设有在断电时使悬吊平台平稳下降的手动滑降装置。

（7）在正常工作状态下，吊篮悬挂机构的抗倾覆力矩与倾覆力矩的比值不得小于 2。

（8）钢丝绳吊点距悬吊平台端部距离应不大于悬吊平台全长的 1/4，悬挂机构的抗倾覆力矩与额定载重量集中作用在悬吊平台外伸段中心引起的最大倾覆力矩之比不得小于1.5。

(9) 吊篮所有外露传动部分，应装有防护装置。

(10) 连接应符合如下规定：

①主要受力焊缝质量应符合JG/T 5082.1中的B级规定，焊后应进行质量检查；

②采用高强度螺栓连接时，其连接表面应清除灰尘、油漆、油迹和锈蚀，应使用力矩扳手或专用工具，按设计、装配技术要求拧紧。

(11) 结构件报废规定如下：

①吊篮主要结构件由于腐蚀、磨损等原因使结构的计算应力提高，当超过原计算应力的10%时应予以报废；对无计算条件的，当腐蚀深度达到原构件厚度的10%时，则应予以报废；

②主要受力构件产生永久变形而又不能修复时，应予以报废；

③悬挂机构、悬吊平台和提升机架等整体失稳后不得修复，应予以报废；

④当结构件及其焊缝出现裂纹时，应分析原因，根据受力和裂纹情况采取加强措施。当达到原设计要求时，才能继续使用，否则应予以报废。

### 12.5.4 主要部件技术要求

1. 悬挂机构

(1) 悬挂机构应有足够的强度和刚度。单边悬挂悬吊平台时，应能承受平台自重、额定载重量及钢丝绳的自重。

(2) 悬挂机构施加于建筑物顶面或构筑物上的作用力均应符合建筑结构的承载要求。当悬挂机构的载荷由屋面预埋件承受时，其预埋件的安全系数不应小于3。

(3) 配重标有质量标记。

(4) 配重应准确、牢固地安装在配重点上。

2. 悬吊平台

(1) 悬吊平台应有足够的强度和刚度。承受2倍的均布额定载重量时，不得出现焊缝裂纹、螺栓铆钉松动和结构件破坏等现象。

(2) 悬吊平台在承受动力试验载荷时，平台底面最大挠度值不得大于平台长度的1/300。

(3) 悬吊平台在承受试验偏载荷时，在模拟工作钢丝绳断开，安全锁锁住钢丝绳状态下，其危险断面处应力值不应大于材料的许用应力。

（4）应校核悬吊平台在单边承受额定载重量时其危险断面处材料的强度。

（5）悬吊平台四周应装有固定式的安全护栏，护栏应设有腹杆，工作面的护栏高度不应低于0.8m，其余部位则不应低于1.1m，护栏应能承受1000N的水平集中载荷。

（6）悬吊平台内工作宽度不应小于0.4m，并应设置防滑底板，底板有效面积不小于0.25m²/人，底板排水孔直径最大为10mm。

（7）悬吊平台底部四周应设有高度不小于150mm挡板，挡板与底板间隙不大于5mm。

（8）悬吊平台在工作中的纵向倾斜角度不应大于8°。

（9）悬吊平台上应醒目地注明额定载重量及注意事项。

（10）悬吊平台上应设操纵用按钮开关，操纵系统应灵敏可靠。

（11）悬吊平台应设靠墙轮或导向装置或缓冲装置。

3. 爬升式提升机

（1）提升机传动系统在绳轮之前禁止采用离合器和摩擦传动。

（2）提升机绳轮直径与钢丝绳直径之比值不应小于20。

（3）提升机必须设有制动器，其制动力矩应大于额定提升力矩的1.5倍。制动器必须设有手动释放装置，动作应灵敏可靠。

（4）提升机应能承受125%额定提升力，电动机堵转转矩不低于180%额定转矩。

（5）手动提升机必须设有闭锁装置。当提升机变换方向时，应动作准确，安全可靠。

（6）手动提升机施加于手柄端的操作力不应大于250N。

（7）提升机应具有良好的穿绳性能，不得卡绳和堵绳。

（8）提升机与悬吊平台应连接可靠，其连接强度不应小于2倍允许冲击力。

4. 安全锁

（1）安全锁或具有相同作用的独立安全装置的功能应满足：

①对离心触发式安全锁，悬吊平台运行速度达到安全锁锁绳速度时，即能自动锁住安全钢丝绳，使悬吊平台在200mm范围内停住；

②对摆臂式防倾斜安全锁，悬吊平台工作时纵向倾斜角度不大于8°时，能自动锁住并停止运行；

③安全锁或具有相同作用的独立安全装置，在锁绳状态下应不能自动复位。

（2）安全锁承受静力试验载荷时，静置10min，不得有任何滑移现象。

（3）离心触发式安全锁锁绳速度不大于30m/min。

（4）安全锁与悬吊平台应连接可靠，其连接强度不应小于2倍的允许冲击力。

（5）安全锁必须在有效标定期限内使用，有效标定期限不大于一年。

5. 钢丝绳

（1）吊篮宜选用高强度、镀锌、柔度好的钢丝绳，其性能应符合GB/T 8918的规定。

（2）工作钢丝绳最小直径不应小于6mm。

（3）安全钢丝绳宜选用与工作钢丝绳相同的型号、规格，在正常运行时，安全钢丝绳应处于悬垂状态。

（4）安全钢丝绳必须独立于工作钢丝绳另行悬挂。

（5）电气控制系统

①电气控制系统供电应采用三相五线制。接零、接地线应始终分开，接地线应采用黄绿相间线。

②吊篮的电气系统应可靠的接地，接地电阻不应大于4Ω，在接地装置处应有接地标志。电气控制部分应有防水、防震、防尘措施。其元件应排列整齐，连接牢固，绝缘可靠。电控柜门应装锁。

③控制用按钮开关动作应准确可靠，其外露部分由绝缘材料制成。

④带电零件与机体间的绝缘电阻不应低于2MΩ。

⑤电气系统必须设置过热、短路、漏电保护等装置。

⑥悬吊平台上必须设置紧急状态下切断主电源控制回路的急停按钮，该电路独立于各控制电路。急停按钮为红色，并有明显的“急停”标记，不能自动复位。

⑦电气控制箱按钮应动作可靠，标识清晰、准确。

⑧应采取防止随行电缆碰撞建筑物、过度拉紧或其他可能导致损坏的措施。

### 12.5.5 检查、操作和维护

1. 检查

（1）吊篮应经专业人员安装调试，并进行空载运行试验。操作系统、上限位装置、提升机、手动滑降装置、安全锁动作等均应灵活、安全可靠，方可使用。

（2）吊篮投入运行后，应按照使用说明书要求定期进行全面检查，并做好记录。

2. 操作

（1）吊篮的操作人员应经过培训，合格后并取得有效的证明方可进行操作。

（2）有架空输电线场所，吊篮的任何部位与输电线的安全距离不应小于10m。如果条件限制，应与有关部门协商，并采取安全防护措施后方可架设。

（3）每天工作前应经过安全检查员核实配重和检查悬挂机构。

（4）每天工作前应进行空载运行，以确认设备处于正常状态。

（5）吊篮上的操作人员应配置独立于悬吊平台的安全绳及安全带或其他安全装置，应严格遵守操作规程。

（6）吊篮严禁超载或带故障使用。

（7）吊篮在正常使用时，严禁使用安全锁制动。

（8）利用吊篮进行电焊作业时，严禁用吊篮做电焊接线回路，吊篮内严禁放置氧气瓶、乙炔瓶等易燃易爆品。

3. 维护

（1）吊篮应按使用说明书要求进行检查、测试、维护、保养。

（2）随行电缆损坏或有明显擦伤时，应立即维护和更换。

（3）控制线路和各种电器元件，动力线路的接触器应保持干燥、无灰尘污染。

（4）钢丝绳不得折弯，不得沾有砂浆及杂物等。

（5）定期检查安全锁；提升机若发生异常温升和声响，应立即停止使用。

（6）除非测试、检查和维修需要，任何人不得使安全装置或电器保护装置失效。在完成测试、检查和维修后，应立即将这些装置恢复到正常状态。

## 12.6 安全防护用品管理

个人劳动保护用品，是指在建筑施工现场，从事建筑施工活动的人员使用的安全帽、安全带以及安全（绝缘）鞋、防护眼镜、防护手套、防尘（毒）口罩等个人劳动保护用品（以下简称“劳动保护用品”）。应加强劳动保护用品的采购、发放、使用、管理。劳动保护用品的发放和管理，坚持“谁用工，谁负责”的原则。施工作业人员所在企业（包括总承包企业、专业承包企业、劳务企业等，下同）必须按国家规定免费发放劳动保护用品，更换已损坏或已到使用期限的劳动保护用品，不得收取或变相收取任何费用。劳动保护用品必须以实物形式发放，不得以货币或其他物品替代。

具体规定如下：

（1）企业应建立完善劳动保护用品的采购、验收、保管、发放、使用、更换、报废等规章制度。同时应建立相应的管理台账，管理台账保存期限不得少于两年，以保证劳动保护用品的质量具有可追溯性。

（2）企业采购和个人使用的安全帽、安全带及其他劳动防护用品等，必须符合《安全帽》（GB 2811）、《安全带》（GB 6095）及其他劳动保护用品相关国家标准的要求。企业和施工作业人员，不得采购和使用无安全标记或不符合国家相关标准要求的劳动保护用品。

（3）企业应当按照劳动保护用品采购管理制度的要求，明确企业内部有关部门、人员的采购管理职责。企业在一个地区组织施工的，可以集中统一采购；对企业工程项目分布在多个地区，集中统一采购有困难的，可由各地区或项目部集中采购。

（4）企业采购劳动保护用品时，应查验劳动保护用品生产厂家或供货商的生产、经营资格，验明商品合格证明和商品标识，以确保采购劳动保护用品的质量符合安全使用要求。企业应当向劳动保护用品生产厂家或供货商索要法定检验机构出具的检验报告或由供货商签字盖章的检验报告复印件，不能提供检验报告或检验报告复印件的劳动保护用品不得采购。

（5）企业应加强对施工作业人员的教育培训，保证施工作业人员能正确使用劳动保护用品。工程项目部应有教育培训的记录，有培训人员和被培训人员的签名和时间。

（6）企业应加强对施工作业人员劳动保护用品使用情况的检查，并对施工作业人员劳动保护用品的质量和正确使用负责。实行施工总承包的工程项目，施工总承包企业应加强对施工现场内所有施工作业人员劳动保护用品的监督检查。督促相关分包企业和人员正确使用劳动保护用品。

（7）施工作业人员有接受安全教育培训的权利，有按照工作岗位规定使用合格的劳动保护用品的权利；有拒绝违章指挥、拒绝使用不合格劳动保护用品的权利。同时，也负有正确使用劳动保护用品的义务。

（8）监理单位要加强对施工现场劳动保护用品的监督检查。发现有不使用或使用不符合要求的劳动保护用品，应责令相关企业立即改正。对拒不改正的，应向建设行政主管部门报告。

（9）建设单位应当及时、足额向施工企业支付安全措施专项经费，并督促施工企业落实安全防护措施，使用符合相关国家产品质量要求的劳动保护用品。

（10）各级建设行政主管部门应当加强对施工现场劳动保护用品使用情况的监督管理。发现有不使用或使用不符合要求的劳动保护用品的违法违规行为，应当责令改正；对因不使用或使用不符合要求的劳动保护用品造成事故或伤害的，应当依据《建设工程安全生产管理条例》和《安全生产许可证条例》等法律法规，对相关责任人给予行政处罚。

（11）各级建设行政主管部门应将企业劳动保护用品的发放、施工现场劳动保护用品的质量情况作为认定企业是否降低安全生产条件的内容之一；施工作业人员是否正确使用劳动保护用品情况作为考核企业安全生产教育培训是否到位的依据之一。

（12）各地建设行政主管部门可建立合格劳动保护用品的信息公告制度，为企业购买合格的劳动保护用品提供信息服务。同时依法加大对采购、使用不合格劳动保护用品的处罚力度。

（13）施工现场内，为保证施工作业人员安全与健康所需的其他劳动保护用品可参照本规定执行。

## 12.7 高处作业安全监理

### 12.7.1 基本规定

（1）在施工组织设计或施工技术方案中应按国家、行业相关规定并结合工程特点编制包括临边与洞口作业、攀登与悬空作业、操作平台、交叉作业及安全网搭设的安全防护技术措施等内容的高处作业安全技术措施。

（2）建筑施工高处作业前，应对安全防护设施进行检查、验收，验收合格后方可进行作业；验收可分层或分阶段进行。

（3）高处作业施工前，应对作业人员进行安全技术教育及交底，并应配备相应防护用品。

（4）高处作业施工前，应检查高处作业的安全标志、安全设施、工具、仪表、防火设施、电气设施和设备，确认其完好，方可进行施工。

（5）高处作业人员应按规定正确佩戴和使用高处作业安全防护用品、用具，并应经专人检查。

（6）对施工作业现场所有可能坠落的物料，应及时拆除或采取固定措施。高处作业所用的物料应堆放平稳，不得妨碍通行和装卸。工具应随手放入工具袋；作业中的走道、通道板和登高用具，应随时清理干净；拆卸下的物料及余料和废料应及时清理运走，不得任意放置或向下丢弃。传递物料时不得抛掷。

（7）施工现场应按规定设置消防器材，当进行焊接等动火作业时，应采取防火措施。

（8）在雨、霜、雾、雪等天气进行高处作业时，应采取防滑、防冻措施，并及时清除作业面上的水、冰、雪、霜。

（9）当遇有 6 级以上强风、浓雾、沙尘暴等恶劣气候，不得进行露天攀登与悬空高处作业。暴风雪及台风、暴雨后，应对高处作业安全设施进行检查，当发现有松动、变形、损坏或脱落等现象时，应立即修理完善，维修合格后再使用。

（10）需要临时拆除或变动安全防护设施时，应采取能代替原防护设施的可靠措施，作业后应立即恢复。

（11）安全防护设施验收资料应包括下列主要内容：

①施工组织设计中的安全技术措施或专项方案；

②安全防护用品用具产品合格证明；

③安全防护设施验收记录；

④预埋件隐蔽验收记录；

⑤安全防护设施变更记录及签证。

（12）安全防护设施验收应包括下列主要内容：

①防护栏杆立杆、横杆及挡脚板的设置、固定及其连接方式；

②攀登与悬空作业时的上下通道、防护栏杆等各类设施的搭设；

③操作平台及平台防护设施的搭设；

④防护棚的搭设；

⑤安全网的设置情况；

⑥安全防护设施构件、设备的性能与质量；

⑦防火设施的配备；

⑧各类设施所用的材料、配件的规格及材质；

⑨设施的节点构造及其与建筑物的固定情况，扣件和连接件的紧固程度。

（13）安全防护设施的验收应按类别逐项检查，验收合格后方可使用，并同时做验收记录。

（14）各类安全防护设施，应建立定期和不定期的检查和维修保养制度，发现隐患应及时采取整改措施。

### 12.7.2 临边与洞口作业的安全防护

1. 临边作业

（1）坠落高度基准面 2m 及以上进行临边作业时，应在临空一侧设置防护栏杆，并应采用密目式安全立网或工具式栏板封闭。

（2）分层施工的楼梯口、楼梯平台和梯段边，应安装防护栏杆；外设楼梯口、楼梯平台和梯段边还应采用密目式安全立网封闭。

（3）建筑物外围边沿处，应采用密目式安全立网进行全封闭，有外脚手架的工程，密目式安全立网应设置在脚手架外侧立杆上，并与脚手杆紧密连接；没有外脚手架的工程，应采用密目式安全立网将临边全封闭。

（4）施工升降机、龙门架和井架物料提升机等各类垂直运输设备设施与建筑物间设置的通道平台两侧边，应设置防护栏杆、挡脚板，并应采用密目式安全立网或工具式栏板封闭。

（5）各类垂直运输接料平台口应设置高度不低于 1.80m 的楼层防护门，并应设置防外开装置；多笼井架物料提升机通道中间，应分别设置隔离设施。

2. 临边防护栏杆应符合下列规定

（1）临边作业的防护栏杆应由横杆、立杆及不低于 180mm 高的挡脚板组成，并应符合下列规定：

①防护栏杆应为两道横杆，上杆距地面高度应为 1.2m，下杆应在上杆和挡脚板中间设置。当防护栏杆高度大于 1.2m 时，应增设横杆，横杆间距不应

大于 600mm；

②防护栏杆立杆间距不应大于 2m。

（2）防护栏杆杆件的规格及连接，应符合下列规定：

①当采用钢管作为防护栏杆杆件时，横杆及栏杆立杆应采用脚手钢管，并应采用扣件、焊接、定型套管等方式进行连接固定；

②当采用原木作为防护栏杆杆件时，杉木杆稍径不应小于 80mm，红松、落叶松稍径不应小于 70mm；栏杆立杆木杆稍径不应小于 70mm，并应采用 8 号镀锌铁丝或回火铁丝进行绑扎，绑扎应牢固紧密，不得出现泻滑现象。用过的铁丝不得重复使用；

③当采用其他型材做防护栏杆杆件时，应选用与脚手钢管材质强度相当规格的材料，并应采用螺栓、销轴或焊接等方式进行连接固定。

（3）栏杆立杆和横杆的设置、固定及连接，应确保防护栏杆在上下横杆和立杆任何处，均能承受任何方向的最小 1kN 外力作用，当栏杆所处位置有发生人群拥挤、车辆冲击和物件碰撞等可能时，应加大横杆截面或加密立杆间距。

（4）防护栏杆应张挂密目式安全立网。

3. 洞口作业

（1）在洞口作业时，应采取防坠落措施，并应符合下列规定：

①当垂直洞口短边边长小于 500mm 时，应采取封堵措施；当垂直洞口短边边长大于或等于 500mm 时，应在临空一侧设置高度不小于 1.2m 的防护栏杆，并应采用密目式安全立网或工具式栏板封闭，设置挡脚板；

②当非垂直洞口短边尺寸为 25～500mm 时，应采用承载力满足使用要求的盖板覆盖，盖板四周搁置应均衡，且应防止盖板移位；

③当非垂直洞口短边边长为 500～1500mm 时，应采用专项设计盖板覆盖，并应采取固定措施；

④当非垂直洞口短边边长大于或等于 1500mm 时，应在洞口作业侧设置高度不小于 1.2m 的防护栏杆，并应采用密目式安全立网或工具式栏板封闭；洞口应采用安全平网封闭。

（2）电梯井口应设置防护门，其高度不应小于 1.5m，防护门底端距地面高度不应大于 50mm，并应设置挡脚板。

（3）在进入电梯安装施工工序之前，同时井道内应每隔 10m 且不大于 2 层加设一道水平安全网。电梯井内的施工层上部，应设置隔离防护设施。

（4）施工现场通道附近的洞口、坑、沟、槽、高处临边等危险作业处，应悬挂安全警示标志外，夜间应设灯光警示。

（5）边长不大于500mm洞口所加盖板，应能承受不小于1.1kN/m$^2$的荷载。

（6）墙面等处落地的竖向洞口、窗台高度低于800mm的竖向洞口及框架结构在浇注完混凝土没有砌筑墙体时的洞口，应按临边防护要求设置防护栏杆。

## 12.7.3 操作平台

1. 一般规定

（1）操作平台应进行设计计算，架体构造与材质应满足相关现行国家、行业标准规定。

（2）面积、高度或荷载超过本规范规定的，应编制专项施工方案。

（3）操作平台的架体应采用钢管、型钢等组装，并应符合现行国家标准《钢结构设计规范》（GB 50017）及相关脚手架行业标准规定。平台面铺设的钢、木或竹胶合板等材质的脚手板，应符合强度要求，并应平整满铺及可靠固定。

（4）操作平台的临边应按规定设置防护栏杆，单独设置的操作平台应设置供人上下、踏步间距不大于400mm的扶梯。

（5）操作平台投入使用时，应在平台的内侧设置标明允许负载值的限载牌，物料应及时转运，不得超重与超高堆放。

2. 移动式操作平台，应符合下列规定

（1）移动式操作平台的面积不应超过10m$^2$，高度不应超过5m，高宽比不应大于3∶1，施工荷载不应超过1.5kN/m$^2$。

（2）移动式操作平台的轮子与平台架体连接应牢固，立柱底端离地面不得超过80mm，行走轮和导向轮应配有制动器或刹车闸等固定措施。

（3）移动式行走轮的承载力不应小于5kN，行走轮制动器的制动力矩不应小于2.5N·m，移动式操作平台架体应保持垂直，不得弯曲变形，行走轮的制动器除在移动情况外，均应保持制动状态。

（4）移动式操作平台在移动时，操作平台上不得站人。

3. 悬挑式钢平台，必须符合下列规定

（1）悬挑式操作平台的设置应符合下列规定：

①悬挑式操作平台的搁置点、拉结点、支撑点应设置在主体结构上，且应

可靠连接；

②未经专项设计的临时设施上，不得设置悬挑式操作平台；

③悬挑式操作平台的结构应稳定可靠，且其承载力应符合使用要求。

（2）悬挑式操作平台的悬挑长度不宜大于5m，承载力需经设计验收。

（3）采用斜拉方式的悬挑式操作平台应在平台两边各设置前后两道斜拉钢丝绳，每一道均应作单独受力计算和设置。

（4）采用支承方式的悬挑式操作平台，应在钢平台的下方设置不少于两道的斜撑，斜撑的一端应支承在钢平台主结构钢梁下，另一端支承在建筑物主体结构上。

（5）采用悬臂梁式的操作平台，应采用型钢制作悬挑梁或悬挑桁架，不得使用钢管，其节点应是螺栓或焊接的刚性节点，不得采用扣件连接。

（6）当平台板上的主梁采用与主体结构预埋件焊接时，预埋件、焊缝均应经设计计算，建筑主体结构需同时满足强度要求。

（7）悬挑式操作平台安装吊运时应使用起重吊环，与建筑物连接固定时应使用承载吊环。

（8）当悬挑式操作平台安装时，钢丝绳应采用专用的卡环连接，钢丝绳卡数量应与钢丝绳直径相匹配，且不得少于4个。钢丝绳卡的连接方法应满足规范要求。建筑物锐角利口周围系钢丝绳处应加衬软垫物。

（9）悬挑式操作平台的外侧应略高于内侧；外侧应安装固定的防护栏杆并应设置防护挡板完全封闭。

（10）不得在悬挑式操作平台吊运、安装时上人。

4. 落地式操作平台，应符合下列规定

（1）落地式操作平台的架体构造应符合下列规定：

①落地式操作平台的面积不应超过$10m^2$，高度不应超过15m，高宽比不应大于2.5：1；

②施工平台的施工荷载不应超过$2.0kN/m^2$，接料平台的施工荷载不应超过$3.0kN/m^2$；

③落地式操作平台应独立设置，并应与建筑物进行刚性连接，不得与脚手架连接；

④用脚手架搭设落地式操作平台时其结构构造应符合相关脚手架规范的规定，在立杆下部设置底座或垫板、纵向与横向扫地杆，在外立面设置剪刀撑或斜撑；

⑤落地式操作平台应从底层第一步水平杆起逐层设置连墙件且间隔不应大于4m，同时应设置水平剪刀撑。连墙件应采用可承受拉力和压力的构造，并应与建筑结构可靠连接。

（2）落地式操作平台的搭设材料及搭设技术要求、允许偏差应符合相关脚手架规范的规定。

（3）落地式操作平台应按相关脚手架规范的规定计算受弯构件强度、连接扣件抗滑承载力、立杆稳定性、连墙杆件强度与稳定性及连接强度、立杆地基承载力等。

（4）落地式操作平台一次搭设高度不应超过相邻连墙件以上两步。

（5）落地式操作平台的拆除应由上而下逐层进行，严禁上下同时作业，连墙件应随工程施工进度逐层拆除。

（6）落地式操作平台应符合有关脚手架规范的规定，检查与验收应符合下列规定：

①搭设操作平台的钢管和扣件应有产品合格证；

②搭设前应对基础进行检查验收，搭设中应随施工进度按结构层对操作平台进行检查验收；

③遇6级以上大风、雷雨、大雪等恶劣天气及停用超过一个月恢复，使用前应进行检查；

④操作平台使用中，应定期进行检查。

### 12.7.4 交叉作业

（1）施工现场立体交叉作业时，下层作业的位置，应处于坠落半径之外，模板、脚手架等拆除作业应适当增大坠落半径。当达不到规定时，应设置安全防护棚，下方应设置警戒隔离区，见表12-3。

**表12-3 坠落半径**

| 序号 | 上层作业高度（m） | 坠落半径（m） |
| --- | --- | --- |
| 1 | $2\leqslant h<5$ | 3 |
| 2 | $5\leqslant h<15$ | 4 |
| 3 | $15\leqslant h<30$ | 5 |
| 4 | $h\geqslant 30$ | 6 |

（2）处于起重设备的起重机臂回转范围之内的通道，顶部应搭设防护棚。

（3）操作平台内侧通道的上下方应设置阻挡物体坠落的隔离防护措施。

（4）防护棚的顶棚使用竹笆或胶合板搭设时，应采用双层搭设，间距不应小于700mm；当使用木板时，可采用单层搭设，木板厚度不应小于50mm，或可采用与木板等强度的其他材料搭设。防护棚的长度应根据建筑物高度与可能坠落半径确定。

（5）当建筑物高度大于24m、并采用木板搭设时，应搭设双层防护棚，两层防护棚的间距不应小于700mm。

（6）防护棚的架体构造、搭设与材质应符合设计要求。

（7）悬挑式防护棚悬挑杆的一端应与建筑物结构可靠连接。

（8）不得在防护棚棚顶堆放物料。

### 12.7.5 攀登作业

（1）施工组织设计或施工技术方案中应明确施工中使用的登高和攀登设施，人员登高应借助建筑结构或脚手架的上下通道、梯子及其他攀登设施和用具。

（2）攀登作业所用设施和用具的结构构造应牢固可靠；作用在踏步上的荷载在踏板上的荷载不应大于1.1kN，当梯面上有特殊作业，重量超过上述荷载时，应按实际情况验算。

（3）不得两人同时在梯子上作业。在通道处使用梯子作业时，应有专人监护或设置围栏。脚手架操作层上不得使用梯子进行作业。

（4）单梯不得垫高使用，使用时应与水平面成75°夹角，踏步不得缺失，其间距宜为300mm。当梯子需接长使用时，应有可靠的连接措施，接头不得超过1处。连接后梯梁的强度，不应低于单梯梯梁的强度。

（5）固定式直梯应采用金属材料制成，并符合现行国家标准《固定式钢直梯安全技术条件》（GB 4053.1）的规定；梯子内侧净宽应为400～600mm，固定直梯的支撑应采用不小于L70×6的角钢，埋设与焊接应牢固。直梯顶端的踏棍应与攀登的顶面齐平，并应加设1.05～1.5m高的扶手。

（6）使用固定式直梯进行攀登作业时，攀登高度宜为5m，且不超过10m。当攀登高度超过3m时，宜加设护笼，超过8m时，应设置梯间平台。

（7）当安装钢柱或钢结构时，应使用梯子或其他登高设施。当钢柱或钢结构接高时，应设置操作平台。当无电焊防风要求时，操作平台的防护栏杆高度不应小于 1.2m；有电焊防风要求时，操作平台的防护栏杆高度不应小于 1.8m。

（8）当安装三角形屋架时，应在屋脊处设置上下的扶梯；当安装梯形屋架时，应在两端设置上下的扶梯。扶梯的踏步间距不应大于 400mm。屋架弦杆安装时搭设的操作平台，应设置防护栏杆或用于作业人员拴挂安全带的安全绳。

（9）深基坑施工，应设置扶梯、入坑踏步及专用载人设备或斜道等，采用斜道时，应加设间距不大于 400mm 的防滑条等防滑措施。严禁沿坑壁、支撑或乘运土工具上下。

### 12.7.6 悬空作业

（1）悬空作业应设有牢固的立足点，并应配置登高和防坠落的设施。

（2）构件吊装和管道安装时的悬空作业应符合下列规定：

①钢结构吊装，构件宜在地面组装，安全设施应一并设置。吊装时，应在作业层下方设置一道水平安全网；

②吊装钢筋混凝土屋架、梁、柱等大型构件前，应在构件上预先设置登高通道、操作立足点等安全设施；

③在高空安装大模板、吊装第一块预制构件或单独的大中型预制构件时，应站在作业平台上操作；

④当吊装作业利用吊车梁等构件作为水平通道时，邻空面的一侧应设置连续的栏杆等防护措施。当采用钢索做安全绳时，钢索的一端应采用花兰螺栓收紧；当采用钢丝绳做安全绳时，绳的自然下垂度不应大于绳长的 1/20，并应控制在 100mm 以内；

⑤钢结构安装施工宜在施工层搭设水平通道，水平通道两侧应设置防护栏杆，当利用钢梁作为水平通道时，应在钢梁一侧设置连续的安全绳，安全绳宜采用钢丝绳；

⑥钢结构、管道等安装施工的安全防护设施宜采用标准化、定型化产品。

（3）严禁在未固定、无防护的构件及安装中的管道上作业或通行。

（4）模板支撑体系搭设和拆卸时的悬空作业，应符合下列规定：

①模板支撑应按规定的程序进行，不得在连接件和支撑件上攀登上下，不得在上下同一垂直面上装拆模板；

②在 2m 以上高处搭设与拆除柱式板及悬挑式模板时，应设置操作平台；

③在进行高处拆模作业时应配置登高用具或搭设支架。

（5）绑扎钢筋和预应力张拉时的悬空作业应符合下列规定：

①绑扎立柱和墙体钢筋，不得站在钢筋骨架上或攀登骨架；

②在 2m 以上的高处绑扎柱钢筋时，应搭设操作平台；

③在高处进行预应力张拉时，应搭设有防护挡板的操作平台。

（6）混凝土浇筑与结构施工时的悬空作业应符合下列规定：

①浇筑高度 2m 以上的混凝土结构构件时，应设置脚手架或操作平台；

②悬挑的混凝土梁、檐、外墙和边柱等结构施工时，应搭设脚手架或操作平台，并应设置防护栏杆，用密目式安全立网封闭。

（7）屋面作业时应符合下列规定：

①在坡度大于 1：2.2 的屋面上作业，当无外脚手架时，应在屋檐边设置不低于 1.5m 高的防护栏杆，并应采用密目式安全立网全封闭；

②在轻质型材等屋面上作业，应搭设临时走道板，不得在轻质型材上行走；安装压型板前，应采取在梁下支设安全平网或搭设脚手架等安全防护措施。

（8）外墙作业时应符合下列规定：

①门窗作业时，应有防坠落措施，操作人员在无安全防护措施情况下，不得站立在樘子、阳台栏板上作业；

②高处安装不得使用座板式单人吊具。

## 12.7.7 建筑施工安全网

（1）建筑施工安全网的选用应符合下列规定：

①安全网的材质、规格、要求及其物理性能、耐火性、阻燃性应满足现行国家标准《安全网》（GB 5725）规定；

②密目式安全立网的网目密度应为 $10cm \times 10cm = 100cm^2$ 面积上大于或等于 2000 目。

（2）当需采用平网进行防护时，严禁使用密目式安全立网代替平网使用。

（3）施工现场在使用密目式安全立网前，应检查产品分类标记、产品合格证、网目数及网体重量，确认合格方可使用。

（4）安全网的搭设应符合下列规定：

①安全网搭设应牢固、严密，完整有效，易于拆卸。安全网的支撑架应具有足够的强度和稳定性。

②密目式安全立网搭设时，每个开眼环扣应穿入系绳，系绳应绑扎在支撑架上，间距不得大于450mm。相邻密目网间应紧密结合或重叠。

③当立网用于龙门架、物料提升架及井架的封闭防护时，四周边绳应与支撑架贴紧，边绳的断裂张力不得小于3kN，系绳应绑在支撑架上，间距不得大于750mm。

④用于电梯井、钢结构和框架结构及构筑物封闭防护的平网应符合下列规定：

1）平网每个系结点上的边绳应与支撑架靠紧，边绳的断裂张力不得小于7kN，系绳沿网边均匀分布，间距不得大于750mm；

2）钢结构厂房和框架结构及构筑物在作业层下部应搭设平网，落地式支撑架应采用脚手钢管，悬挑式平网支撑架应采用直径不小于9.3mm的钢丝绳；

3）电梯井内平网网体与井壁的空隙不得大于25mm。安全网拉结应牢固。

# 第十三章　施工现场临时用电安全监理技术

## 13.1　施工现场临时用电平面布置

### 13.1.1　配电室

（1）配电室应靠近电源，并应设在灰尘少、潮气少、振动小、无腐蚀介质、无易燃易爆物及道路畅通的地方。

（2）成列的配电柜和控制柜两端应与重复接地线及保护零线做电气连接。

（3）配电室和控制室应能自然通风，并应采取防止雨雪侵入和动物进入的措施。

（4）配电室布置应符合下列要求：

①配电柜正面的操作通道宽度，单列布置或双列背对背布置不小于1.5m，双列面对面布置不小于2m；

②配电柜后面的维护通道宽度，单列布置或双列面对面布置不小于0.8m，双列背对背布置不小于1.5m，个别地点有建筑物结构凸出的地方，则此点通道宽度可减少0.2m；

③配电横侧面的维护通道宽度不小于1m；

④配电室的顶棚与地面的距离不小于3m；

⑤配电室内设置值班或检修室时，该室边缘距配电柜的水平距离大于1m，并采取屏障隔离；

⑥配电室内的裸母线与地面垂直距离小于2.5m时，采用遮拦隔离，遮拦下面通道的高度不小于1.9m；

⑦配电室围栏上端与其正上方带电部分的净距不小于0.075m；

⑧配电装置的上端距顶棚不小于0.5m；

⑨配电室内的母线涂刷有色油漆，以标志相序；

⑩配电室的建筑物和构筑物的耐火等级不低于3级，室内配置沙箱和可用于扑灭电气火灾的灭火器；

⑪配电室的门向外开，并配锁；

⑫配电室的照明分别设置正常照明和事故照明。

（5）配电柜应装设电度表，并应装设电流、电压表。电流表与计费电度表不得共用一组电流互感器。

（6）配电柜应装设电源隔离开关及短路、过载、漏电保护电器。电源隔离开关分断时应有明显可见分断点。

（7）配电柜应编号，并应有用途标记。

（8）配电柜或配电线路停电维修时，应挂接地线，并应悬挂“禁止合闸、有人工作”停电标志牌。停、送电必须由专人负责。

（9）配电室应保持整洁，不得堆放任何妨碍操作、维修的杂物。

## 13.1.2 配电线路

（1）电缆中必须包含全部工作芯线和用作保护零线或保护线的芯线。需要三相四线制配电的电缆线路必须采用五芯电缆。五芯电缆必须包含淡蓝、绿/黄双色的2种绝缘芯线。淡蓝色绝缘芯线必须用作N线；绿/黄双色绝缘芯线必须用作PE线，严禁混用。

（2）电缆截面的选择应根据其长期连续负荷允许载流量和允许电压偏移确定。

（3）电缆线路应采用埋地或架空敷设，严禁沿地面明设，并应避免机械损伤和介质腐蚀。埋地电缆路径应设方位标志。

（4）电缆类型应根据敷设方式、环境条件选择。埋地敷设宜选用铠装电缆；当选用无铠装电缆时，应能防水、防腐。架空敷设宜选用无铠装电缆。

（5）电缆直接埋地敷设的深度不应小于0.7m，并应在电缆紧邻上、下、左、右侧均匀敷设不小于50mm厚的细砂，然后覆盖砖或混凝土板等硬质保护层。

（6）埋地电缆在穿越建筑物、构筑物、道路、易受机械损伤、介质腐蚀场所及引出地面从2.0m高到地下0.2m处，必须加设防护套管，防护套管内径不应小于电缆外径的1.5倍。

（7）埋地电缆与其附近外电电缆和管沟的平行间距不得小于2m，交叉间距不得小于1m。

（8）埋地电缆的接头应设在地面上的接线盒内，接线盒应能防水、防尘、防机械损伤，并应远离易燃、易爆、易腐蚀场所。

（9）架空电缆应沿电杆、支架或墙壁敷设，并采用绝缘子固定，绑扎线必须采用绝缘线，固定点间距应保证电缆能承受自重所带来的荷载，沿墙壁敷设时最大弧垂距地不得小于2.0m。架空电缆严禁沿脚手架、树木或其他设施敷设。

（10）在建工程内的电缆线路必须采用电缆埋地引入，严禁穿越脚手架引入。电缆垂直敷设应充分利用在建工程的竖井、垂直孔洞等，并宜靠近用电负荷中心，固定点每楼层不得少于一处。电缆水平敷设宜沿墙或门口刚性固定，最大弧垂距地不得小于2.0m。装饰装修工程或其他特殊阶段，应补充编制单项施工用电方案。电源线可沿墙角、地面敷设，但应采取防机械损伤和电火措施。

（11）电缆线路必须有短路保护和过载保护。

## 13.2 施工用电安全监理技术

新建、改建和扩建的工业与民用建筑和市政基础设施施工现场临时用电工程中的电源中性点直接接地的220/380V三相四线制低压电力系统的设计、安装、使用、维修和拆除要符合相关规范规定。建筑施工现场临时用电工程专用的电源中性点直接接地的220/380V三相四线制低压电力系统，必须符合下列规定：采用三级配电系统；采用TN－S接零保护系统；采用二级漏电保护系统。

### 13.2.1 临时用电管理

1. 临时用电组织设计

（1）施工现场临时用电设备在5台及以上或设备总容量在50kW及以上者，应编制用电组织设计。

（2）施工现场临时用电组织设计应包括下列内容：

①现场勘测；

②确定电源进线、变电所或配电室、配电装置、用电设备位置及线路走向；

③进行负荷计算；

④选择变压器；

⑤设计配电系统：

1）设计配电线路，选择导线或电缆；

2）设计配电装置，选择电器；

3）设计接地装置；

4）绘制临时用电工程图纸，主要包括用电工程总平面图、配电装置布置图、配电系统接线图、接地装置设计图。

⑥设计防雷装置；

⑦确定防护措施；

⑧制定安全用电措施和电气防火措施。

（3）临时用电工程图纸应单独绘制，临时用电工程应按图施工。

（4）临时用电组织设计及变更时，必须履行“编制、审核、批准”程序，由电气工程技术人员组织编制，经相关部门审核及具有法人资格企业的技术负责人批准后实施。变更用电组织设计时应补充有关图纸资料。

（5）临时用电工程必须经编制、审核、批准部门和使用单位共同验收，验收合格后方可投入使用。

（6）施工现场临时用电设备在5台以下和设备总容量在50kW以下者，应制定安全用电和电气防火措施。

2. 电工及用电人员

（1）电工必须经过按国家现行标准考核合格后，持证上岗工作；其他用电人员必须通过相关安全教育培训和技术交底，考核合格后方可上岗工作。

（2）安装、巡检、维修或拆除临时用电设备和线路，必须由电工完成，并应有人监护。电工等级应同工程的难易程度和技术复杂性相适应。

（3）各类用电人员应掌握安全用电基本知识和所用设备的性能，并应符合下列规定：

①使用电气设备前必须按规定穿戴和配备好相应的劳动防护用品，并应检查电气装置和保护设施，严禁设备带“缺陷”运转；

②保管和维护所用设备，发现问题及时报告解决；

③暂时停用设备的开关箱必须分断电源隔离开关，并应关门上锁；

④移动电气设备时，必须经电工切断电源并做妥善处理后进行。

3. 安全技术档案

（1）施工现场临时用电必须建立安全技术档案，并应包括下列内容：

①用电组织设计的全部资料；

②修改用电组织设计的资料；

③用电技术交底资料；

④用电工程检查验收表；

⑤电气设备的调试、检验凭单和调试记录；

⑥接地电阻、绝缘电阻和漏电保护器漏电动作参数测定记录表；

⑦电工安装、巡检、维修、拆除工作记录。

（2）安全技术档案应由主管该现场的电气技术人员负责建立与管理。其中“电工安装、巡检、维修、拆除工作记录”可指定电工代管，每周由项目经理审核认可，并应在临时用电工程拆除后统一归档。

（3）临时用电工程应定期检查。定期检查时，应复查接地电阻值和绝缘电阻值。

（4）临时用电工程定期检查应按分部、分项工程进行，对安全隐患必须及时处理，并应履行复查验收手续。

## 13.2.2 外电线路及电气设备防护

1. 外电线路防护

（1）在建工程不得在外电架空线路正下方施工、搭设作业棚、建造生活设施或堆放构件、架具、材料及其他杂物等。

（2）在建工程（含脚手架）的周边与外电架空线路的边线之间的最小安全操作距离应符合表 13－1 规定。

**表 13－1 在建工程（含脚手架）的周边与外电架空线路的边线之间的最小安全操作距离**

| 外电线路电压等级（kV） | <1 | 1～10 | 35～110 | 220 | 330～500 |
|---|---|---|---|---|---|
| 最小安全操作距离（m） | 4.0 | 6.0 | 8.0 | 10 | 15 |

注：上、下脚手架的斜道不宜设在有外电线路的一侧。

（3）施工现场的机动车道与外电架空线路交叉时，架空线路的最低点与路面的最小垂直距离应符合表 13－2 规定。

**表 13－2 施工现场的机动车道与外电架空线路交叉时的最小垂直距离**

| 外电线路电压等级（kV） | <1 | 1～10 | 35 |
|---|---|---|---|
| 最小垂直距离（m） | 6.0 | 7.0 | 7.0 |

（4）起重机严禁越过无防护设施的外电架空线路作业。在外电架空线路附近吊装时，起重机的任何部位或被吊物边缘在最大偏斜时与架空线路边线的最小安全距离应符合表 13－3 规定。

**表 13－3　起重机与架空线路边线的最小安全距离**

| 安全距离（m）＼电压（kV） | <1 | 10 | 35 | 110 | 220 | 330 | 500 |
|---|---|---|---|---|---|---|---|
| 沿垂直方向 | 1.5 | 3.0 | 4.0 | 5.0 | 6.0 | 7.0 | 8.5 |
| 沿水平方向 | 1.5 | 2.0 | 3.5 | 4.0 | 6.0 | 7.0 | 8.5 |

（5）施工现场开挖沟槽边缘与外电埋地电缆沟槽边缘之间的距离不得小于0.5m。

（6）当达不到以上规定时，必须采取绝缘隔离防护措施，并应悬挂醒目的警告标志。

架设防护设施时，必须经有关部门批准，采用线路暂时停电或其他可靠的安全技术措施，并应有电气工程技术人员和专职安全人员监护。

防护设施与外电线路之间的安全距离不应小于表 13－4 所列数值。

防护设施应坚固、稳定，且对外电线路的隔离防护应达到 IP30 级。

**表 13－4　防护设施与外电线路之间的最小安全距离**

| 外电线路电压等级（kV） | ≤10 | 35 | 110 | 220 | 330 | 500 |
|---|---|---|---|---|---|---|
| 最小安全距离（m） | 1.7 | 2.0 | 2.5 | 4.0 | 5.0 | 6.0 |

（7）当防护措施无法实现时，必须与有关部门协商，采取停电、迁移外电线路或改变工程位置等措施，未采取上述措施的严禁施工。

（8）在外电架空线路附近开挖沟槽时，必须会同有关部门采取加固措施，防止外电架空线路电杆倾斜、悬倒。

2. 电气设备防护

（1）电气设备现场周围不得存放易燃易爆物、污源和腐蚀介质，否则应予清除或做防护处置，其防护等级必须与环境条件相适应。

（2）电气设备设置场所应能避免物体打击和机械损伤，否则应做防护处置。

## 13.2.3 接地与防雷

1. 一般规定

(1) 在施工现场专用变压器的供电的 TN－S 接零保护系统中，电气设备的金属外壳必须与保护零线连接。保护零线应由工作接地线、配电室（总配电箱）电源侧零线或总漏电保护器电源侧零线处引出（见图 13－1）。

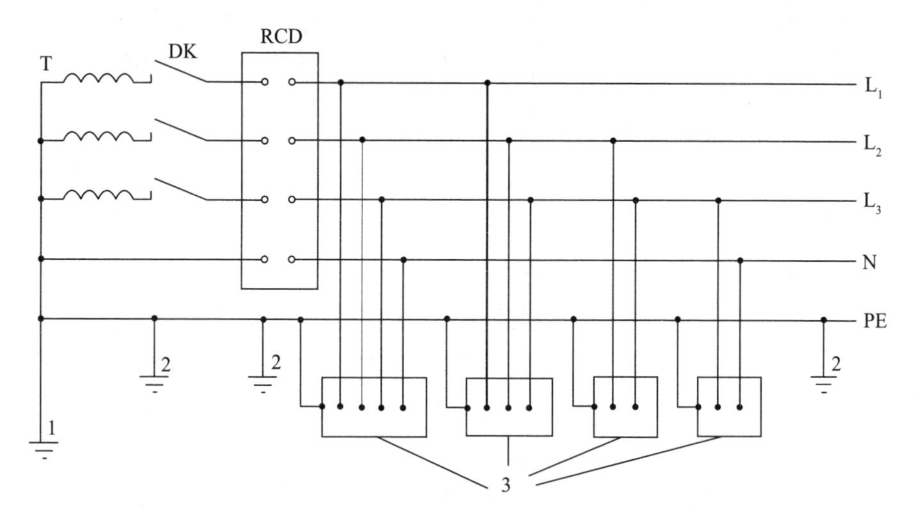


**图 13－1 专用变压器供电时 TN－S 接零保护系统示意图**

1—工作接地；2—PE 线重复接地；3—电气设备金属外壳（正常不带电的外露可导电部分）；$L_1$、$L_2$、$L_3$—相线；N—工作零线；PE—保护零线；DK—总电源隔离开关；RCD—总漏电保护器（兼有短路、过载、漏电保护功能的漏电断路器）；T—变压器

(2) 当施工现场与外电线路共用同一供电系统时，电气设备的接地、接零保护应与原系统保持一致。不得一部分设备做保护接零，另一部分设备做保护接地。

采用 TN 系统做保护接零时，工作零线（N 线）必须通过总漏电保护器，保护零线（PE 线）必须由电源进线零线重复接地处或总漏电保护器电源侧零线处，引出形成局部 TN－S 接零保护系统（见图 13－2）。

(3) 在 TN 接零保护系统中，通过总漏电保护器的工作零线与保护零线之间不得再做电气连接。

(4) 在 TN 接零保护系统中，PE 零线应单独敷设。重复接地线必须与 PE 线相连接，严禁与 N 线相连接。

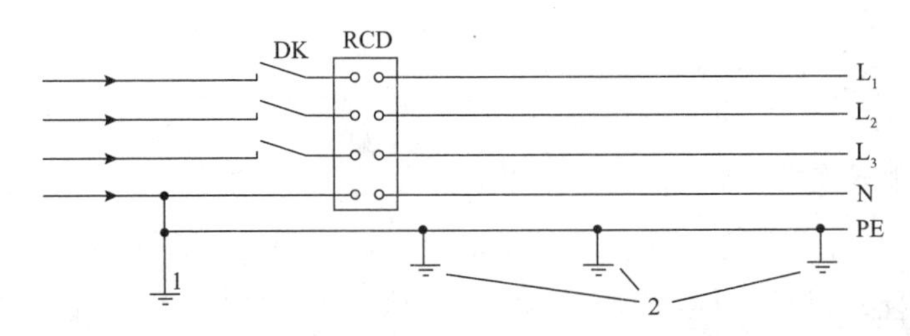


**图 13-2 三相四线供电时局部 TN-S 接零保护系统保护零线引出示意图**

1—NPE 线重复接地；2—PE 线重复接地；$L_1$、$L_2$、$L_3$—相线；N—工作零线；PE—保护零线；DK—总电源隔离开关；RCD—总漏电保护器（兼有短路、过载、漏电保护功能的漏电断路器）

（5）使用一次侧由 50V 以上电压的接零保护系统供电，二次侧为 50V 及以下电压的安全隔离变压器时，二次侧不得接地，并应将二次线路用绝缘管保护或采用橡皮护套软线。

当采用普通隔离变压器时，其二次侧一端应接地，且变压器正常不带电的外露可导电部分应与一次回路保护零线相连接。

以上变压器尚应采取防直接接触带电体的保护措施。

（6）施工现场的临时用电电力系统严禁利用大地做相线或零线。

（7）接地装置的设置应考虑土壤干燥或冻结等季节变化的影响，并应符合表 13-5 的规定，但防雷装置的冲击接地电阻值只考虑在雷雨季节中土壤干燥状态的影响。

**表 13-5 接地装置的季节系数 ψ 值表**

| 埋深（m） | 水平接地体 | 长 2~3m 的垂直接地体 |
|---|---|---|
| 0.5 | 1.4~1.8 | 1.2~1.4 |
| 0.8~1.0 | 1.25~1.45 | 1.15~1.3 |
| 2.5~3.0 | 1.0~1.1 | 1.0~1.1 |

注：大地比较干燥时，取表中较小值；大地比较潮湿时，取表中较大值。

（8）PE 线所用材质与相线、工作零线（N 线）相同时，其最小截面应符合表 13-6 的规定。

**表 13-6 PE 线截面与相线截面的关系表**

| 相线芯线截面 S（$mm^2$） | PE 线最小截面（$mm^2$） |
|---|---|
| S≤16 | 5 |
| 16<S≤35 | 16 |
| S>35 | S/2 |

（9）保护零线必须采用绝缘导线。配电装置和电动机械相连接的 PE 线应为截面不小于 2.5$mm^2$ 的绝缘多股铜线。手持式电动工具的 PE 线应为截面不小于 1.5$mm^2$ 的绝缘多股铜线。

（10）PE 线上严禁装设开关或熔断器，严禁通过工作电流，且严禁断线。

（11）相线、N 线、PE 线的颜色标记必须符合以下规定：相线 $L_1$（A）、$L_2$（B）、$L_3$（C）相序的绝缘颜色依次为黄、绿、红色；N 线的绝缘颜色为淡蓝色；PE 线的绝缘颜色为绿/黄双色。任何情况下上述颜色标记严禁混用和互相代用。

2. 保护接零

（1）在 TN 系统中，下列电气设备不带电的外露可导电部分应做保护接零：

①电机、变压器、电器、照明器具、手持式电动工具的金属外壳；

②电气设备传动装置的金属部件；

③配电柜与控制柜的金属框架；

④配电装置的金属箱体、框架及靠近带电部分的金属围栏和金属门；

⑤电力线路的金属保护管、敷线的钢索、起重机的底座和轨道、滑升模板金属操作平台等；

⑥安装在电力线路杆（塔）上的开关、电容器等电气装置的金属外壳及支架。

（2）城防、人防、隧道等潮湿或条件特别恶劣施工现场的电气设备必须采用保护接零。

（3）在 TN 系统中，下列电气设备不带电的外露可导电部分，可不做保护接零：

①在木质、沥青等不良导电地坪的干燥房间内，交流电压 380V 及以下的电气装置金属外壳（当维修人员可能同时触及电气设备金属外壳和接地金属物件时除外）；

②安装在配电柜、控制柜金属框架和配电箱的金属箱体上，且与其可靠电气连接的电气测量仪表、电流互感器、电器的金属外壳。

3. 接地与接地电阻

（1）单台容量超过 100kVA 或使用同一接地装置并联运行且总容量超过 100kVA 的电力变压器或发电机的工作接地电阻值不得大于 4Ω。

单台容量不超过 100kVA 或使用同一接地装置并联运行且总容量不超过

100kVA 的电力变压器或发电机的工作接地电阻值不得大于 10Ω。

在土壤电阻率大于 1000Ω 的地区，当达到上述接地电阻值有困难时，工作接地电阻值可提高到 30Ω。

（2）TN 系统中的保护零线除必须在配电室或总配电箱处做重复接地外，还必须在配电系统的中间处和末端处做重复接地。

在 TN 系统中，保护零线每一处重复接地装置的接地电阻值不应大于 10Ω。在工作接地电阻值允许达到 10Ω 的电力系统中，所有重复接地的等效电阻值不应大于 10Ω。

（3）在 TN 系统中，严禁将单独敷设的工作零线再做重复接地。

（4）每一接地装置的接地线应采用 2 根及以上导体，在不同点与接地体做电气连接。不得采用铝导体做接地体或地下接地线。垂直接地体宜采用角钢、钢管或光面圆钢，不得采用螺纹钢。

接地可利用自然接地体，但应保证其电气连接和热稳定。

（5）移动式发电机供电的用电设备，其金属外壳或底座应与发电机电源的接地装置有可靠的电气连接。

（6）移动式发电机系统接地应符合电力变压器系统接地的要求。下列情况可不另做保护接零：

①移动式发电机和用电设备固定在同一金属支架上，且不供给其他设备用电时；

②不超过 2 台的用电设备由专用的移动式发电机供电，供电、用电设备间距不超过 50m，且供电、用电设备的金属外壳之间有可靠的电气连接。

（7）在有静电的施工现场内，对集聚在机械设备上的静电应采取接地泄漏措施。每组专设的静电接地体的接地电阻值不应大于 100Ω，高土壤电阻率地区接地电阻值不应大于 1000Ω。

4. 防雷

（1）在土壤电阻率低于 200Ω 区域的电杆可不另设防雷接地装置，但在配电室的架空进线或出线处应将绝缘子铁脚与配电室的接地装置相连接。

（2）施工现场内的起重机、井字架、龙门架等机械设备，以及钢脚手架和正在施工的在建工程等的金属结构，当在相邻建筑物、构筑物等设施的防雷装置接闪器的保护范围以外时，应按规定安装防雷装置。

（3）机械设备或设施的防雷引下线可利用该设备或设施的金属结构体，但应保证电气连接。

（4）机械设备上的避雷针（接闪器）长度应为 1 ~ 2m。塔式起重机可不另设避雷针（接闪器）。

（5）安装避雷针（接闪器）的机械设备，所有固定的动力、控制、照明、信号及通信线路，宜采用钢管敷设。钢管与该机械设备的金属结构体应做电气连接。

（6）施工现场内所有防雷装置的冲击接地电阻值不得大于 30Ω。

（7）做防雷接地机械上的电气设备，所连接的 PE 线必须同时做重复接地，同一台机械电气设备的重复接地和机械的防雷接地可共用同一接地体，但接地电阻应符合重复接地电阻值的要求。

### 13.2.4 配电箱及开关箱

（1）配电系统应设置配电柜或总配电箱、分配电箱、开关箱，实行三级配电。

配电系统宜使三相负荷平衡。220V 或 380V 单相用电设备宜接入 220/380V 三相四线系统；当单相照明线路电流大于 30A 时，宜采用 220/380V 三相四线制供电。

（2）总配电箱以下可设若干分配电箱；分配电箱以下可设若干开关箱。

总配电箱应设在靠近电源的区域，分配电箱应设在用电设备或负荷相对集中的区域，分配电箱与开关箱的距离不得超过 30m，开关箱与其控制的固定式用电设备的水平距离不宜超过 3m。

（3）每台用电设备必须有各自专用的开关箱，严禁用同一个开关箱直接控制 2 台及 2 台以上用电设备（含插座）。

（4）动力配电箱与照明配电箱宜分别设置。当合并设置为同一配电箱时，动力和照明应分路配电；动力开关箱与照明开关箱必须分设。

（5）配电箱、开关箱应装设在干燥、通风及常温场所，不得装设在有严重损伤作用的瓦斯、烟气、潮气及其他有害介质中，亦不得装设在易受外来固体物撞击、强烈振动、液体浸溅及热源烘烤场所。否则，应予清除或做防护处理。

（6）配电箱、开关箱周围应有足够 2 人同时工作的空间和通道，不得堆放任何妨碍操作、维修的物品，不得有灌木、杂草。

（7）配电箱、开关箱应采用冷轧钢板或阻燃绝缘材料制作，钢板厚度应为 1.2 ~ 2.0mm，其中开关箱箱体钢板厚度不得小于 1.2mm，配电箱箱体钢板厚度不得小于1.5mm箱体表面应做防腐处理。

(8) 配电箱、开关箱应装设端正、牢固。固定式配电箱、开关箱的中心点与地面的垂直距离应为1.4~1.6m。移动式配电箱、开关箱应装设在坚固、稳定的支架上。其中心点与地面的垂直距离宜为0.8~1.6m。

(9) 配电箱、开关箱内的电器（含插座）应先安装在金属或非木质阻燃绝缘电器安装板上，然后方可整体紧固在配电箱、开关箱箱体内。

金属电器安装板与金属箱体应做电气连接。

(10) 配电箱、开关箱内的电器（含插座）应按其规定位置紧固在电器安装板上，不得歪斜和松动。

(11) 配电箱的电器安装板上必须分设N线端子板和PE线端子板。N线端子板必须与金属电器安装板绝缘；PE线端子板必须与金属电器安装板做电气连接。

进出线中的N线必须通过N线端子板连接；PE线必须通过PE线端子板连接。

(12) 配电箱、开关箱内的连接线必须采用铜芯绝缘导线。

(13) 配电箱、开关箱的金属箱体、金属电器安装板以及电器正常不带电的金属底座、外壳等必须通过PE线端子板与PE线做电气连接，金属箱门与金属箱体必须通过采用编织软铜线做电气连接。

(14) 配电箱、开关箱中导线的进线口和出线口应设在箱体的下底面。

(15) 配电箱、开关箱的进、出线口应配置固定线卡，进出线应加绝缘护套并成束卡固在箱体上，不得与箱体直接接触。移动式配电箱、开关箱的进、出线应采用橡皮护套绝缘电缆，不得有接头。

(16) 配电箱、开关箱外形结构应能防雨、防尘。

# 第十四章　建筑起重机械安全监理

## 14.1　建筑起重机械安全管理规定

### 14.1.1　建筑起重机械的购置和租赁

建筑施工企业应当从具有设备制造许可的生产厂家购置或从合法的租赁公司租赁有制造许可的合格产品和配件。

（1）施工现场使用本企业自购建筑起重机械，企业工程项目部应当要求设备管理部门提供该建筑起重机械的制造许可证、产品合格证、制造监督检验证明、备案证明、自检合格证明、安装使用说明书等材料。

（2）施工现场租赁建筑起重机械，承租单位（使用单位）与租赁公司（出租单位）签订的租赁合同中，应当明确双方的安全责任。出租单位向施工单位提交制造许可证、产品合格证、制造监督检验证明、备案证明、自检合格证明、安装使用说明书等材料，并对此真实性、合法性负责。

（3）出租单位、自购建筑起重机械的使用单位，应当建立建筑起重机械安全技术档案。建筑起重机械安全技术档案应当包括以下资料：

①购销合同、制造许可证、产品合格证（包括出厂日期）、制造监督检验证明、安装使用说明书、备案证明等原始资料；

②定期检验报告、定期自行检查记录、定期维护保养记录、维修和技术改造记录、运行故障和生产安全事故记录、累计运转记录等运行资料；

③历次安装验收资料。

### 14.1.2　施工管理

1. 基础施工

（1）安装单位应当按照安装使用说明书所规定的要求施工，无法满足规定的要求时，应当进行基础设计。基础设计应由具有相应资质的设计单位承担，并结合设备制造厂家提供的使用说明书的要求确定。

（2）安装单位应当与使用单位办理基础交接验收手续。基础应当有隐蔽工程验收记录、混凝土强度报告、接地电阻检测记录以及接地装置的设置方式（独立设置或与建筑物接地连通）。

2. 安装、拆卸

（1）安装单位与使用单位签订的安装、拆卸合同中，应当明确双方的安全责任。

（2）安装单位应当具有相应资质和安全生产许可证，在其资质许可范围内承揽建筑起重机械安装、拆卸工程。

（3）安装单位应当编制安装、拆卸工程专项施工方案，并报使用单位、监理单位审查。

（4）从事安装、拆卸作业的安装拆卸工、起重司机、起重信号工、司索工、建筑电工等作业人员，应当持有相应的建筑施工特种作业人员操作资格证书，并与安装单位签订有效的劳动合同。

（5）安装单位应当对进入施工现场作业的人员进行安全教育，技术人员应当对作业人员进行安全施工技术交底。

（6）安装、加节、拆卸作业，安装单位的技术负责人、安全员应当在现场带班指挥、检查。

（7）安装完毕后，安装单位应当进行调试和试运转，应当向使用单位出具自检合格证明，并提交安全使用说明。

（8）安装单位应当建立建筑起重机械安装、拆卸工程档案。建筑起重机械安装、拆卸工程档案应当包括以下资料：

①安装、拆卸合同及安全协议书；

②安装、拆卸工程专项施工方案；

③安全施工技术交底的有关资料；

④安装工程验收资料；

⑤安装、拆卸工程生产安全事故应急救援预案。

### 14.1.3 检测

（1）塔式起重机、施工升降机等建筑工程中使用的特种设备，使用单位应当向具有特种设备检验合法资质并经当地住房和城乡建设行政主管部门认可的检验检测机构提出安装检测申请。

（2）从事检验检测工作的人员应当持有有效的检验资格证书，并与检验检测机构签订有效的劳动合同。

（3）建筑起重机械使用前应当经检验检测机构监督检验合格，取得安装检测合格报告后方可使用。

### 14.1.4 验收、登记

（1）建筑起重机械安装完毕并经检验检测合格后，使用单位应当组织出租、安装、监理等有关单位进行验收，合格后方可投入使用。对验收中各方提出的安全问题，各责任方应当在规定时间内整改完毕。实行施工总承包的，由施工总承包单位组织验收。

（2）使用单位应当自建筑起重机械安装验收合格之日起 30 日内，将建筑起重机械安装验收资料、安全管理制度以及特种作业人员名单等，向工程所在地县级以上住房和城乡建设行政主管部门办理建筑起重机械使用登记。登记标志置于或者附着于该设备的显著位置。

### 14.1.5 使用管理

（1）使用单位应当制定安全生产事故应急救援预案。起重机司机、施工升降机司机、卷扬机司机，以及指挥人员（司索信号工）应当持有建筑施工特种作业人员操作资格证书，并与使用单位签订有效的劳动合同。

（2）使用单位应当对起重机司机、施工升降机司机、卷扬机司机，以及指挥人员（司索信号工）进行安全教育和安全技术交底。

（3）使用单位应当选择具有资质并经当地住房和城乡建设行政主管部门备案的维修保养单位负责在用建筑起重机械的维护保养工作。维修保养单位应按照使用说明书及合同的规定，对承揽维护保养的建筑起重机械进行保养、维修。维修、保养应做记录，维保人员应当签字，使用单位项目部应当留存一份。

（4）使用单位应当按照每月不少于一次的频率，组织安装和维修保养单位对建筑起重机械的主要受力结构件、安全附件、安全保护装置、运行机构、控制系统等进行日常维护保养，并做记录。配备符合安全要求的索具、吊具，加强日常安全检查和维护保养，保证索具、吊具安全使用。经常性检查的主要内容：

①高强螺栓的连接是否有效、是否有损坏，销轴连接是否有效、连接键之间的间隙是否增大；结构是否有明显变形和严重腐蚀（是否超过原厚度的10%）；

②主要受力位置的焊缝是否有裂纹（包括标准节与回转的连接位置、塔机根部、有斜撑的在斜撑支点上部位置）；

③安全装置，重点检查起重量限制器及力矩限制器的有效性试验检查，并做好记录。带有铅封的，检查铅封的完好性，未经管理部门认可不得拆除和破坏；

④电气设备和用电布设是否符合规范要求。

（5）多台塔式起重机在同一施工现场交叉作业时，应当有防碰撞的安全措施。使用单位须将安全措施报监理单位审核，并报住房和城乡建设行政主管部门备案。依法发包给两个及两个以上施工单位的工程，不同施工单位在同一施工现场使用多台塔式起重机作业时，建设单位应当协调组织制定防碰撞的安全措施。

（6）升高加节时，每一次加节完毕后，安装单位应当进行自检并做好记录，使用单位应当组织验收，合格后方可投入使用。安装前安装单位应对所用的螺栓和销轴进行检查：

①选用符合使用说明书及相关标准要求的螺栓和销轴；

②高强螺栓使用次数不得超过两次，不得严重锈蚀；

③销轴及销轴孔不得有磨损变形等缺陷；

④严格控制塔机和施工升降机的自由端高度，严禁超出规定要求。

（7）施工升降机和物料提升机在地面通道口应当按照规定搭设防护棚。

（8）施工升降机和物料提升机的停层平台应当编制专项施工方案，并设置楼层编号、联络信号装置、限载标志、照明灯。安全防护设施应当符合要求，施工升降机（含钢丝绳式）防坠装置应选用可进行现场做防坠试验的产品，并在有效标定期内。

### 14.1.6 监理要求

（1）审核建筑起重机械特种设备制造许可证、产品合格证、制造监督检验证明、备案证明和使用登记等文件。

（2）审核建筑起重机械安装单位资质证书、安全生产许可证和特种作业人员操作资格证书。

（3）审核建筑起重机械安装、拆卸工程专项施工方案和安全生产事故应急救援预案。

（4）审核使用单位安全生产事故应急救援预案。

（5）审核使用单位起重机司机、施工升降机司机、卷扬机司机，以及指挥人员等建筑施工特种作业人员操作资格证书。

（6）在监理实施建筑起重机械安装、拆卸工程专项施工方案和使用建筑起重机械时，发现存在安全隐患，应当要求安装单位或使用单位限期整改。对安装单位、使用单位拒不整改的，应当及时向建设单位和住房和城乡建设行政主管部门报告。

## 14.2 塔式起重机安全监理

### 14.2.1 基本规定

（1）塔式起重机安装、拆卸单位必须具有从事塔式起重机安装、拆卸业务的资质。

（2）塔式起重机安装、拆卸单位应具备安全管理保证体系，有健全的安全管理制度。

（3）塔式起重机安装、拆卸作业应配备下列人员：

①持有安全生产考核合格证书的项目负责人和安全负责人、机械管理人员；

②具有建筑施工特种作业操作资格证书的建筑起重机械安装拆卸工、起重司机、起重信号工、司索工等特种作业操作人员。

（4）塔式起重机应具有特种设备制造许可证、产品合格证、制造监督检验证明，并已在县级以上地方建设主管部门备案登记。

（5）塔机启用前应检查下列项目：

①塔式起重机的备案登记证明等文件；

②建筑施工特种作业人员的操作资格证书；

③专项施工方案；

④辅助起重机械的合格证及操作人员资格证书。

（6）对塔式起重机应建立技术档案，其技术档案应包括下列内容：

①购销合同、制造许可证、产品合格证、制造监督检验证明、使用说明书、备案证明等原始资料；

②定期检验报告、定期自行检查记录、定期维护保养记录、维修和技术改造记录、运行故障和生产安全事故记录、累计运转记录等运行资料；

③历次安装验收资料。

（7）塔式起重机的选型和布置应满足工程施工要求，便于安装和拆卸，并不得损害周边其他建筑物或构筑物。

（8）有下列情况之一的塔式起重机严禁使用：

①国家明令淘汰的产品；

②超过规定使用年限经评估不合格的产品；

③不符合国家现行相关标准的产品；

④没有完整安全技术档案的产品。

（9）塔式起重机安装、拆卸前，应编制专项施工方案，指导作业人员实施安装、拆卸作业。专项施工方案应根据塔式起重机使用说明书和作业场地的实际情况编制，并应符合国家现行相关标准的规定。专项施工方案应由本单位技术、安全、设备等部门审核、技术负责人审批后，经监理单位批准实施。

（10）塔式起重机安装前应编制专项施工方案，并应包括下列内容：

①工程概况；

②安装位置平面和立面图；

③所选用的塔式起重机型号及性能技术参数；

④基础和附着装置的设置；

⑤爬升工况及附着节点详图；

⑥安装顺序和安全质量要求；

⑦主要安装部件的重量和吊点位置；

⑧安装辅助设备的型号、性能及布置位置；

⑨电源的设置；

⑩施工人员配置；

⑪吊索具和专用工具的配备；

⑫安装工艺程序；

⑬安全装置的调试；

⑭重大危险源和安全技术措施；

⑮应急预案等。

（11）塔式起重机拆卸专项方案应包括下列内容：

①工程概况；

②塔式起重机位置的平面和立面图；

③拆卸顺序；

④部件的重量和吊点位置；

⑤拆卸辅助设备的型号、性能及布置位置；

⑥电源的设置；

⑦施工人员配置；

⑧吊索具和专用工具的配备；

⑨重大危险源和安全技术措施；

⑩应急预案等。

（12）塔式起重机与架空输电线的安全距离应符合现行国家标准《塔式起重机安全规程》（GB 5144）的规定。

（13）当多台塔式起重机在同一施工现场交叉作业时，应编制专项方案，并应采取防碰撞的安全措施。任意两台塔式起重机之间的最小架设距离应符合下列规定：

①低位塔式起重机的起重臂端部与另一台塔式起重机的塔身之间的距离不得小于2m；

②高位塔式起重机的最低位置的部件（或吊钩升至最高点或平衡重的最低部位）与低位塔式起重机中处于最高位置部件之间的垂直距离不得小于2m。

（14）在塔式起重机的安装、使用及拆卸阶段，进入现场的作业人员必须戴安全帽、穿防滑鞋、系安全带等防护用品，无关人员严禁进入作业区域内。在安装、拆卸作业期间，应设警戒区。

（15）塔式起重机在安装前和使用过程中，发现有下列情况之一的，不得安装和使用：

①结构件上有可见裂纹和严重锈蚀的；

②主要受力构件存在塑性变形的；

③连接件存在严重磨损和塑性变形的；

④钢丝绳达到报废标准的；

⑤安全装置不齐全或失效的。

（16）塔式起重机使用时，起重臂和吊物下方严禁有人员停留；物件吊运时，严禁从人员上方通过。

（17）严禁用塔式起重机载运人员。

### 14.2.2 塔式起重机的安装拆卸

1. 塔式起重机安装条件

（1）塔式起重机安装前，必须经维修保养，并应进行全面的检查，确认合格后方可安装。

（2）塔式起重机的基础及其地基承载力应符合使用说明书和设计图纸的要求。安装前应对基础进行验收，合格后方可安装。基础周围应有排水设施。

（3）行走式塔式起重机的轨道及基础应按使用说明书的要求进行设置。

（4）内爬式塔式起重机的基础、锚固、爬升支承结构等应根据使用说明书提供的荷载进行设计计算，并应对内爬式塔式起重机的建筑承载结构进行验算。

2. 塔式起重机基础的设计

（1）塔式起重机的基础应按国家现行标准和使用说明书所规定的要求进行设计和施工。施工单位应根据地质勘察报告确认施工现场的地基承载能力。

（2）当施工现场无法满足塔式起重机使用说明书对基础的要求时，可自行设计基础，可采用下列常用的基础形式：

①板式基础；

②桩基承台式混凝土基础；

③组合式基础。

3. 塔式起重机附着装置的设计

（1）当塔式起重机作附着使用时，附着装置的设置和自由端高度等应符合使用说明书的规定。

（2）当附着水平距离、附着间距等不满足使用说明书要求时，应进行设计计算、绘制制作图和编写相关说明。

（3）附着装置的构件和预埋件应由原制造厂家或由具有相应能力的企业制作。

（4）附着装置设计时，应对支承处的建筑主体结构进行验算。

4. 塔式起重机的安装

（1）安装前应根据专项施工方案，对塔式起重机基础的下列项目进行检查，确认合格后方可实施：

①基础的位置、标高、尺寸；

②基础的隐蔽工程验收记录和混凝土强度报告等相关资料；

③安装辅助设备的基础、地基承载力、预埋件等；

④基础的排水措施。

（2）安装作业，应根据专项施工方案要求实施。安装作业人员应分工明确、职责清楚。安装前应对安装作业人员进行安全技术交底。

（3）安装辅助设备就位后，应对其机械和安全性能进行检验，合格后方可作业。

（4）安装所使用的钢丝绳、卡环、吊钩和辅助支架等起重机具应经检查合格后方可使用。

（5）安装作业中应统一指挥，明确指挥信号。当视线受阻、距离过远时，应采用对讲机或多级指挥。

（6）自升式塔式起重机的顶升加节应符合下列规定：

①顶升系统必须完好；

②结构件必须完好；

③顶升前，塔式起重机下支座与顶升套架应可靠连接；

④顶升前，应确保顶升横梁搁置正确；

⑤顶升前，应将塔式起重机配平；顶升过程中，应确保塔式起重机的平衡；

⑥顶升加节的顺序，应符合使用说明书的规定；

⑦顶升过程中，不应进行起升、回转、变幅等操作；

⑧顶升结束后，应将标准节与回转下支座可靠连接；

⑨塔式起重机加节后需进行附着的，应按照先装附着装置、后顶升加节的顺序进行，附着装置的位置和支撑点的强度应符合要求。

（7）塔式起重机的独立高度、悬臂高度应符合使用说明书的要求。

（8）雨、雪、浓雾天气严禁进行安装作业。安装时塔式起重机最大高度处的风速应符合使用说明书的要求，且风速不得超过12m/s。

（9）塔式起重机不宜在夜间进行安装作业；当需在夜间进行塔式起重机安装和拆卸作业时，应保证提供足够的照明。

（10）当遇特殊情况安装作业不能连续进行时，必须将已安装的部位固定牢靠并达到安全状态，经检查确认无隐患后，方可停止作业。

（11）电气设备应按使用说明书的要求进行安装，安装所用的电源线路应符合现行行业标准《施工现场临时用电安全技术规范》［JGJ（46—2005）］的要求。

（12）塔式起重机的安全装置必须齐全，并应按程序进行调试合格。

（13）连接件及其防松防脱件严禁用其他代用品代用。连接件及其防松防脱件应使用力矩扳手或专用工具紧固连接螺栓。

（14）安装完毕后，应及时清理施工现场的辅助用具和杂物。

（15）安装单位应对安装质量进行自检，并填写自检报告书。

（16）安装单位自检合格后，应委托有相应资质的检验检测机构进行检测。检验检测机构应出具检测报告书。

（17）安装质量的自检报告书和检测报告书应存入设备档案。

（18）经自检、检测合格后，应由总承包单位组织出租、安装、使用、监理等单位进行验收，并应填写验收表，合格后方可使用。

（19）塔式起重机停用 6 个月以上的，在复工前，应重新进行验收，合格后方可使用。

5. 塔式起重机的拆卸

（1）塔式起重机拆卸作业宜连续进行；当遇特殊情况拆卸作业不能继续时，应采取措施保证塔式起重机处于安全状态。

（2）当用于拆卸作业的辅助起重设备设置在建筑物上时，应明确设置位置、锚固方法，并应对辅助起重设备的安全性及建筑物的承载能力等进行验算。

（3）拆卸前应检查主要结构件、连接件、电气系统、起升机构、回转机构、变幅机构、顶升机构等项目。发现隐患应采取措施，解决后方可进行拆卸作业。

（4）附着式塔式起重机应明确附着装置的拆卸顺序和方法。

（5）自升式塔式起重机每次降节前，应检查顶升系统和附着装置的连接等，确认完好后方可进行作业。

（6）拆卸时应先降节、后拆除附着装置。

（7）拆卸完毕后，为塔式起重机拆卸作业而设置的所有设施应拆除，清理场地上作业时所用的吊索具、工具等各种零配件和杂物。

6. 吊索具的使用

（1）塔式起重机安装、使用、拆卸时，起重吊具、索具应符合下列要求：

①吊具与索具产品应符合现行行业标准《起重机械吊具与索具安全规程》

（LD 48）的规定；

②吊具与索具应与吊重种类、吊运具体要求以及环境条件相适应；

③作业前应对吊具与索具进行检查，当确认完好时方可投入使用；

④吊具承载时不得超过额定起重量，吊索（含各分肢）不得超过安全工作载荷；

⑤塔式起重机吊钩的吊点，应与吊重重心在同一条铅垂线上，使吊重处于稳定平衡状态。

（2）新购置或修复的吊具、索具，应进行检查，确认合格后，方可使用。

（3）吊具、索具在每次使用前应进行检查，经检查确认符合要求后，方可继续使用。当发现有缺陷时，应停止使用。

（4）吊具与索具每6个月应进行一次检查，并应做好记录。检验记录应作为继续使用、维修或报废的依据。

7. 钢丝绳

（1）钢丝绳作吊索时，其安全系数不得小于6倍。

（2）钢丝绳的报废应符合现行国家标准《起重机用钢丝绳检验和报废实用规范》（GB/T 5972）的规定。

（3）当钢丝绳的端部采用编结固接时，编结部分的长度不得小于钢丝绳直径的20倍，并不应小于300mm，插接绳股应拉紧，凸出部分应光滑平整，且应在插接末尾留出适当长度，用金属丝扎牢，钢丝绳插接方法宜符合现行行业标准《起重机械吊具与索具安全规程》（LD 48）的要求。用其他方法插接的，应保证其插接连接强度不小于该绳最小破断拉力的75%。

当采用绳夹固接时，钢丝绳吊索绳夹最少数量应满足表14－1的要求。

**表14－1 钢丝绳吊索绳夹最少数量表**

| 绳夹规格（钢丝绳公称直径） | 钢丝绳夹的最少数量（组） |
| --- | --- |
| ≤18～26 | 4 |
| 26～36 | 5 |
| 36～44 | 6 |
| 44～60 | 7 |

（4）钢丝绳夹压板应在钢丝绳受力绳一边，绳夹间距不应小于钢丝绳直径的6倍。

（5）吊索必须由整根钢丝绳制成，中间不得有接头。环形吊索应只允许有一处接头。

（6）当采用两点或多点起吊时，吊索数宜与吊点数相符，且各根吊索的材质、结构尺寸、索眼端部固定连接、端部配件等性能应相同。

（7）钢丝绳严禁采用打结方式系结吊物。

（8）当吊索弯折曲率半径小于钢丝绳公称直径的 2 倍时，应采用卸扣将吊索与吊点拴接。

（9）卸扣应无明显变形、可见裂纹和弧焊痕迹。销轴螺纹应无损伤现象。

8. 吊钩与滑轮

（1）吊钩应符合现行行业标准《起重机械吊具与索具安全规程》（LD 48）中的相关规定。

（2）吊钩严禁补焊，有下列情况之一的应予以报废：

①表面有裂纹；

②挂绳处截面磨损量超过原高度的 10%；

③钩尾和螺纹部分等危险截面及钩筋有永久性变形；

④开口度比原尺寸增加 15%；

⑤钩身的扭转角超过 10°。

（3）滑轮的最小绕卷直径应符合现行国家标准《塔式起重机设计规范》（GB/T 13752）的相关规定。

（4）滑轮有下列情况之一的应予以报废：

①裂纹或轮缘破损；

②轮槽不均匀磨损达 3mm；

③滑轮槽壁厚磨损量达原壁厚的 20%；

④铸造滑轮槽底磨损达钢丝绳原直径的 30%；焊接滑轮槽底磨损达钢丝绳原直径的 15%。

（5）滑轮、卷筒均应设有钢丝绳防脱装置；吊钩应设有钢丝绳防脱钩装置。

### 14.2.3 塔式起重机的使用

（1）塔式起重机起重司机、起重信号工、司索工等操作人员应取得特种作业人员资格证书，严禁无证上岗。

（2）塔式起重机使用前，应对起重司机、起重信号工、司索工等作业人员进行安全技术交底。

（3）塔式起重机的力矩限制器、重量限制器、变幅限位器、行走限位器、高度限位器等安全保护装置不得随意调整和拆除，严禁用限位装置代替操纵机构。

（4）塔式起重机回转、变幅、行走、起吊动作前应示意警示。起吊时应统一指挥，明确指挥信号；当指挥信号不清楚时，不得起吊。

（5）塔式起重机起吊前，当吊物与地面或其他物件之间存在吸附力或摩擦力而未采取处理措施时，不得起吊。

（6）塔式起重机起吊前，应对安全装置进行检查，确认合格后方可起吊；安全装置失灵时，不得起吊。

（7）塔式起重机起吊前，应按本规程第 6 章的要求对吊具与索具进行检查，确认合格后方可起吊；当吊具与索具不符合相关规定的，不得用于起吊作业。

（8）作业中遇突发故障，应采取措施将吊物降落到安全地点，严禁吊物长时间悬挂在空中。

（9）遇有风速在 12m/s 及以上的大风或大雨、大雪、大雾等恶劣天气时，应停止作业。雨雪过后，应先经过试吊，确认制动器灵敏可靠后方可进行作业。夜间施工应有足够照明，照明的安装应符合现行行业标准《施工现场临时用电安全技术规范》JGJ 46 的要求。

（10）塔式起重机不得起吊重量超过额定载荷的吊物，且不得起吊重量不明的吊物。

（11）在吊物载荷达到额定载荷的 90% 时，应先将吊物吊离地面 200 ~ 500mm 后，检查机械状况、制动性能、物件绑扎情况等，确认无误后方可起吊。对有晃动的物件，必须拴拉溜绳使之稳固。

（12）物件起吊时应绑扎牢固，不得在吊物上堆放或悬挂其他物件；零星材料起吊时，必须用吊笼或钢丝绳绑扎牢固。当吊物上站人时不得起吊。

（13）标有绑扎位置或记号的物件，应按标明位置绑扎。钢丝绳与物件的夹角宜为 45° ~ 60°，且不得小于 30°。吊索与吊物棱角之间应有防护措施；未采取防护措施的，不得起吊。

（14）作业完毕后，应松开回转制动器，各部件应置于非工作状态，控制开关应置于零位，并应切断总电源。

（15）行走式塔式起重机停止作业时，应锁紧夹轨器。

（16）当塔式起重机使用高度超过30m时，应配置障碍灯，起重臂根部铰点高度超过50m时应配备风速仪。

（17）严禁在塔式起重机塔身上附加广告牌或其他标语牌。

（18）每班作业应作好例行保养，并应做好记录。记录的主要内容应包括结构件外观、安全装置、传动机构、连接件、制动器、索具、夹具、吊钩、滑轮、钢丝绳、液位、油位、油压、电源、电压等。

（19）实行多班作业的设备，应执行交接班制度，认真填写交接班记录，接班司机经检查确认无误后，方可开机作业。

（20）塔式起重机应实施各级保养。转场时，应作转场保养，并应有记录。

（21）塔式起重机的主要部件和安全装置等应进行经常性检查，每月不得少于一次，并应有记录；当发现有安全隐患时，应及时进行整改。

（22）当塔式起重机使用周期超过一年时，应按本规程附录C进行一次全面检查，合格后方可继续使用。

（23）当使用过程中塔式起重机发生故障时，应及时维修，维修期间应停止作业。

## 14.3 施工升降机安全监理

施工升降机一般是指：适用于房屋建筑工程、市政工程所用的齿轮齿条式、钢丝绳式人货两用施工升降机，不适用于电梯、矿井提升机、升降平台。

### 14.3.1 相关概念

（1）安装吊杆：施工升降机上用来装拆导轨架标准节等部件的提升装置。

（2）额定安装载重量：安装工况下吊笼允许的最大荷载。

（3）额定载重量：使用工况下吊笼允许的最大荷载。

（4）防坠安全器：电气、气动和手动控制的防止吊笼或对重坠落的机械式安全保护装置。

（5）限位开关：吊笼到达行程终点时自动切断控制电路的安全装置。

（6）极限开关：吊笼超越行程终点时自动切断总电源的非自动复位安全装置。

（7）对重：吊笼起平衡作用的重物。

（8）层站：建筑物或其他固定结构上供吊笼停靠和人货出入的地点。

（9）地面防护围栏：地面上包围吊笼的防护围栏。

（10）缓冲器：装在底架上，用以吸收下降吊笼或对重的动能，起缓冲作用的装置。

（11）施工升降机运行通道：施工升降机吊笼运行轨迹占用的全部空间。

（12）坠落试验：通过施工升降机吊笼沿导轨架做自由落体运动，以检验防坠安全器作用的试验。

### 14.3.2　基本规定

（1）施工升降机安装单位应具备建设行政主管部门颁发的起重设备安装工程专业承包资质和建筑施工企业安全生产许可证。

（2）施工升降机安装、拆卸项目应配备与承担项目相适应的专业安装作业人员以及专业安装技术人员。施工升降机的安装拆卸工、电工、司机等应具有建筑施工特种作业操作资格证书。

（3）施工升降机使用单位应与安装单位签订施工升降机安装、拆卸合同，明确双方的安全生产责任。实行施工总承包的，施工总承包单位应与安装单位签订施工升降机安装、拆卸工程安全协议书。

（4）施工升降机应具有特种设备制造许可证、产品合格证、使用说明书、起重机械制造监督检验证书，并已在产权单位工商注册所在地县级以上建设行政主管部门备案登记。

（5）施工升降机安装作业前，安装单位应编制施工升降机安装、拆卸工程专项施工方案，由安装单位技术负责人批准后，报送施工总承包单位或使用单位、监理单位审核，并告知工程所在地县级以上建设行政主管部门。

（6）施工升降机的类型、型号和数量应能满足施工现场货物尺寸、运载重量、运载频率和使用高度等方面的要求。

（7）当利用辅助起重设备安装、拆卸施工升降机时，应对辅助设备设置位置、锚固方法和基础承载能力等进行设计和验算。

（8）施工升降机安装、拆卸工程专项施工方案应根据使用说明书的要求、作业场地及周边环境的实际情况、施工升降机使用要求等编制。当安装、拆卸过程中专项施工方案发生变更时，应按程序重新对方案进行审批，未经审批不得继续进行安装、拆卸作业。

（9）施工升降机安装、拆卸工程专项施工方案应包括：工程概况；编制依据；作业人员组织和职责；施工升降机安装位置平面、立面图和安装作业范围平面图；施工升降机技术参数、主要零部件外形尺寸和重量；辅助起重设备的种类、型号、性能及位置安排；吊索具的配置、安装与拆卸工具及仪器；安装、拆卸步骤与方法；安全技术措施；安全应急预案。

（10）施工总承包单位进行的工作应包括下列内容：

①向安装单位提供拟安装设备位置的基础施工资料，确保施工升降机进场安装所需的施工条件；

②审核施工升降机的特种设备制造许可证、产品合格证、起重机械制造监督检验证书、备案证明等文件；

③审核施工升降机安装单位、使用单位的资质证书、安全生产许可证和特种作业人员的特种作业操作资格证书；

④审核安装单位制定的施工升降机安装、拆卸工程专项施工方案；

⑤审核使用单位制定的施工升降机安全应急预案；

⑥指定专职安全生产管理人员监督检查施工升降机安装、使用、拆卸情况。

（11）监理单位进行的工作应包括下列内容：

①审核施工升降机特种设备制造许可证、产品合格证、起重机械制造监督检验证书、备案证明等文件；

②审核施工升降机安装单位、使用单位的资质证书、安全生产许可证和特种作业人员的特种作业操作资格证书；

③审核施工升降机安装、拆卸工程专项施工方案；

④监督安装单位对施工升降机安装、拆卸工程专项施工方案的执行情况；

⑤监督检查施工升降机的使用情况；

⑥发现存在生产安全事故隐患的，应要求安装单位、使用单位限期整改；对安装单位、使用单位拒不整改的，应及时向建设单位报告。

### 14.3.3 施工升降机的安装

1. 安装条件

（1）施工升降机地基、基础应满足使用说明书的要求。对基础设置在地下室顶板、楼面或其他下部悬空结构上的施工升降机，应对基础支撑结构进行承载力验算。施工升降机安装前应按本规程附录 A 对基础进行验收，合格后方能安装。

（2）安装作业前，安装单位应根据施工升降机基础验收表、隐蔽工程验收单和混凝土强度报告等相关资料，确认所安装的施工升降机和辅助起重设备的基础、地基承载力、预埋件、基础排水措施等符合施工升降机安装、拆卸工程专项施工方案的要求。

（3）施工升降机安装前应对各部件进行检查。对有可见裂纹的构件应进行修复或更换，对有严重锈蚀、严重磨损、整体或局部变形的构件必须进行更换，符合产品标准的有关规定后方能进行安装。

（4）安装作业前，应对辅助起重设备和其他安装辅助用具的机械性能和安全性能进行检查，合格后方能投入作业。

（5）安装作业前，安装技术人员应根据施工升降机安装、拆卸工程专项施工方案和使用说明书的要求，对安装作业人员进行安全技术交底，并由安装作业人员在交底书上签字。在施工期间内，交底书应留存备查。

（6）有下列情况之一的施工升降机不得安装使用：

①属国家明令淘汰或禁止使用的；

②超过由安全技术标准或制造厂家规定使用年限的；

③经检验达不到安全技术标准规定的；

④无完整安全技术档案的；

⑤无齐全有效的安全保护装置的。

（7）施工升降机必须安装防坠安全器。防坠安全器应在一年有效标定期内使用。

（8）施工升降机应安装超载保护装置。超载保护装置在载荷达到额定载重量的 110% 前应能中止吊笼启动，在齿轮齿条式载人施工升降机载荷达到额定载重量的 90% 时应能给出报警信号。

（9）附墙架附着点处的建筑结构承载力应满足施工升降机使用说明书的要求。

（10）施工升降机的附墙架形式、附着高度、垂直间距、附着点水平距离、附墙架与水平面之间的夹角、导轨架自由端高度和导轨架与主体结构间水平距离等均应符合使用说明书的要求。

（11）当附墙架不能满足施工现场要求时，应对附墙架另行设计。附墙架的设计应满足构件刚度、强度、稳定性等要求，制作应满足设计要求。

（12）在施工升降机使用期限内，非标准构件的设计计算书、图纸、施工升降机安装工程专项施工方案及相关资料应在工地存档。

（13）基础预埋件、连接构件的设计、制作应符合使用说明书的要求。

（14）安装前应做好施工升降机的保养工作。

2. 安装作业

（1）安装作业人员应按施工安全技术交底内容进行作业。

（2）安装单位的专业技术人员、专职安全生产管理人员应进行现场监督。

（3）施工升降机的安装作业范围应设置警戒线及明显的警示标志。非作业人员不得进入警戒范围。任何人不得在悬吊物下方行走或停留。

（4）进入现场的安装作业人员应佩戴安全防护用品，高处作业人员应系安全带，穿防滑鞋。作业人员严禁酒后作业。

（5）安装作业中应统一指挥，明确分工。危险部位安装时应采取可靠的防护措施。当指挥信号传递困难时，应使用对讲机等通信工具进行指挥。

（6）当遇大雨、大雪、大雾或风速大于 13m/s 等恶劣天气时，应停止安装作业。

（7）电气设备安装应按施工升降机使用说明书的规定进行，安装用电应符合现行行业标准《施工现场临时用电安全技术规范》（JGJ 46）的规定。

（8）施工升降机金属结构和电气设备金属外壳均应接地，接地电阻不应大于 4Ω。

（9）安装时应确保施工升降机运行通道内无障碍物。

（10）安装作业时必须将按钮盒或操作盒移至吊笼顶部操作。当导轨架或附墙架上有人员作业时，严禁开动施工升降机。

（11）传递工具或器材不得采用投掷的方式。

（12）在吊笼顶部作业前应确保吊笼顶部护栏齐全完好。

（13）吊笼顶上所有的零件和工具应放置平稳，不得超出安全护栏。

（14）安装作业过程中安装作业人员和工具等总载荷不得超过施工升降机的额定安装载重量。

（15）当安装吊杆上有悬挂物时，严禁开动施工升降机。严禁超载使用安装吊杆。

（16）层站应为独立受力体系，不得搭设在施工升降机附墙架的立杆上。

（17）当需安装导轨架加厚标准节时，应确保普通标准节和加厚标准节的安装部位正确，不得用普通标准节替代加厚标准节。

（18）导轨架安装时，应对施工升降机导轨架的垂直度进行测量校准。施工升降机导轨架安装垂直度偏差应符合使用说明书的规定。

（19）接高导轨架标准节时，应按使用说明书的规定进行附墙连接。

（20）每次加节完毕后，应对施工升降机导轨架的垂直度进行校正，且应按规定及时重新设置行程限位和极限限位，经验收合格后方能运行。

（21）连接件和连接件之间的防松防脱件应符合使用说明书的规定，不得用其他物件代替。对有预紧力要求的连接螺栓，应使用扭力扳手或专用工具，按规定的拧紧次序将螺栓准确地紧固到规定的扭矩值。安装标准节连接螺栓时，宜螺杆在下，螺母在上。

（22）施工升降机最外侧边缘与外面架空输电线路的边线之间，应保持安全操作距离。最小安全操作距离应符合表14－2的规定。

**表14－2 最小安全操作距离**

| 外电线电路电压（kV） | <1 | 1～10 | 35～110 | 220 | 330～500 |
|---|---|---|---|---|---|
| 最小安全操作距离（m） | 4 | 6 | 8 | 10 | 15 |

（23）当发现故障或危及安全的情况时，应立刻停止安装作业，采取必要的安全防护措施，应设置警示标志并报告技术负责人。在故障或危险情况未排除之前，不得继续安装作业。

（24）当遇意外情况不能继续安装作业时，应使已安装的部件达到稳定状态并固定牢靠，经确认合格后方能停止作业。作业人员下班离岗时，应采取必要的防护措施，并应设置明显的警示标志。

（25）安装完毕后应拆除为施工升降机安装作业而设置的所有临时设施，清理施工场地上作业时所用的索具、工具、辅助用具、各种零配件和杂物等。

（26）钢丝绳式施工升降机的安装还应符合下列规定：

①卷扬机应安装在平整、坚实的地点，且应符合使用说明书的要求；

②卷扬机、曳引机应按使用说明书的要求固定牢靠；

③应按规定配备防坠安全装置；

④卷扬机卷筒、滑轮、曳引轮等应有防脱绳装置；

⑤每天使用前应检查卷扬机制动器，动作应正常；

⑥卷扬机卷筒与导向滑轮中心线应垂直对正，钢丝绳出绳偏角大于2°时应设置排绳器；

⑦卷扬机的传动部位应安装牢固的防护罩；卷扬机卷筒旋转方向应与操纵开关上指示方向一致。卷扬机钢丝绳在地面上运行区域内应有相应的安全保护措施。

3. 安装自检和验收

（1）施工升降机安装完毕且经调试后，安装单位应按本规程附录 B 及使用说明书的有关要求对安装质量进行自检，并应向使用单位进行安全使用说明。

（2）安装单位自检合格后，应经有相应资质的检验检测机构监督检验。

（3）检验合格后，使用单位应组织租赁单位、安装单位和监理单位等进行验收。实行施工总承包的，应由施工总承包单位组织验收。施工升降机安装验收应按本规程附录 C 进行。

（4）严禁使用未经验收或验收不合格的施工升降机。

（5）使用单位应自施工升降机安装验收合格之日起 30 日内，将施工升降机安装验收资料、施工升降机安全管理制度、特种作业人员名单等，向工程所在地县级以上建设行政主管部门办理使用登记备案。

（6）安装自检表、检测报告和验收记录等应纳入设备档案。

### 14.3.4 施工升降机的使用

1. 使用前准备工作

（1）施工升降机司机应持有建筑施工特种作业操作资格证书，不得无证操作。

（2）使用单位应对施工升降机司机进行书面安全技术交底，交底资料应留存备查。

（3）使用单位应按使用说明书的要求对需润滑部件进行全面润滑。

2. 操作使用

（1）不得使用有故障的施工升降机。

（2）严禁施工升降机使用超过有效标定期的防坠安全器。

（3）施工升降机额定载重量、额定乘员数标牌应置于吊笼醒目位置。严禁在超过额定载重量或额定乘员数的情况下使用施工升降机。

（4）当电源电压值与施工升降机额定电压值的偏差超过 ±5%，或供电总功率小于施工升降机的规定值时，不得使用施工升降机。

（5）应在施工升降机作业范围内设置明显的安全警示标志，应在集中作业区做好安全防护。

（6）当建筑物超过 2 层时，施工升降机地面通道上方应搭设防护棚。当建筑物高度超过24m时，应设置双层防护棚。

（7）使用单位应根据不同的施工阶段、周围环境、季节和气候，对施工升降机采取相应的安全防护措施。

（8）使用单位应在现场设置相应的设备管理机构或配备专职的设备管理人员，并指定专职设备管理人员、专职安全生产管理人员进行监督检查。

（9）当遇大雨、大雪、大雾、施工升降机顶部风速大于20m/s或导轨架、电缆表面结有冰层时，不得使用施工升降机。

（10）严禁用行程限位开关作为停止运行的控制开关。

（11）使用期间，使用单位应按使用说明书的要求对施工升降机定期进行保养。

（12）在施工升降机基础周边水平距离5m以内，不得开挖井沟，不得堆放易燃易爆物品及其他杂物。

（13）施工升降机运行通道内不得有障碍物。不得利用施工升降机的导轨架、横竖支撑、层站等牵拉或悬挂脚手架、施工管道、绳缆标语、旗帜等。

（14）施工升降机安装在建筑物内部井道中时，应在运行通道四周搭设封闭屏障。

（15）安装在阴暗处或夜班作业的施工升降机，应在全行程装设明亮的楼层编号标志灯。夜间施工时作业区应有足够的照明，照明应满足现行行业标准《施工现场临时用电安全技术规范》（JGJ 46）的要求。

（16）施工升降机不得使用脱皮、裸露的电线、电缆。

（17）施工升降机吊笼底板应保持干燥整洁。各层站通道区域不得有物品长期堆放。

（18）施工升降机司机严禁酒后作业。工作时间内司机不应与其他人员闲谈，不应有妨碍施工升降机运行的行为。

（19）施工升降机司机应遵守安全操作规程和安全管理制度。

（20）实行多班作业的施工升降机，应执行交接班制度，交班司机应按本规程附录D填写交接班记录表。接班司机应进行班前检查，确认无误后，方能开机作业。

（21）施工升降机每天第一次使用前，司机应将吊笼升离地面1~2m，停车试验制动器的可靠性。当发现问题，应经修复合格后方能运行。

（22）施工升降机每3个月应进行1次1.25倍额定载重量的超载试验，确保制动器性能安全可靠。

（23）工作时间内司机不得擅自离开施工升降机。当有特殊情况需离开时，应将施工升降机停到最底层，关闭电源并锁好吊笼门。

（24）操作手动开关的施工升降机时，不得利用机电联锁开动或停止施工升降机。

（25）层门门闩宜设置在靠施工升降机一侧，且层门应处于常闭状态。未经施工升降机司机许可，不得启闭层门。

（26）施工升降机专用开关箱应设置在导轨架附近便于操作的位置，配电容量应满足施工升降机直接启动的要求。

（27）施工升降机使用过程中，运载物料的尺寸不应超过吊笼的界限。

（28）散状物料运载时应装入容器、进行捆绑或使用织物袋包装，堆放时应使载荷分布均匀。

（29）运载溶化沥青、强酸、强碱、溶液、易燃物品或其他特殊物料时，应由相关技术部门做好风险评估和采取安全措施，且应向施工升降机司机、相关作业人员书面交底后方能载运。

（30）当使用搬运机械向施工升降机吊笼内搬运物料时，搬运机械不得碰撞施工升降机。卸料时，物料放置速度应缓慢。

（31）当运料小车进入吊笼时，车轮处的集中载荷不应大于吊笼底板和层站底板的允许承载力。

（32）吊笼上的各类安全装置应保持完好有效。经过大雨、大雪、台风等恶劣天气后应对各安全装置进行全面检查，确认安全有效后方能使用。

（33）当在施工升降机运行中发现异常情况时，应立即停机，直到排除故障后方能继续运行。

（34）当在施工升降机运行中由于断电或其他原因中途停止时，可进行手动下降。吊笼手动下降速度不得超过额定运行速度。

（35）作业结束后应将施工升降机返回最底层停放，将各控制开关拨到零位，切断电源，锁好开关箱、吊笼门和地面防护围栏门。

（36）钢丝绳式施工升降机的使用还应符合下列规定：

①钢丝绳应符合现行国家标准《起重机钢丝绳保养、维护、安装、检验和报废》（GB/T 5972）的规定；

②施工升降机吊笼运行时钢丝绳不得与遮掩物或其他物件发生碰触或摩擦；

③当吊笼位于地面时，最后缠绕在卷扬机卷筒上的钢丝绳不应少于3圈，且卷扬机卷筒上钢丝绳应无乱绳现象；

④卷扬机工作时，卷扬机上部不得放置任何物件；

⑤不得在卷扬机、曳引机运转时进行清理或加油。

3. 检查、保养和维修

（1）每天开工前和每次换班前，施工升降机司机应按使用说明书及本规程附录E的要求对施工升降机进行检查。对检查结果应进行记录，发现问题应向使用单位报告。

（2）在使用期间，使用单位应每月组织专业技术人员按本规程附录F对施工升降机进行检查，并对检查结果进行记录。

（3）当遇到可能影响施工升降机安全技术性能的自然灾害、发生设备事故或停工6个月以上时，应对施工升降机重新组织检查验收。

（4）应按使用说明书的规定对施工升降机进行保养、维修。保养、维修的时间间隔应根据使用频率、操作环境和施工升降机状况等因素确定。使用单位应在施工升降机使用期间安排足够的设备保养、维修时间。

（5）对保养和维修后的施工升降机，经检测确认各部件状态良好后，宜对施工升降机进行额定载重量试验。双吊笼施工升降机应对左右吊笼分别进行额定载重量试验。试验范围应包括施工升降机正常运行的所有方面。

（6）施工升降机使用期间，每3个月应进行不少于一次的额定载重量坠落试验。

（7）对施工升降机进行检修时应切断电源，并应设置醒目的警示标志。当需通电检修时，应做好防护措施。

（8）不得使用未排除安全隐患的施工升降机。

（9）严禁在施工升降机运行中进行保养、维修作业。

（10）施工升降机保养过程中，对磨损、破坏程度超过规定的部件，应及时进行维修或更换，并由专业技术人员检查验收。

（11）应将各种与施工升降机检查、保养和维修相关的记录纳入安全技术档案，并在施工升降机使用期间内在工地存档。

### 14.3.5 施工升降机的拆卸

（1）拆卸前应对施工升降机的关键部件进行检查，当发现问题时，应在问题解决后方能进行拆卸作业。

（2）施工升降机拆卸作业应符合拆卸工程专项施工方案的要求。

（3）应有足够的工作面作为拆卸场地，应在拆卸场地周围设置警戒线和醒目的安全警示标志，并应派专人监护。拆卸施工升降机时，不得在拆卸作业区域内进行与拆卸无关的其他作业。

（4）夜间不得进行施工升降机的拆卸作业。

（5）拆卸附墙架时施工升降机导轨架的自由端高度应始终满足使用说明书的要求。

（6）应确保与基础相连的导轨架在最后一个附墙架拆除后，仍能保持各方向的稳定性。

（7）施工升降机拆卸应连续作业。当拆卸作业不能连续完成时，应根据拆卸状态采取相应的安全措施。

（8）吊笼未拆除之前，非拆卸作业人员不得在地面防护围栏内、施工升降机运行通道内、导轨架内以及附墙架上等区域活动。

## 14.4 物料提升机安全监理

龙门架及井架物料提升机是指：适用于建筑工程和市政工程所使用的以卷扬机或曳引机为动力、吊笼沿导轨垂直运行的物料提升机的设计、制作、安装、拆除及使用。不适用于电梯、矿井提升机及升降平台。

### 14.4.1 相关概念

（1）自升平台：用于导轨架标准节的安装、拆除，通过辅助设施可沿导轨架垂直升降的作业平台。

（2）安全停层装置：吊笼停层时能可靠地承担吊笼自重及全部工作荷载的刚性机构。

（3）附墙架：一定间距连接导轨架与建筑结构的刚性构件。

（4）附墙架间距：相邻两道附墙架间的垂直距离。

（5）自由端高度：最末一道附墙架与导轨架顶端间的垂直距离。

（6）缆风绳：用于连接地锚固定导轨架的钢丝绳。

（7）地锚：用于固定缆风绳的地面锚固装置。

### 14.4.2 基本规定

（1）物料提升机在下列条件下应能正常作业：

①环境温度为 -20℃ ~ +40℃；

②导轨架顶部风速不大于20m/s；

③电源电压值与额定电压值偏差为±5%，供电总功率不小于产品使用说明书的规定值。

（2）物料提升机的可靠性指标应符合现行国家标准《施工升降机》（GB/T 10054）的规定。

（3）用于物料提升机的材料、钢丝绳及配套零部件产品应有出厂合格证。起重量限制器、防坠安全器应经型式检验合格。

（4）传动系统应设常闭式制动器，其额定制动力矩不应低于作业时额定力矩的1.5倍。不得采用带式制动器。

（5）具有自升（降）功能的物料提升机应安装自升平台，并应符合下列规定：

①兼做天梁的自升平台在物料提升机正常工作状态时，应与导轨架刚性连接；

②自升平台的导向滚轮应有足够的刚度，并应有防止脱轨的防护装置；

③自升平台的传动系统应具有自锁功能，并应有刚性的停靠装置；

④平台四周应设置防护栏杆，上栏杆高度宜为1.0~1.2m，下栏杆高度宜为0.5~0.6m，在栏杆任意一点作用1kN的水平力时，不应产生永久变形；挡脚板高度不应小于180mm，且宜采用厚度不小于1.5mm的冷轧钢板；

⑤自升平台应安装渐进式防坠安全器。

（6）当物料提升机采用对重时，对重应设置滑动导靴或滚轮导向装置，并应设有防脱轨保护装置。对重应标明质量并涂成警告色。吊笼不应作对重使用。

（7）在各停层平台处，应设置显示楼层的标志。

（8）物料提升机的制造商应具有特种设备制造许可资格。

（9）制造商应在说明书中对物料提升机附墙架间距、自由端高度及缆风绳的设置做出明确规定。

（10）物料提升机额定起重量不宜超过160kg；安装高度不宜超过30m。当安装高度超过30m时，物料提升机除应具有起重量限制、防坠保护、停层及限位功能外，尚应符合下列规定：

①吊笼应有自动停层功能，停层后吊笼底板与停层平台的垂直高度偏差不应超过30mm；

②防坠安全器应为渐进式；

③应具有自升降安拆功能；

④应具有语音及影像信号。

（11）物料提升机的标志应齐全，其附属设备、备件及专用工具、技术文件均应与制造商的装箱单相符。

（12）物料提升机应设置标牌，且应标明产品名称和型号、主要性能参数、出厂编号、制造商名称和产品制造日期。

### 14.4.3 结构设计与制作

1. 结构设计

（1）物料提升机的结构设计，应满足制作、运输、安装、使用等各种条件下的强度、刚度和稳定性要求，并应符合现行国家标准《起重机设计规范》（GB/T 3811）的规定。

（2）结构设计时应考虑下列荷载：

①常规荷载：包括由重力产生的荷载，由驱动机构、制动器的作用使物料提升机加（减）速运动产生的荷载及结构位移或变形引起的荷载；

②偶然荷载：包括由工作状态的风、雪、冰、温度变化及运行偏斜引起的荷载；

③特殊荷载：包括由物料提升机防坠安全器试验引起的冲击荷载。

（3）物料提升机承重构件的截面尺寸应经计算确定，并应符合下列规定：

①钢管壁厚不应小于3.5mm；

②角钢截面不应小于50mm×5mm；

③钢板厚度不应小于6mm。

（4）物料提升机承重构件除应满足强度要求，尚应符合下列规定：

①物料提升机导轨架的长细比不应大于150，井架结构的长细比不应大于180；

②附墙架的长细比不应大于180。

（5）井架式物料提升机的架体，在各停层通道相连接的开口处应采取加强措施。

（6）吊笼结构除应满足强度设计要求，尚应符合下列规定：

①吊笼内净高度不应小于2m，吊笼门及两侧立面应全高度封闭；

②吊笼门及两侧立面宜采用网板结构，孔径应小于25mm，吊笼门的开启高度不应低于1.8m，其任意500mm$^2$的面积上作用300N的力，在边框任意一

点作用1kN的力时，不应产生永久变形；

③吊笼顶部宜采用厚度不小于1.5mm的冷轧钢板，并应设置钢骨架，在任意0.01$m^2$面积上作用1.5kN的力时，不应产生永久变形；

④吊笼底板应有防滑、排水功能，其强度在承受125%额定荷载时，不应产生永久变形，底板宜采用厚度不小于50mm的木板或不小于1.5mm的钢板；

⑤吊笼应采用滚动导靴；

⑥吊笼的结构强度应满足坠落试验要求。

（7）当标准节采用螺栓连接时，螺栓直径不应小于M12，强度等级不宜低于8.8级。

（8）物料提升机自由端高度不宜大于6m；附墙架间距不宜大于6m。

（9）物料提升机的导轨架不宜兼做导轨。

2. 制作

（1）制作前应按设计文件和图纸要求编制加工工艺，并应按工艺进行制作和检验。

（2）焊条、焊丝及焊剂的选用应与主体材料相适应。

（3）焊缝应饱满、平整，不应有气孔、夹渣、咬边及未焊透等缺陷。

（4）当物料提升机导轨架的底节采用钢管制作时，宜采用无缝钢管。

（5）物料提升机的制作精度应满足设计要求，并应保证导轨架标准节的互换性。

## 14.4.4 动力与传动装置

1. 卷扬机

（1）卷扬机的设计及制作应符合现行国家标准《建筑卷扬机》（GB/T 1955）的规定。

（2）卷扬机的牵引力应满足物料提升机设计要求。

（3）卷筒节径与钢丝绳直径的比值不应小于30。

（4）卷筒两端的凸缘至最外层钢丝绳的距离不应小于钢丝绳直径的两倍。

（5）钢丝绳在卷筒上应整齐排列，端部应与卷筒压紧装置连接牢固。当吊笼处于最低位置时，卷筒上的钢丝蝇不应少于3圈。

（6）卷扬机应设置防止钢丝绳脱出卷筒的保护装置。该装置与卷筒外缘的间隙不应大于3mm，并应有足够的强度。

(7) 物料提升机严禁使用摩擦式卷扬机。

2. 曳引机

(1) 曳引轮直径与钢丝绳直径的比值不应小于40，包角不宜小于150°。

(2) 当曳引钢丝绳为2根及以上时，应设置曳引力自动平衡装置。

3. 滑轮

(1) 滑轮直径与钢丝绳直径的比值不应小于30。

(2) 滑轮应设置防钢丝绳脱出装置。

(3) 滑轮与吊笼或导轨架，应采用刚性连接。严禁采用钢丝绳等柔性连接或使用开口拉板式滑轮。

4. 钢丝绳

(1) 钢丝绳的选用应符合现行国家标准《钢丝绳》(GB/T 8918) 的规定。钢丝绳的维护、检验和报废应符合现行国家标准《起重机用钢丝绳检验和报废实用规范》(GB/T 5972) 的规定。

(2) 自升平台钢丝绳直径不应小于8mm，安全系数不应小于12。

(3) 提升吊笼钢丝绳直径不应小于12mm，安全系数不应小于8。

(4) 安装吊杆钢丝绳直径不应小于6mm，安全系数不应小于8。

(5) 缆风绳直径不应小于8mm，安全系数不应小于3.5。

(6) 当钢丝绳端部固定采用绳夹时，绳夹规格应与绳径匹配，数量不应少于3个，间距不应小于绳径的6倍，绳夹夹座应安放在长绳一侧，不得正反交错设置。

### 14.4.5 安全装置与防护设施

1. 安全装置

(1) 当荷载达到额定起重量的90%时，起重量限制器应发出警示信号；当荷载达到额定起重量的110%时，起重量限制器应切断上升主电路电源。

(2) 当吊笼提升钢丝绳断绳时，防坠安全器应制停带有额定起重量的吊笼，且不应造成结构损坏。自升平台应采用渐进式防坠安全器。

(3) 安全停层装置应为刚性机构，吊笼停层时，安全停层装置应能可靠承担吊笼自重、额定荷载及运料人员等全部工作荷载。吊笼停层后底板与停层平台的垂直偏差不应大于50mm。

（4）限位装置应符合下列规定：

①上限位开关：当吊笼上升至限定位置时，触发限位开关，吊笼被制停，上部越程距离不应小于3m；

②下限位开关：当吊笼下降至限定位置时，触发限位开关，吊笼被制停。

（5）紧急断电开关应为非自动复位型，任何情况下均可切断主电路停止吊笼运行。紧急断电开关应设在便于司机操作的位置。

（6）缓冲器应承受吊笼及对重下降时相应冲击荷载。

（7）当司机对吊笼升降运行、停层平台观察视线不清时，必须设置通信装置，通信装置应同时具备语音和影像显示功能。

2. 防护设施

（1）防护围栏应符合下列规定：

①物料提升机地面进料口应设置防护围栏，围栏高度不应小于1.8m，围栏立面可采用网板结构；

②进料口门的开启高度不应小于1.8m，进料口门应装有电气安全开关，吊笼应在进料口门关闭后才能启动。

（2）停层平台及平台门应符合下列规定：

①停层平台的搭设应符合现行行业标准《建筑施工扣件式钢管脚手架安全技术规范》（JGJ 130）及其他相关标准的规定，并应能承受$3kN/m^2$的荷载；

②停层平台外边缘与吊笼门外缘的水平距离不宜大于100mm，与外脚手架外侧立杆或与建筑结构外墙（当无外脚手架时）的水平距离不宜小于1m；

③停层平台两侧的防护栏杆、挡脚板应符合规定要求；

④平台门应采用工具式、定型化，强度应符合规定要求；

⑤平台门的高度不宜小于1.8m，宽度与吊笼门宽度差不应大于200mm，并应安装在台口外边缘处，与台口外边缘的水平距离不应大于200mm；

⑥平台门下边缘以上180mm内应采用厚度不小于1.5mm钢板封闭，与台口上表面的垂直距离不宜大于20mm；

⑦平台门应向停层平台内侧开启，并应处于常闭状态。

（3）进料口防护棚应设在提升机地面进料口上方，其长度不应小于3m，宽度应大于吊笼宽度。可采用厚度不小于50mm的木板搭设。

（4）卷扬机操作棚应采用定型化、装配式，且应具有防雨功能。操作棚应有足够的操作空间。

### 14.4.6 电气

（1）选用的电气设备及元件，应符合物料提升机工作性能、工作环境等条件的要求。

（2）物料提升机的总电源应设置短路保护及漏电保护装置，电动机的主回路应设置失压及过电流保护装置。

（3）物料提升机电气设备的绝缘电阻值不应小于0.5MΩ，电气线路的绝缘电阻值不应小于1MΩ。

（4）物料提升机防雷及接地应符合现行行业标准《施工现场临时用电安全技术规范》（JGJ 46）的规定。

（5）携带式控制开关应密封、绝缘，控制线路电压不应大于36V，其引线长度不宜大于5m。

（6）工作照明开关应与主电源开关相互独立。当主电源被切断时，工作照明不应断电，并应有明显标志。

（7）动力设备的控制开关严禁采用倒顺开关。

### 14.4.7 基础、附墙架、缆风绳与地锚

1. 基础

（1）物料提升机的基础应能承受最不利工作条件下的全部荷载。30m 及以上物料提升机的基础应进行设计计算。

（2）对30m以下物料提升机的基础，当设计无要求时，应符合下列规定：

①基础土层的承载力，不应小于80kPa；

②基础混凝土强度等级不应低于C20，厚度不应小于300mm；

③基础表面应平整，水平度不应大于10mm；

④基础周边应有排水设施。

2. 附墙架

（1）当导轨架的安装高度超过设计的最大独立高度时，必须安装附墙架。

（2）宜采用制造商提供的标准附墙架，当标准附墙架结构尺寸不能满足要求时，可经设计计算采用非标附墙架，并应符合下列规定：

①附墙架的材质应与导轨架相一致；

②附墙架与导轨架及建筑结构采用刚性连接，不得与脚手架连接；

③附墙架间距、自由端高度不应大于使用说明书的规定值。

3. 缆风绳

（1）当物料提升机安装条件受到限制不能使用附墙架时，可采用缆风绳，缆风绳的设置应符合说明书的要求，并应符合下列规定：

①每一组四根缆风绳与导轨架的连接点应在同一水平高度，且应对称设置；缆风绳与导轨架的连接处应采取防止钢丝绳受剪破坏的措施；

②缆风绳宜设在导轨架的顶部；当中间设置缆风绳时，应采取增加导轨架刚度的措施；

③缆风绳与水平面夹角宜在45°~60°，并应采用与缆风绳等强度的花篮螺栓与地锚连接。

（2）当物料提升机安装高度大于或等于30m时，不得使用缆风绳。

4. 地锚

（1）地锚应根据导轨架的安装高度及土质情况，经设计计算确定。

（2）30m以下物料提升机可采用桩式地锚。当采用钢管（48mm×3.5mm）或角钢（75mm×6mm）时，不应少于2根；应并排设置，间距不应小于0.5m，打入深度不应小于1.7m；顶部应设有防止缆风绳滑脱的装置。

### 14.4.8 安装、拆除与验收

1. 安装、拆除

（1）安装、拆除物料提升机的单位应具备下列条件：

①安装、拆除单位应具有起重机械安拆资质及安全生产许可证；

②安装、拆除作业人员必须经专门培训，取得特种作业资格证。

（2）物料提升机安装、拆除前，应根据工程实际情况编制专项安装、拆除方案，且应经安装、拆除单位技术负责人审批后实施。

（3）专项安装、拆除方案应具有针对性、可操作性，并应包括：工程概况；编制依据；安装位置及示意图；专业安装、拆除技术人员的分工及职责；辅助安装、拆除起重设备的型号、性能、参数及位置；安装、拆除的工艺程序和安全技术措施；主要安全装置的调试及试验程序。

（4）安装作业前的准备，应符合下列规定：

①物料提升机安装前，安装负责人应依据专项安装方案对安装作业人员进行安全技术交底；

②应确认物料提升机的结构、零部件和安全装置经出厂检验，并符合要求；

③应确认物料提升机的基础已验收，并符合要求；

④应确认辅助安装起重设备及工具经检验检测，并符合要求；

⑤应明确作业警戒区，并设专人监护。

（5）基础的位置应保证视线良好，物料提升机任意部位与建筑物或其他施工设备间的安全距离不应小于0.6m；与外电线路的安全距离应符合现行行业标准《施工现场临时用电安全技术规范》（JGJ 46）的规定。

（6）卷扬机（曳引机）的安装，应符合下列规定：

①卷扬机安装位置宜远离危险作业区，且视线良好；操作棚应符合本规范第6.2.4条的规定；

②卷扬机卷筒的轴线应与导轨架底部导向轮的中线垂直，垂直度偏差不宜大于2°，其垂直距离不宜小于20倍卷筒宽度；当不能满足条件时，应设排绳器；

③卷扬机（曳引机）宜采用地脚螺栓与基础固定牢固；当采用地锚固定时，卷扬机前端应设置固定止挡。

（7）导轨架的安装程序应按专项方案要求执行。紧固件的紧固力矩应符合使用说明书要求。安装精度应符合下列规定：

①导轨架的轴心线对水平基准面的垂直度偏差不应大于导轨架高度的0.15%。

②标准节安装时导轨结合面对接应平直，错位形成的阶差应符合下列规定：

1）吊笼导轨不应大于1.5mm；

2）对重导轨、防坠器导轨不应大于0.5mm；

3）标准节截面内，两对角线长度偏差不应大于最大边长的0.3%。

（8）钢丝绳宜设防护槽，槽内应设滚动托架，且应采用钢板网将槽口封盖。钢丝绳不得拖地或浸泡在水中。

（9）拆除作业前，应对物料提升机的导轨架，附墙架等部位进行检查，确认无误后方能进行拆除作业。

（10）拆除作业应先挂吊具、后拆除附墙架或缆风绳及地脚螺栓。拆除作业中，不得抛掷构件。

（11）拆除作业宜在白天进行，夜间作业应有良好的照明。

2. 验收

（1）物料提升机安装完毕后，应由工程负责人组织安装单位、使用单位、租赁单位和监理单位等对物料提升机安装质量进行验收。

（2）物料提升机验收合格后，应在导轨架明显处悬挂验收合格标志牌。

### 14.4.9 使用管理

（1）使用单位应建立设备档案，档案内容应包括：安装检测及验收记录；大修及更换主要零部件记录；设备安全事故记录；累计运转记录。

（2）物料提升机必须由取得特种作业操作证的人员操作。

（3）物料提升机严禁载人。

（4）物料应在吊笼内均匀分布，不应过度偏载。

（5）不得装载超出吊笼空间的超长物料，不得超载运行。

（6）在任何情况下，不得使用限位开关代替控制开关运行。

（7）物料提升机每班作业前司机应进行作业前检查，确认无误后方可作业。应检查确认下列内容：

①制动器可靠有效；

②限位器灵敏完好；

③停层装置动作可靠；

④钢丝绳磨损在允许范围内；

⑤吊笼及对重导向装置无异常；

⑥滑轮、卷筒防钢丝绳脱糟装置可靠有效；

⑦吊笼运行通道内无障碍物；

⑧当发生防坠安全器制停吊笼的情况时，应查明制停原因，排除故障，并应检查吊笼、导轨架及钢丝绳，应确认无误并重新调整防坠安全器后运行；

⑨物料提升机夜间施工应有足够照明，照明用电应符合现行行业标准《施工现场临时用电安全技术规范》（JGJ 46）的规定；

⑩物料提升机在大雨、大雾、风速13m/s及以上大风等恶劣天气时，必须停止运行；

⑪作业结束后，应将吊笼返回最底层停放，控制开关应扳至零位，并应切断电源，锁好开关箱。

# 第十五章 《建筑施工安全检查标准》的应用

## 15.1 《建筑施工安全检查标准》的评分标准

### 15.1.1 检查评定项目

保证项目应全数检查。检查评分表分为安全管理、文明施工、脚手架、基坑工程、模板支架、高处作业、施工用电、物料提升机与施工升降机、塔式起重机与起重吊装、施工机具分项检查评分表和检查评分汇总表。

### 15.1.2 各评分表评分的规定

1. 分项检查评分表和检查评分汇总表的满分分值均应为100分，评分表的实得分值应为各检查项目所得分值之和；

2. 评分应采用扣减分值的方法，扣减分值总和不得超过该检查项目的应得分值；

3. 当按分项检查评分表评分时，保证项目中有一项未得分或保证项目小计得分不足40分，此分项检查评分表不应得分；

4. 检查评分汇总表中各分项项目实得分值应按下式计算：

$$A1 = B \times C/100$$

式中：A1——汇总表各分项项目实得分值；

B——汇总表中该项应得满分值；

C——该项检查评分表实得分值。

5. 当评分遇有缺项时，分项检查评分表或检查评分汇总表的总得分值应按下式计算：

$$A2 = D \times E/100$$

式中：A2——遇有缺项时总得分值；

D——实查项目在该表的实得分值之和；

E——实查项目在该表的应得满分值之和。

6. 脚手架、物料提升机与施工升降机、塔式起重机与起重吊装项目的实得分值，应为所对应专业的分项检查评分表实得分值的算术平均值。

## 15.2 举例计算施工现场安全检查结果的评定

### 15.2.1 检查评定等级

1. 应按汇总表的总得分和分项检查评分表的得分，对建筑施工安全检查评定划分为优良、合格、不合格三个等级。

2. 建筑施工安全检查评定的等级划分应符合下列规定：

（1）优良：

分项检查评分表无零分，汇总表得分值应在80分及以上。

（2）合格：

分项检查评分表无零分，汇总表得分值应在80分以下，70分及以上。

（3）不合格：

1）当汇总表得分值不足70分时；

2）当有一分项检查评分表为0时。

3. 当建筑施工安全检查评定的等级为不合格时，必须限期整改达到合格。

### 15.2.2 施工现场安全检查结果的计算和评定实例

计算内容：

1.《安全管理》分项实得分 $=10\times70\div100=7$（分）。

2.《文明施工》分项实得分 $=15\times80\div100=12$（分）。

3.《脚手架》分项实得分 $=10\times(90+80)\div100\div2=8.5$（分）。

4.《模板支撑》分项实得分 $=10\times8\div100=8$（分）。

5.《高处作业》分项实得分 $=10\times72\div80=9$（分）。

6.《施工用电》分项实得分 $=10\times70\div100=7$（分）。

7.《物料提升机与施工升降机》分项实得分 $=10\times(90+90)\div100\div2=9$（分）。

**计算题**

| 检查项目 / 检查得分 | | 安全管理（10分） | 文明施工（15分） | 脚手架（10分） | | 基坑工程（10分） | 模板支撑（10分） | 高处作业（10分） | 施工用电（10分） | 物料提升机与施工升降机（10分） | | 塔式起重机与起重吊装（10分） | | 施工机具（5分） |
|---|---|---|---|---|---|---|---|---|---|---|---|---|---|---|
| | | | | 落地架 | 悬挑架 | | | | | 提升机 | 升降机 | 塔式起重机 | 起重吊装 | |
| 实得分/应得分 | 保证项目 | 43/60 | 46/60 | 50/60 | 45/60 | | 40/60 | 72/80 | 45/60 | 55/60 | 52/60 | 45/60 | / / | 64/80 |
| | 一般项目 | 27/40 | 34/40 | 40/40 | 35/40 | | 40/40 | | 25/30 | 35/30 | 38/30 | 35/30 | / / | |
| 换算总表后得分 | | 7 | 12 | 8.5 | | | 8 | 9 | 7 | 9 | | 8 | | 4 |

评语：评定得分为79.4分，评定结论：合格。

| 检查单位 | | 负责人 | | 受检项目 | | 项目经理 | |
|---|---|---|---|---|---|---|---|

8.《塔式起重机与起重吊装》分项实得分 = 10 × 80 ÷ 100 = 8（分）。

9.《施工机具》分项实得分 = 5 × 64 ÷ 80 = 4（分）。

合计：（7 + 12 + 8.5 + 8 + 9 + 7 + 9 + 8 + 4 = 72.5），100 × 72.5 ÷ 90 ≈ 80.56（分）。

检查得分为：80.56 分（因基坑工程缺项未评分，故总分按 90 分计算）。

结论为：优良。

# 第十六章　建筑施工安全生产标准化管理

## 16.1　建筑施工安全生产标准化考评办法

### 16.1.1　建筑施工安全生产标准化考评暂行办法

住房和城乡建设部为贯彻落实国务院有关文件要求，进一步加强建筑施工安全生产管理，落实企业安全生产主体责任，规范建筑施工安全生产标准化考评工作，制定了《建筑施工安全生产标准化考评暂行办法》。

### 16.1.2　《建筑施工安全生产标准化考评暂行办法》具体内容

（1）为进一步加强建筑施工安全生产管理，落实企业安全生产主体责任，规范建筑施工安全生产标准化考评工作，根据《国务院关于进一步加强企业安全生产工作的通知》（国发〔2010〕23号）、《国务院关于坚持科学发展安全发展促进安全生产形势持续稳定好转的意见》（国发〔2011〕40号）等文件，制定本办法。

（2）建筑施工安全生产标准化是指建筑施工企业在建筑施工活动中，贯彻执行建筑施工安全法律法规和标准规范，建立企业和项目安全生产责任制，制定安全管理制度和操作规程，监控危险性较大分部分项工程，排查治理安全生产隐患，使人、机、物、环始终处于安全状态，形成过程控制、持续改进的安全管理机制。

（3）建筑施工安全生产标准化考评包括建筑施工项目安全生产标准化考评和建筑施工企业安全生产标准化考评。

建筑施工项目是指新建、扩建、改建房屋建筑和市政基础设施工程项目。

建筑施工企业是指从事新建、扩建、改建房屋建筑和市政基础设施工程施工活动的建筑施工总承包及专业承包企业。

（4）国务院住房和城乡建设主管部门监督指导全国建筑施工安全生产标准化考评工作。县级以上地方人民政府住房和城乡建设主管部门负责本行政区域内建筑施工安全生产标准化考评工作。县级以上地方人民政府住房和城乡建设主管部门可以委托建筑施工安全监督机构具体实施建筑施工安全生产标准化考评工作。

（5）建筑施工安全生产标准化考评工作应坚持客观、公正、公开的原则。

（6）鼓励应用信息化手段开展建筑施工安全生产标准化考评工作。

（7）建筑施工企业应当建立健全以项目负责人为第一责任人的项目安全生产管理体系，依法履行安全生产职责，实施项目安全生产标准化工作。

建筑施工项目实行施工总承包的，施工总承包单位对项目安全生产标准化工作负总责。施工总承包单位应当组织专业承包单位等开展项目安全生产标准化工作。

（8）工程项目应当成立由施工总承包及专业承包单位等组成的项目安全生产标准化自评机构，在项目施工过程中每月主要依据《建筑施工安全检查标准》（JGJ 59）等开展安全生产标准化自评工作。

（9）建筑施工企业安全生产管理机构应当定期对项目安全生产标准化工作进行监督检查，检查及整改情况应当纳入项目自评材料。

（10）建设、监理单位应当对建筑施工企业实施的项目安全生产标准化工作进行监督检查，并对建筑施工企业的项目自评材料进行审核并签署意见。

（11）对建筑施工项目实施安全生产监督的住房和城乡建设主管部门或其委托的建筑施工安全监督机构（以下简称项目考评主体）负责建筑施工项目安全生产标准化考评工作。

（12）项目考评主体应当对已办理施工安全监督手续并取得施工许可证的建筑施工项目实施安全生产标准化考评。

（13）项目考评主体在对建筑施工项目实施日常安全监督时，应当同步开展项目考评工作，指导监督项目自评工作。

（14）项目完工后办理竣工验收前，建筑施工企业应当向项目考评主体提交项目安全生产标准化自评材料。

项目自评材料主要包括：

①项目建设、监理、施工总承包、专业承包等单位及其项目主要负责人名录；

②项目主要依据《建筑施工安全检查标准》（JGJ 59）等进行自评结果及

项目建设、监理单位审核意见；

③项目施工期间因安全生产受到住房和城乡建设主管部门奖惩情况（包括限期整改、停工整改、通报批评、行政处罚、通报表扬、表彰奖励等）；

④项目发生生产安全责任事故情况；

⑤住房和城乡建设主管部门规定的其他材料。

（15）项目考评主体收到建筑施工企业提交的材料后，经查验符合要求的，以项目自评为基础，结合日常监管情况对项目安全生产标准化工作进行评定，在10个工作日内向建筑施工企业发放项目考评结果告知书。评定结果为“优良”“合格”“不合格”。项目考评结果告知书中应包括项目建设、监理、施工总承包、专业承包等单位及其项目主要负责人信息。评定结果为不合格的，应当在项目考评结果告知书中说明理由及项目考评不合格的责任单位。

（16）建筑施工项目具有下列情形之一的，安全生产标准化评定为不合格：

①未按规定开展项目自评工作的；

②发生生产安全责任事故的；

③因项目存在安全隐患在一年内受到住房和城乡建设主管部门两次及以上停工整改的；

④住房和城乡建设主管部门规定的其他情形。

（17）各省级住房和城乡建设主管部门可结合本地区实际确定建筑施工项目安全生产标准化优良标准。安全生产标准化评定为优良的建筑施工项目数量，原则上不超过所辖区域内本年度拟竣工项目数量的10%。

（18）项目考评主体应当及时向社会公布本行政区域内建筑施工项目安全生产标准化考评结果，并逐级上报至省级住房和城乡建设主管部门。

建筑施工企业跨地区承建的工程项目，项目所在地省级住房和城乡建设主管部门应当及时将项目的考评结果转送至该企业注册地的省级住房和城乡建设主管部门。

（19）项目竣工验收时建筑施工企业未提交项目自评材料的，视同项目考评不合格。

（20）建筑施工企业应当建立健全以法定代表人为第一责任人的企业安全生产管理体系，依法履行安全生产职责，实施企业安全生产标准化工作。

（21）建筑施工企业应当成立企业安全生产标准化自评机构，每年主要依据《施工企业安全生产评价标准》（JGJ/T 77）等开展企业安全生产标准化自评工作。

（22）对建筑施工企业颁发安全生产许可证的住房和城乡建设主管部门或其委托的建筑施工安全监督机构（以下简称企业考评主体）负责建筑施工企业的安全生产标准化考评工作。

（23）企业考评主体应当对取得安全生产许可证且许可证在有效期内的建筑施工企业实施安全生产标准化考评。

（24）企业考评主体应当对建筑施工企业安全生产许可证实施动态监管时同步开展企业安全生产标准化考评工作，指导监督建筑施工企业开展自评工作。

（25）建筑施工企业在办理安全生产许可证延期时，应当向企业考评主体提交企业自评材料。企业自评材料主要包括：

①企业承建项目台账及项目考评结果；

②企业主要依据《施工企业安全生产评价标准》（JGJ/T 77）等进行自评结果；

③企业近三年内因安全生产受到住房和城乡建设主管部门奖惩情况（包括通报批评、行政处罚、通报表扬、表彰奖励等）；

④企业承建项目发生生产安全责任事故情况；

⑤省级及以上住房和城乡建设主管部门规定的其他材料。

（26）企业考评主体收到建筑施工企业提交的材料后，经查验符合要求的，以企业自评为基础，以企业承建项目安全生产标准化考评结果为主要依据，结合安全生产许可证动态监管情况对企业安全生产标准化工作进行评定，在20个工作日内向建筑施工企业发放企业考评结果告知书。评定结果为“优良”“合格”“不合格”。企业考评结果告知书应包括企业考评年度及企业主要负责人信息。评定结果为不合格的，应当说明理由，责令限期整改。

（27）建筑施工企业具有下列情形之一的，安全生产标准化评定为不合格：

①未按规定开展企业自评工作的；

②企业近三年所承建的项目发生较大及以上生产安全责任事故的；

③企业近三年所承建已竣工项目不合格率超过5%的（不合格率是指企业近三年作为项目考评不合格责任主体的竣工工程数量与企业承建已竣工工程数量之比）；

④省级及以上住房和城乡建设主管部门规定的其他情形。

（28）各省级住房和城乡建设主管部门可结合本地区实际确定建筑施工企业安全生产标准化优良标准。安全生产标准化评定为优良的建筑施工企业数量，原则上不超过本年度拟办理安全生产许可证延期企业数量的10% 。

（29）企业考评主体应当及时向社会公布建筑施工企业安全生产标准化考评结果。对跨地区承建工程项目的建筑施工企业，项目所在地省级住房和城乡建设主管部门可以参照本办法对该企业进行考评，考评结果及时转送至该企业注册地省级住房和城乡建设主管部门。

（30）建筑施工企业在办理安全生产许可证延期时未提交企业自评材料的，视同企业考评不合格。

（31）建筑施工安全生产标准化考评结果作为政府相关部门进行绩效考核、信用评级、诚信评价、评先推优、投融资风险评估、保险费率浮动等重要参考依据。

（32）政府投资项目招投标应优先选择建筑施工安全生产标准化工作业绩突出的建筑施工企业及项目负责人。

（33）住房和城乡建设主管部门应当将建筑施工安全生产标准化考评情况记入安全生产信用档案。

（34）对于安全生产标准化考评不合格的建筑施工企业，住房和城乡建设主管部门应当责令限期整改，在企业办理安全生产许可证延期时，复核其安全生产条件，对整改后具备安全生产条件的，安全生产标准化考评结果为“整改后合格”，核发安全生产许可证；对不再具备安全生产条件的，不予核发安全生产许可证。

（35）对于安全生产标准化考评不合格的建筑施工企业及项目，住房和城乡建设主管部门应当在企业主要负责人、项目负责人办理安全生产考核合格证书延期时，责令限期重新考核，对重新考核合格的，核发安全生产考核合格证；对重新考核不合格的，不予核发安全生产考核合格证。

（36）经安全生产标准化考评合格或优良的建筑施工企业及项目，发现有下列情形之一的，由考评主体撤销原安全生产标准化考评结果，直接评定为不合格，并对有关责任单位和责任人员依法予以处罚。

①提交的自评材料弄虚作假的；

②漏报、谎报、瞒报生产安全事故的；

③考评过程中有其他违法违规行为的。

## 16.2 建筑施工安全生产标准化工地创建做法

### 16.2.1 施工企业创建做法

1. 建立健全安全生产责任制

(1) 工程项目应当成立由施工总承包及专业承包单位等组成的项目安全生产标准化自评机构，并开展自评工作；

(2) 施工单位与项目部签订的内部承包合同或协议书，明确安全文明、绿色施工、扬尘防治、标准化建设等管理目标；

(3) 建立以项目负责人为第一责任人的各级管理人员的安全生产责任制，并经责任人签字确认；

(4) 按规定配备专职安全生产管理人员；

(5) 建立安全生产责任制和责任目标考核制度，并定期进行考核；

(6) 编制安全生产费用提取和使用计划，按计划实施；

(7) 按规定为从业人员缴纳工伤保险费；

(8) 执行法律法规、建设行政主管部门、主体责任单位安全生产相关文件；

(9) 项目负责人、专职安全生产管理人员和特种作业人员取得相应资格证书，并持证上岗。

2. 施工组织设计及专项安全施工方案

(1) 制定并实施施工组织设计、专项安全施工方案审核、审批制度。

(2) 对超过一定规模的危险性较大分部分项工程专项安全施工方案，组织专家论证。

3. 安全技术交底

(1) 制定并实施安全技术交底制度；

(2) 在危险性较大分部分项工程专项方案实施前，编制人员或项目技术负责人向现场管理人员和作业人员进行安全技术交底，履行签字手续。

4. 安全检查

(1) 制定并实施安全生产检查制度；

(2) 按制度开展安全检查，并做好记录，对检查发现的安全隐患按规定落实整改。

5. 安全教育

（1）制定安全教育培训制度；

（2）项目管理人员、施工作业人员必须经教育培训后方可上岗；

（3）安全教育资料按规定建档。

6. 应急救援

（1）按规定制定应急救援预案，建立救援组织、配备相应的应急物资和设备；

（2）施工现场设立应急体验场馆，定期进行应急救援专项演练。

7. 分包单位安全管理应符合下列规定

（1）分包单位必须具备相应资质、安全生产许可证，安全管理人员及建筑施工特种作业人员取得相应资格证书，并持证上岗；

（2）总包单位与分包单位签订分包合同，明确双方安全责任。

### 16.2.2　安全监理的创建做法

1. 监理方式方法

（1）制定监理安全生产责任制；

（2）总监理工程师明确监理人员的安全监理职责；

（3）定期召开监理安全例会；

（4）贯彻落实法律法规、建设行政主管部门安全生产相关文件。

2. 监理规划及安全监理实施细则

（1）对危险性较大的分部分项工程，编制安全监理规划和安全监理实施细则；

（2）编制建筑工程施工扬尘污染防治、绿色施工监理实施细则，并对施工单位扬尘污染防治、绿色施工实施过程进行监督、检查；

（3）明确安全监理的方法、措施、控制要点和检查方案。

3. 对分包单位安全监理

（1）分包单位必须具备相应资质、安全生产许可证，安全管理人员及建筑施工特种作业人员取得相应资格证书，并持证上岗；

（2）总包单位与分包单位签订分包合同，明确双方安全责任。

4. 施工准备阶段安全生产条件审查

（1）审查施工单位安全生产许可证、施工许可证和项目负责人、专职安全生产管理人员及建筑施工特种作业人员的相应资格证书；

（2）审查分包单位及建筑起重机械安装拆卸单位的资质和安全生产许可证及验收手续；

（3）总监理工程师按规定审批施工组织设计、专项安全施工方案和应急救援预案。

5. 施工阶段安全检查

（1）按规定对施工现场进行旁站、巡视等安全检查；

（2）发现安全隐患，及时下达监理通知单并督促整改，对未整改落实的，责令其停工整改，对拒不停工整改的，告知建设单位，并上报建设行政主管部门；

（3）对施工组织设计及施工方案的落实情况进行检查。

6. 验收管理

（1）参与对现场安全设施和设备的验收，履行签字手续；

（2）现场安全设施和设备必须经验收合格后方可使用。

7. 对分包单位安全管理

（1）分包单位必须具备相应资质、安全生产许可证，安全管理人员及建筑施工特种作业人员取得相应资格证书，并持证上岗；

（2）总包单位与分包单位签订分包合同，明确双方安全责任。

### 16.2.3 建设单位项目创建管理的责任

1. 工程相关资料

（1）向施工单位提供施工现场及毗邻区域内供水、排水、供电、供气、供热、通信、广播电视等地下管线资料、气象和水文观测资料、相邻建筑物和构筑物及地下工程等资料；

（2）建设单位确保提供的资料真实、准确、完整。

2. 安全文明施工措施费用应符合下列规定

（1）将安全文明措施费列为不可竞争费用；

（2）建设单位应保障施工单位安全文明施工措施费用，按规定及时支付安全生产、绿色施工和扬尘防治费用；

（3）建设单位督促施工单位使用安全文明措施费用。

建设单位不得随意压缩合同约定工期。建设单位办理项目安全生产报监手续时应提供应急救援预案。

### 16.2.4 文明施工

1. 工程整体形象

（1）保持施工现场干净整洁、防护严密、标识标牌醒目美观、安全宣传氛围浓厚；

（2）施工现场必须实行全封闭，鼓励使用工具化、定型化围挡，围挡稳定牢固、整洁美观，围挡外立面设置体现安全文化的图文。

2. 现场出入口

（1）门头设置企业名称和企业标识；

（2）出入口做到人车分离，建立值班制度，设置门禁打卡设施，实施实名制管理；

（3）施工管理人员进入现场必须佩戴胸卡。

3. 材料堆放

（1）建筑材料、构件、料具的堆放应按总平面布置图进行布置；

（2）材料堆放整齐，标明名称、规格、型号、产地等；

（3）易燃易爆物品分类储藏在专用库房内，并采取防护和防火措施。

4. 临时设施应符合以下规定

（1）严禁在尚未竣工的建筑物内办公与住宿；

（2）施工作业区与办公、生活区必须划分清晰，采取相应的隔离措施；

（3）会议室、库房和食堂必须设在一层；

（4）现场临时设施必须采用符合防火规范要求的材料搭建，不得超过2层，工人宿舍需配置空调设施；

（5）生活区、办公区的通道、楼梯处设置应急疏散、逃生提示标志和应急照明灯；

（6）生活区内设置供作业人员学习和娱乐的场所，文体活动室配备文体活动设施和用品；

（7）施工现场设置水冲式厕所，铺设墙地砖，门窗齐全并通风良好，高层在建工程楼层内必须合理设置临时移动式厕所；

（8）食堂应取得食品经营许可证，并应悬挂在制作间醒目位置；炊事人员持有健康证，穿戴工作服上岗；

（9）淋浴间内设置满足需要的淋浴喷头，供应热水，设置储衣柜或挂衣架；

（10）设置专门的茶水间和吸烟处。

5. 现场消防

（1）施工现场建立消防安全责任制度，制定消防措施；

（2）施工现场设置消防设施，高层建筑必须设置消防水源、水泵和立管；

（3）施工现场灭火器材应可靠有效，布局配置符合规范和现场实际要求；

（4）明火作业履行动火审批手续。

### 16.2.5 绿色施工管理

1. 管理措施

（1）编制绿色施工专项施工方案，应明确绿色施工的责任和义务；

（2）建立绿色施工管理体系，制定管理制度，并实施目标管理；

（3）有节约用水、防止水资源污染和土质防污染措施。

2. 节水措施

（1）建立雨水收集利用系统；

（2）建立施工基础降水再循环利用系统；

（3）施工现场采用节水器具，并设置节水标识。

3. 节材措施

（1）制定节材措施，选用绿色、环保材料；

（2）周转材料宜采用金属、化学合成材料等可回收再利用产品代替，并应加强保养维护，提高周转率；

（3）使用工具式定型模板，增加模板周转次数；

（4）对可回收再利用物资及时分拣、回收、再利用；

（5）使用工具化的安全防护设施。

4. 节能措施应符合下列规定

（1）现场使用声控、光控等节能灯具；

（2）现场办公室、宿舍、淋浴间等临时设施宜使用太阳能等可再生能源。

5. 节地措施应符合下列规定

（1）合理规划施工场地，减少对土地的占用；

（2）施工现场宜利用拟建道路路基作为临时道路路基；

（3）采用先进的技术措施，减少土方开挖和回填。

6. 水土污染防治

（1）施工现场设置排水管及沉淀池，施工污水经沉淀处理达到排放标准后，可进行循环利用或排放；

（2）废弃的降水井及时回填，并封闭井口，防止污染地下水；

（3）施工现场临时厕所的化粪池进行防渗漏处理，并定期清运和消毒；

（4）施工现场存放的油料和化学溶剂等物品设置专用库房，地面进行防渗漏处理；

（5）施工现场废弃的油料、化学溶剂等废物按照国家或地方有关规定处理，不得随意倾倒填埋。

7. 施工噪声及光污染防治

（1）施工现场场界噪声排放符合现行国家标准《建筑施工场界环境噪声排放标准》（GB 12523）的规定；施工现场对场界噪声排放进行监测、记录和控制，并采取降低噪声的措施；

（2）施工现场宜选用低噪声、低振动的设备；强噪声设备设置在远离居民区的一侧，并采用隔声、吸声材料搭设的防护棚或屏障；

（3）因生产工艺要求或其他特殊要求，确需进行夜间施工的，加强噪声控制；

（4）对强光作业和照明灯具采取遮挡措施，防止光污染。

### 16.2.6 扬尘防治

1. 管理组织及人员

（1）建立以项目负责人为第一责任人的项目施工扬尘污染防治管理组织，明确各级、各工序扬尘污染防治责任人；

（2）按规定配备扬尘污染防治专职或兼职管理人员；

（3）制定扬尘污染防治措施，结合工程特点对项目管理人员、作业人员进行扬尘污染防治的培训教育。

2. 扬尘污染防治经费

（1）建设单位依法支付施工扬尘污染防治费用；

（2）施工单位依法使用扬尘污染防治费用。

3. 车辆管理

（1）施工现场车辆出入口设置车辆冲洗设施，宜采用自动冲洗平台；

（2）冲洗设施宜采用循环用水系统，对驶出现场的车辆冲洗干净后方可上路。

4. 施工场地防尘

（1）使用扬尘在线监测设备对现场扬尘情况进行实时监测，并在现场显示监测数据；当环境空气质量指数达到中度及以上的污染时，现场增加洒水频次，加强覆盖措施，停止造成大气污染的作业；

（2）设置高压喷雾水系统等综合降尘措施；

（3）施工车辆出入口地面、场内运输通道宜采用钢板等可周转无污染的硬质材料；

（4）其他一般道路、广场、办公区、生活区、材料堆场和脚手架基础等宜采用可重复利用的预制件铺装；

（5）其余裸露场地视情况采取覆盖、植被、洒水或固化等抑尘措施。

5. 材料防尘管理

（1）现场应使用预拌混凝土和预拌砂浆；

（2）砂石等散体材料集中分类堆放，并采取覆盖或洒水防尘措施；

（3）对水泥、粉煤灰、聚苯颗粒、陶粒、白灰、腻子粉、石膏粉等扬尘污染的物料，必须利用仓库、储藏罐、封闭或半封闭分类存放；

（4）建筑物内垃圾采用容器或搭设专用封闭式垃圾道的方式清运，严禁凌空抛掷；

（5）施工现场严禁焚烧各类废弃物。

# 第十七章　建筑施工安全生产事故案例

## 17.1　建筑施工安全生产事故的类别

### 17.1.1　事故的分类

（1）按事故原因及性质划分四类：生产事故、质量问题、技术事故、环境事故；

（2）按照事故类别分类：划分为十四类：物体打击、车辆伤害、机械伤害、起重伤害、触电、灼烫、火灾、高处坠落、坍塌、透水、爆炸、中毒、窒息、其他伤害；

（3）按事故严重程度分类划分为：轻伤事故、重伤事故、死亡事故。

### 17.1.2　事故类别

从建筑物的建造过程以及建筑施工的特点可以看出，施工现场的操作人员随着从基础、主体、屋面等分项工程的施工，要从地面到地下，再回到地面，再上到高空。经常处在露天、高处和交叉作业的环境中。建筑施工是由沉重的建筑材料、不同功用的施工机械、多工种密集的作业人员，在地下、地表、高空多层次作业面上每时每刻都在变更作业结构，全方位时空立体交叉作业。其进度情况、卫生条件、现场周围及社会生活条件对施工都有限制，复杂的环境造成了安全事故多发的原因。

建筑施工现场复杂又变幻不定，在有限的场所集中了大量的工人、建筑材料、机械设备等进行作业，这样就存在较多的不安全因素，容易导致多种伤亡事故发生，主要的伤亡类别有以下几种：

（1）高处坠落：由于建筑施工随着生产的进行，建筑物向高处发展，从而高空作业现场较多，因此，高处坠落事故是主要的事故，占事故发生总数的

35% ~40% ，多发生在洞口、临边处作业，脚手架，模板、龙门架（井字架）等上面作业中。

（2）物体打击：建筑工程由于受到工期的约束，在施工中必然安排部分的或全面的交叉作业，因此，物体打击是建筑施工中的常见事故，占事故发生总数的 12% ~15% 。

（3）触电事故：建筑施工离不开电力，这不仅指施工中的电气照明，更主要的是电动机械和电动工具。触电事故是多发事故，近几年已高于物体打击事故，居第二位，占建筑施工事故总数的 18% ~20% 。

（4）机械伤害：主要指垂直运输机械或机具，钢筋加工、混凝土搅拌、木材加工等机械设备对操作者或相关人员的伤害。这类事故占事故总数的 10% 左右，是建筑施工中的第四大类事故。

（5）坍塌：随着高层和超高层建筑的大量增加，基础工程施工工艺越来越复杂，在土方开挖过程中坍塌事故也就成了施工中的第五大类事故，目前约占事故总数的 5% 。建筑施工现场还容易发生溺水、中毒等事故。

## 17.2 相关事故案例分析

### 17.2.1 模板工程坍塌事故

- 某市“1·12”建筑坍塌事故

（1）事故原因及性质：

2010 年 1 月 12 日，某建筑安装有限责任公司不顾劳务分包单位搭设的模板支撑体系存在重大安全隐患，组织对某科技产业园配送中心工程（以下简称配送中心工程）屋面梁板实施混凝土浇筑作业。在实施浇筑作业过程中，部分支撑钢管出现局部失稳，约 11 时 50 分，已浇筑混凝土部位的支撑系统垮塌，导致正在屋面作业的部分工人随已浇筑的钢筋混凝土和部分坍塌的模板支架坠落，与同时在 1 ~7 轴屋面模板下实施加固支撑作业的部分工人一起被砸或被埋，共造成 8 人死亡、8 人受伤。这是一起由于施工等有关方面违法违规造成的较大安全生产责任事故。

（2）事故责任认定及处理意见：

①某建筑安装有限责任公司，在其编制的配送中心工程高大模板专项施工方案既未进行专家论证又未经项目总监理工程师和建设单位负责人签字同意且

未详细交底的情况下，任由某建筑安装架业有限公司凭经验搭设；在模板支撑系统没有验收的情况下，无视监理单位通知，违规进行钢筋绑扎，进而冒险浇筑混凝土；当现场发现梁底下沉变形时，未停止混凝土浇筑作业却违章指挥架子工到支撑系统中冒险进行加固支撑作业；以上行为违反了《中华人民共和国建筑法》第四十七条，《建设工程安全生产管理条例》第二十六条，《危险性较大的分部分项工程安全管理办法》（建设部建质〔2009〕87 号印发）第九条、第十二条、第十五条、第十六条、第十七条，《建筑施工扣件式钢管脚手架安全技术规范》（JGJ 130）7. 1. 1、8. 2. 1、8. 2. 2，《混凝土结构工程施工质量验收规范》（GB 50204—2002）4. 1. 2 的规定，对事故发生负有主要责任。依据《生产安全事故报告和调查处理条例》第三十七条规定，决定由某省安全生产监督管理局对其处以 50 万元罚款；依据《中华人民共和国建筑法》第七十一条、第七十四条和《生产安全事故报告和调查处理条例》第四十条的规定，决定由某省住房和城乡建设厅吊销其《建筑业企业资质证书》和建筑施工《安全生产许可证》。

②某建筑安装有限责任公司总经理李某，没有履行企业安全生产管理第一责任人的职责，未按规定数量配备承建项目现场安全员（根据《建设工程安全生产管理条例》第二十三条和住建部建质〔2008〕91 号印发的《建筑施工企业安全生产管理机构设置及专职安全生产管理人员配备办法》第十三条规定，1 万平方米以上 5 万平方米以下建设项目应配备不少于 2 名专职安全员，配送中心和摄影棚工程建筑面积共计 1 万 3 千多平方米，只配备 1 名安全员），致使施工现场安全管理力量薄弱，对事故发生负领导责任。依据《生产安全事故报告和调查处理条例》第三十八条的规定，决定由某省安全生产监督管理局对其处以 2009 年个人年收入 40% 的罚款；依据《生产安全事故报告和调查处理条例》第四十条的规定，决定由某省住房和城乡建设厅依法撤销其《安全生产考核合格证书》《注册建造师资格证书》等与安全生产有关的执业资格、岗位证书。

③某建筑安装有限责任公司副总经理、配送中心工程项目经理李某，没有履行工程项目安全生产管理第一责任人的职责，在高大模板专项施工方案既未进行专家论证又未经项目总监理工程师和建设单位负责人签字同意且未经详细技术交底的情况下，任由某建筑安装架业有限公司凭经验搭设；在模板搭建安全隐患未整改的情况下违规组织钢筋绑扎、混凝土浇筑作业；对事故发生负有直接主管责任。其行为已涉嫌犯罪，决定移送司法机关依法追究其刑事责任；

依据《生产安全事故报告和调查处理条例》第四十条之规定，决定由某省住房和城乡建设厅依法撤销其《安全生产考核合格证书》《注册建造师资格证书》等与安全生产有关的执业资格、岗位证书。

④某建筑安装有限责任公司的某配送中心工程项目部技术负责人魏某，未履行项目现场安全生产管理职责，放任某建筑安装架业有限公司违规搭设高大模板支撑；未对模板支撑工程进行验收；无视监理单位不得擅自施工的要求继续进行混凝土施工；对事故发生负有直接管理责任，其行为已涉嫌犯罪，决定移送司法机关依法追究其刑事责任；依据《生产安全事故报告和调查处理条例》第四十条之规定，决定由某省住房和城乡建设厅依法撤销其《注册建造师资格证书》等与安全生产有关的执业资格、岗位证书。

⑤某建筑安装有限责任公司木工班长李某，在明知梁底下沉变形时，不仅未组织人员撤离危险区域，反而强令某建筑安装架业有限公司组织工人冒险违章进行模板支撑加固作业，对事故发生负有直接责任，其行为已涉嫌犯罪，决定移送司法机关依法追究其刑事责任。

⑥某建筑安装有限责任公司的某配送中心工程项目部安全员李某，未履行安全管理职责，对违规作业不予制止，在危险性较大工程施工时不在现场监管，对事故发生负有一定责任，依据《安全生产违法行为行政处罚办法》第四十四条的规定，决定由某省安全生产监督管理局对其处以 2000 元的罚款；依据《生产安全事故报告和调查处理条例》第四十条的规定，决定由某省住房和城乡建设厅依法撤销其《安全生产考核合格证书》等与安全生产有关的执业资格、岗位证书。

⑦某建筑安装架业有限公司安全管理薄弱，施工组织混乱，组织多名不具备资格的人员实施高风险建筑施工，不按高大模板专项施工方案和《建筑施工扣件式钢管脚手架安全技术规范》搭设，造成其搭设的模板支撑系统存在重大安全隐患，以上行为违反了《中华人民共和国建筑法》第四十七条、《中华人民共和国安全生产法》第二十三条规定，对事故发生负有重要责任，依据《生产安全事故报告和调查处理条例》第三十七条的规定，决定由某省安全生产监督管理局对其处以 50 万元罚款；依据《生产安全事故报告和调查处理条例》第四十条的规定，决定由某省住房和城乡建设厅负责吊销其《建筑业企业资质证书》和建筑施工《安全生产许可证》。

⑧蒋某，某建筑安装架业有限公司的某配送中心工程项目内架钢模支撑劳务分包负责人（与某建筑安装有限责任公司签订劳务分包合同），未认真履行

安全管理职责，致使多名不具备特种作业操作资格的人员从事模板支撑作业；未按照施工单位编制的高支模专项施工方案组织搭设；未按施工单位、监理单位意见对所搭设高支模隐患进行整改；顺从施工单位要求，安排架子工班长带领工人到正在浇筑混凝土的模板下进行加固支撑作业，对事故发生负有直接主管责任，其行为已涉嫌犯罪，决定移送司法机关依法追究其刑事责任；依据《生产安全事故报告和调查处理条例》第四十条的规定，决定由某省住房和城乡建设厅依法撤销其与安全生产有关的执业资格、岗位证书。

⑨某建筑安装架业有限公司架子工班班长李某，带领多名不具备特种作业操作资格的人员从事特种作业，搭设的模板支撑系统不符合专项施工方案要求，存在重大安全隐患，对事故发生负有一定的施工管理责任。依据《安全生产违法行为行政处罚办法》第四十四条的规定，决定由某省安全生产监督管理局对其处以3000元罚款；依据《生产安全事故报告和调查处理条例》第四十条的规定，决定由某省安全生产监督管理局依法撤销其登高作业架子工《特种作业操作证》，决定由某省住房和城乡建设厅依法撤销其与安全生产有关执业资格、岗位证书。

⑩某建筑设计研究院有限公司，对某配送中心工程承担监理责任。配送中心工程项目监理部总监理工程师不具备注册监理工程师资格；未按规定签署已完工程验收意见；未能阻止施工方违规搭建高支模；未履行高大模板支撑工序验收职责；不能阻止违规施工行为时，既未按规定及时通报建设单位，也未按规定及时向有关主管部门报告；“1·12”事故当天现场出现险情时，未制止施工人员到正在进行混凝土浇筑的模板下进行加固支撑作业。以上行为违反了《中华人民共和国建筑法》第三十二条、《建设工程安全生产管理条例》第十四条的规定，对事故发生负有重要责任。依据《生产安全事故报告和调查处理条例》第三十七条规定，决定由某省安全生产监督管理局对某建筑设计研究院有限公司处以50万元罚款；依据《生产安全事故报告和调查处理条例》第四十条的规定，决定由某省住房和城乡建设厅负责终止其办理监理资质变更手续，并吊销某建筑设计研究院甲级《工程监理企业资质证书》。

⑪某建筑设计研究院有限公司总经理周某，未依法履行安全生产管理职责，未能防范“1·12”建筑坍塌事故发生，负有领导责任，依据《生产安全事故报告和调查处理条例》第三十八条的规定，决定由某省安全生产监督管理局对其处以2009年个人年收入40%的罚款。

⑫某建筑设计研究院有限公司书记张某，对配送中心项目监理失控、未能

防范“1·12”建筑坍塌事故发生，负有领导责任，依据《生产安全事故报告和调查处理条例》第三十八条的规定，决定由某省安全生产监督管理局对其处以2009年个人年收入40%的罚款。

⑬某建筑设计研究院有限公司中层干部胡某，对不具备注册监理工程师资格人员担任某科技产业园配送中心工程项目总监理工程师负有直接管理责任，且未向某省政府“1·12”建筑坍塌事故调查组说明事故发生前某监理有限责任公司已撤销的事实，依据《安全生产违法行为行政处罚办法》第四十四条的规定，决定由某省安全生产监督管理局对其处以9900元罚款；依据《生产安全事故报告和调查处理条例》第四十条的规定，决定由某省住房和城乡建设厅依法撤销其与安全生产有关的执业资格、岗位证书。

⑭监理工程师、配送中心项目总监、项目监理部第一责任人张某，对配送中心项目监理失控负有直接主管责任，其行为已涉嫌犯罪，决定移送司法机关依法追究其刑事责任；依据《生产安全事故报告和调查处理条例》第四十条的规定，决定由某省住房和城乡建设厅依法撤销其与安全生产有关的执业资格、岗位证书。

⑮监理员、配送中心项目责任监理员梅某，对配送中心项目监理失控负有直接责任，依据《安全生产违法行为行政处罚办法》第四十四条的规定，决定由某省安全生产监督管理局对其处以4000元罚款；依据《生产安全事故报告和调查处理条例》第四十条的规定，决定由省住房和城乡建设厅依法撤销其与安全生产有关的执业资格、岗位证书。

⑯注册监理工程师、配送中心项目责任监理工程师周某，对配送中心项目监理失控负有直接责任，但考虑其签发了100111号监理通知，且多次在不同场合指出违规行为与隐患，依据《安全生产违法行为行政处罚办法》第四十四条的规定，决定由某省安全生产监督管理局对其处以5000元罚款。

⑰某科技产业有限公司未在与某建筑安装有限责任公司签订的，包括配送中心工程在内的《建设工程施工合同》中明确本企业与承包单位的安全管理责任；未办理施工许可证和安全监督手续；违反工程建设程序，先开工后报审施工图设计文件；在实施项目建设过程中只注重工程施工进度，在下达开工令时擅自缩短合同约定工期，导致某建筑安装有限责任公司边施工边编制施工方案，各道工序完工未经验收合格就实施下一道工序作业。以上行为违反了《中华人民共和国建筑法》第七条、《中华人民共和国安全生产法》第四十一条、《建设工程安全生产管理条例》第七条、《建设工程质量管理条例》第五

条的规定，对事故发生负有一定责任。依据《生产安全事故报告和调查处理条例》第三十七条的规定，决定由某省安全生产监督管理局对其处以50万元罚款。

⑱某科技产业有限公司法定代表人戎某，公司安全生产第一责任人，对公司组织实施项目的违法行为负有主管责任，依据《生产安全事故报告和调查处理条例》第三十八条的规定，决定由某省安全生产监督管理局对其处以2009年个人年收入40%的罚款。

⑲某智能公司派驻某科技产业园工程项目总监荀某（配送中心工程技术、安全总监），违法签署项目开工令、压缩配送中心工程建设工期，对事故发生负有直接管理责任，依据《安全生产违法行为行政处罚办法》第四十四条的规定，决定由某省安全生产监督管理局对其处以9000元罚款。

⑳某市住房和城乡建设委员会，履行对全市住房和建设系统安全生产监督管理职责不到位，对危险性较大工程监督不到位，对事故发生负有一定的监管责任。责成其向某市政府做出深刻的书面检查。

㉑某市住房和城乡建设委员会主任孙某，本部门安全生产工作第一责任人，对某市住房和城乡建设委员会督促检查建筑施工现场存在的隐患整改不到位、对危险性较大工程监督不到位负有领导责任。责成其向某市政府做出深刻的书面检查。

㉒某市住房和城乡建设委员会副主任李某，分管全市建筑施工安全工作，对督促检查建筑施工现场存在的隐患整改不到位、对危险性较大工程监督不到位负有一定的领导责任。决定依据《安全生产领域违法违纪行为政纪处分暂行规定》第四条规定给予其行政警告处分。

㉓某市建筑工程管理处，履行全市建设工程施工安全生产监督检查职责不到位，查处违法施工不力，对该起事故发生负有监管责任。责成其向某市住房和城乡建设委员会做出深刻的书面检查。

㉔某市建筑工程管理处主任魏某，某市建设工程施工安全生产工作监督检查第一责任人，履行职责不到位，查处违法施工不力，对未防止事故发生负有领导责任。决定依据《安全生产领域违法违纪行为政纪处分暂行规定》的第四条规定给予其行政记大过处分。

此次事故涉及有关责任人员政纪处分的，由某市人民政府按照干部管理权限落实处分决定；涉及撤销有关责任人员与安全生产有关的执业资格、岗位证书的，由某省住房和城乡建设厅负责落实。处理结果报某省安全生产监督管理局备案。

（3）事故防范措施：

①某市住房和城乡建设委员会要认真组织开展全市所有在建工程安全排查活动，坚决纠正建设单位未办理质量和安全监督手续、未办理施工许可证擅自开工的行为，严格检查并清除建筑工地不合格的钢管、扣件。

②某市政府要深刻汲取此次建筑安全生产事故的教训，牢固树立安全发展理念，从体制机制上建立、落实防范类似项目擅自开工建设的措施。

③某省住房和城乡建设厅要认真组织开展全省在建工程项目的安全专项排查，摸清未办理施工许可证和建设项目质量和安全监督手续的建设工程情况，依法纠正查处违法建设行为。

④各地、各部门要以开展建设工程领域突出问题专项治理为契机，进一步强化工程建设领域安全监管工作，把所有开工项目都纳入监管范围，严格法定程序和标准，规范项目操作规程，任何开工项目都不得游离于监管之外，坚决打击工程建设领域违法违规建设行为。

⑤某省工商局要对某科技产业园配送中心工程项目不合格钢管、扣件出租单位某建筑钢模租赁有限责任公司进行立案调查；并会同某省质监局、省住建厅、省安全监管局对全省建筑用钢管、扣件的生产、销售、租赁、使用环节进行专项检查，研究制定加强钢管、扣件租赁企业质量安全管理的专项规定。

### ● 某市“3·21”模板工程坍塌事故

2013 年 3 月 21 日 20 点 30 分许，某市财富广场工程在五层屋面 S 至 J 轴、20 至 25 轴混凝土浇筑过程中，中庭部分（J 至 N 轴、22 至 25 轴）+23.700 梁板混凝土发生坍塌。事故造成 8 人死亡、6 人受伤，该工程中庭模板支撑系统全部损坏，中庭约 12m$^3$混凝土报废，部分混凝土结构受损。

（1）工程基本情况：

某市财富广场建设项目位于某市龙眠中路与同安北路西北角。工程合同工期 240 天，工程实际于 2012 年 8 月初开工建设。该工程地上五层建筑面积 49421m$^2$，地下二层建筑面积 25287m$^2$，建筑总高度 23.7m，工程为框架及框架剪力墙结构。

该项目建设单位是某集团百货有限公司，工程施工总承包单位是某建设集团建筑安装有限公司（项目经理王某），监理单位是某建设项目管理有限公司（项目总监刘某），设计单位是某建筑设计研究院，勘察单位是某岩土勘察设计有限公司，商品混凝土供应单位是某建材有限公司。

为了加强该项目建设管理，某市市委办公室、市政府办公室于2011年10月25日联合发文成立该项目建设领导小组。

（2）事故简要经过：

该工程五层屋面S至J轴、20至25轴混凝土于2013年3月21日7：40开始，自20轴由S轴向J轴浇筑。18：00左右，现场有人听到支撑架体有异常响声，这时施工方陆续安排人员吃饭，并准备安排相关人员吃完饭后去检查。饭后在没有安排检查的情况下，在24轴梁附近东北向1米左右一次性倾倒约7$m^3$混凝土；20：30左右，发生中庭已浇筑混凝土部位的支撑系统垮塌。此时已浇筑完370多$m^3$混凝土，本次浇筑部分已基本完成。垮塌区域详见现场勘验笔录、图片资料。

（3）事故原因的初步分析：

经勘查现场和查阅建设、施工、监理等单位技术、安全管理资料，并对现场相关人员进行询问调查，初步分析造成本次事故原因有：

①支撑系统的失稳破坏是事故发生的直接原因：

1）方案及审查不符合相关规定要求：由项目经理王某编制，公司技术负责人朱某审批的该项目施工组织设计中支撑部分设计用原木支撑与现场钢管支撑系统完全不符，经调查未见该工程部位高大模板专项施工方案［违反《危险性较大的分部分项工程安全管理办法》（住建部建质〔2009〕87号文）第五条要求］。

2）现场的现存支撑系统严重不符合规范要求：纵横向水平杆未连续设置，支架底部缺失垫板和扫地杆，支架周边未与原有建筑物有效拉结违反了《建筑施工模板安全技术规范》（6.1.9条第2款）《建筑施工扣件式钢管脚手架安全技术规范》（6.9.7条）。

现场搭设的架体四周及架体内没有设置竖向及水平向剪刀撑；五层剪刀撑设置数量较少，违反了《建筑施工模板安全技术规范》（6.1.9条第5款）。

有多处立杆接头设置在同一步距内，顶层支架立杆固定在大横杆上。违反了《建筑施工模板安全技术规范》（6.2.4条第3、第4款）的规定。

3）违反混凝土框架结构浇筑程序：现场混凝土浇筑是梁、柱、板一起进行浇筑，违反了关于模板支撑体系计算原理和结构稳定的要求《建设工程高大模板支撑系统施工安全监督管理导则》。

4）支撑系统（钢管及扣件）材料检验：根据某建筑工程质量第二监督检

测站对事故现场钢管及扣件的抽样检测报告，该项目使用的钢管存在壁厚及力学性能方面不能满足原有设计要求，旋转扣件性能普遍不合格，部分对接扣件性能不合格。

5）根据现场现存结构实测尺寸及材料复验结果，对现场主梁附近水平横杆抗弯强度及稳定性计算表明：

抗弯计算强度 $f = M/W = 3.872 \times 106/4372.0 = 885.72\text{N/mm}^2 > f_{设} = 205\text{N/mm}^2$

支撑钢管的最大变形 $V_{max} = 13.820\text{mm}$ 挠度大于 1000.0/150 与 10mm，不满足要求。

6）破坏机理：在混凝土浇筑过程中，由于主梁附近水平横杆抗弯强度及最大变形超过规范要求，一方面使得扣件受力变形而破坏；另一方面使得与横杆连接的立杆产生附加应力，引起立杆失稳破坏。由于浇筑过程中混凝土堆放集中，加速靠梁附近的立杆首先出现局部失稳和扣件破坏，加之整个支撑系统的剪刀撑及扫地杆布置与规范要求相差较大，从而导致整个支撑系统失稳迅速垮塌。

②施工单位的违章指挥、违章作业，监理单位未履职是造成事故的主要原因。

施工单位对模板支撑系统的施工无方案、未交底，在没有按照规定验收的情况下，违规施工。监理单位未实施旁站监理，对现场施工没有尽到监管职责，是导致人员伤亡的主要原因。同时据现场施工员反映，事故发生当天18：00左右，现场有人发现架体异响、泵管晃动、屋面混凝土下沉等危险情况下，商品混凝土供应单位不听劝阻继续施工。

③相关责任单位的违规操作、管理缺位是事故发生的间接原因：

1）该项目未进行公开招投标，该项目施工和监理是通过议标方式确定承包单位。2013 年 1 月 26 日，“某广场局部规划调整方案批复”（住建函字〔2013〕47 号函件），同意将北部（即事故发生的 B 区）由原来的二、三层全部调整为五层。而施工工期没有进行顺延（违反《建设工程安全生产管理条例》第二章第七条规定）。

2）建设单位与施工单位于 2011 年 9 月 19 日签订了一份《建设工程承包协议》；又于 2012 年 9 月 1 日签订了《建设工程施工合同》，实际开工日期是 2012 年 8 月初，某市住建局 2012 年 12 月 6 日才签发该项目规划许可证（编号是民建 2012022），直至 2012 年 12 月 31 日，某市住建局为该项目办理了工程安全报监手续。2013年2月6日，某市住建局为该项目核发了《建筑工程施工许可证》（编号是：88113020008），违反《中华人民共和国建筑法》第二章第一节报建程序的规定。

3）项目部没有按照要求配备项目专职安全生产管理人员，安全员基本上不能做到在岗履职，配备的施工员、技术负责人没有履职资格；项目部擅自将架体非法分包给个人，在没有专项施工方案，也没有对操作人员进行详细交底的情况下，为抢工期，要求架子工进行搭设［违反《危险性较大的分部分项工程安全管理办法》（住建部建质〔2009〕87号文）第八条及第十五条要求］。

4）监理单位在现场没有专项施工方案、没有专职安全员的情况下，于2013年3月20日违规对该事故发生部位的模板及支撑架进行下一道工序验收，未认真履行监理方的法定职责（违反《建设工程安全生产管理条例》第三章第十四条的规定）。

5）施工单位管理混乱，对该项目管理失控。对项目无方案施工、违法分包等违规违法行为没有及时纠正。

6）某市建设局安全管理科未将该项目高大模板支撑系统作为建设工程安全监督重点，未履行监督职责（违反《建设工程高大模板支撑系统施工安全监督管理导则》5.3条）。参加验收的某市工程质量监督部门有关人员，未对相关单位违规验收提出整改意见（违反《房屋建筑工程和市政基础设施工程质量监督管理规定》第五条的规定）。

（4）事故性质：

经调查认定，是一起因建设、施工、监理等单位违法违规建设施工，地方政府及有关部门监管不到位而造成的较大安全生产责任事故。

（5）对责任单位及人员的处理：

①依法追究刑事责任人员：

1）某建设集团建筑公司项目经理王某。没有履行工程项目安全生产管理第一责任人职责，施工现场安全管理混乱，擅自将架体非法分包给个人，在无专项施工方案，也未对操作人员进行详细交底的情况下，为抢工期，指使架子工从自己开设的公司租赁不合格建材用于违规搭设，为事故的发生埋下了重大隐患，其行为已涉嫌犯罪，决定由司法机关依法追究其刑事责任；同时依据《生产安全事故报告和调查处理条例》第四十条规定，由某省住房和城乡建设厅依法撤销其与安全生产有关的执业资格、岗位证书。

2）某建设集团建筑公司工程项目技术负责人王某。专项方案编制、审核、审批把关不到位，审核相关技术方案不负责任；安全技术交底不到位，在中庭部位模板支架搭设、模板铺设、钢筋绑扎、混凝土浇筑等施工过程中，只是由该项目的质量检查员口头安全技术交底，没有书面交底记录等资料；明知前述重大隐患未消除，仍然违反混凝土框架结构浇筑程序组织施工，其行为已涉嫌犯罪，决定由司法机关依法追究其刑事责任；同时依据《生产安全事故报告和调查处理条例》第四十条的规定，由某省住房和城乡建设厅依法撤销其与安全生产有关的执业资格、岗位证书。

3）某建设集团建筑公司工程项目施工员齐某。在施工现场有人听到支撑架体异响后，在未安排检查、查明原因的情况下，违章指挥，擅自组织工人作业，对事故的发生负有直接责任，其行为已涉嫌犯罪，决定由司法机关依法追究其刑事责任。

4）某建设项目管理有限公司法定代表人刘某。事故工程项目的总监理工程师，项目监理第一责任人，玩忽职守，长期不在现场，聘任不具备监理资质的人员担任项目监理工程师，对事故负有直接责任，其行为已涉嫌犯罪，决定由司法机关依法追究其刑事责任；同时依据《生产安全事故报告和调查处理条例》第四十条的规定，由其发证机关依法撤销其与安全生产有关的执业资格、岗位证书。

5）某建设集团建筑公司工程项目泥工金某。现场浇筑作业时，违章指挥，将混凝土集中堆放在现浇面上，造成局部荷载过大，对事故发生负有主要责任。其行为已涉嫌犯罪。鉴于其已在事故中死亡，不再追究其责任。

②给予党纪、行政处分人员：

1）张某，中共党员，某建设集团董事长。对下级子公司某建设集团建筑公司安全管理混乱，项目管理失控负有管理责任。按照《中国共产党纪律处分条例》第一百二十八条的规定，决定给予其党内严重警告处分；依据《生产安全事故报告和调查处理条例》第三十八条的规定，决定对其处以 2012 年其本人年收入 40% 的罚款。

2）中共党员、某集团百货公司董事长盛某。负责该工程建设指挥部领导小组办公室日常工作，对其集团下属某百货公司组织实施项目的违法行为负有监管不到位的责任。按照《中国共产党纪律处分条例》第一百二十八条的规定，决定给予其党内严重警告处分；依据《生产安全事故报告和调查处理条例》第三十八条的规定，决定对其处以 2012 年其本人年收入 40% 的罚款。

3）某市副市长、分管城建工作的程某。履行职责不到位，贯彻落实安全生产工作部署和要求不到位，组织开展“打非治违”工作不力，对住建局落实安全生产责任督促检查不力，对此次事故负有领导责任，依据《安全生产领域违法违纪行为政纪处分暂行规定》第四条，决定给予其行政警告处分。

4）某市住建局局长张某。履行安全生产监管工作不力，对项目违法违规建设失察，对事故负有重要领导责任。依据《安全生产领域违法违纪行为政纪处分暂行规定》第四条，决定给予其行政记大过处分。

5）某市住建局副局长江某。分管建筑施工安全工作，履行安全生产监管工作不力，对项目违法违规建设失察，未能及时督促检查和整改隐患，对危险性较大工程监督管理不到位，对事故负有主要领导责任。依据《安全生产领域违法违纪行为政纪处分暂行规定》第四条，决定给予其行政降级处分。

6）某市住建局安全科科长吴某。履行建设工程施工安全生产监督检查职责不到位，查处违法施工不力，对事故发生负有直接监管责任。依据《安全生产领域违法违纪行为政纪处分暂行规定》第四条，决定给予其行政撤职处分。

7）某市工程质监站站长崔某。履行职责不认真，对建筑工程质量监管工作不力，对事故发生负有主要领导责任，依据《安全生产领域违法违纪行为政纪处分暂行规定》第四条，决定给予其行政记大过处分。

8）某市工程质监站副站长程某。建筑工程质量管理责任人，对相关单位违规验收未提出监督意见，对事故发生负有直接责任，依据《安全生产领域违法违纪行为政纪处分暂行规定》第四条，决定给予其行政撤职处分。

③给予行政处罚的单位

1）某建设集团建筑公司，管理混乱，对该项目管理失控，对事故发生负有主要责任。依据《生产安全事故报告和调查处理条例》第三十七条的规定，决定对其处以44万元人民币罚款；依据《中华人民共和国建筑法》第七十一条、第七十四条和《生产安全事故报告和调查处理条例》第四十条的规定，决定由发证机关吊销其房建建筑企业资质证书及安全生产许可证书。

2）某建设项目管理有限公司。未认真履行监理职责，工程监理工作失控。在现场没有专项施工方案、没有专职安全员的情况下，对该事故发生部位的模板及支撑架、钢筋进行验收；在未对该部位的模板、支撑等按照规定检查的情况下，即口头同意该部位混凝土浇筑；对事故工程未实施旁站监理，对现场施工没有尽到监管职责，为事故的发生埋下了重大隐患。对事故发生负有重要责任。依据《生产安全事故报告和调查处理条例》第三十七条的规定，决定对其处以44万人民币罚款；依据《中华人民共和国建筑法》第七十一条、第七十四条和《生产安全事故报告和调查处理条例》第四十条的规定，决定由发证机关吊销其房建建筑企业资质证书及安全生产许可证书。

3）某集团百货公司。违法组织建设，违反工程建设程序，先开工后报审施工图设计文件；在实施项目建设过程中只注重工程施工进度，导致施工单位为抢工期盲目组织施工，对事故发生负有管理责任。依据《生产安全事故报告和调查处理条例》第37条的规定，决定对其处以44万元人民币罚款。

### 17.2.2 施工升降机事故

● 某市某旅游风景区“9·13”重大建筑施工事故

2012年9月13日13时10分许，某市某旅游风景区某景区还建楼（以下简称某景区）C区7－1号楼建筑工地，发生一起施工升降机坠落造成19人死亡的重大建筑施工事故，直接经济损失约1800万元。

（1）基本情况：

①某景区及事故楼房C7－1号楼概况。

某景区位于某市某旅游风景区，分为A、B、C三个区，2011年5月18日开工建设，总建筑面积约80万平方米。

发生事故的C7－1号楼位于某景区，该区共建有高层楼房7栋，建筑面积约15万平方米。C7－1号楼为33层框架剪力墙结构住宅用房，建筑面积约1.6万平方米，2012年6月25日主体结构封顶，事故发生时正处于内外装修施工阶段。

②某景园区前期工作情况。

截至事故发生时，包括事故楼房C7－1号楼在内的某景区仍未取得《土地使用证》《建设工程规划许可证》《施工图审查合格书》《施工招标中标通知书》和《建筑工程施工许可证》。

③事故施工升降机及司机基本情况。

事故设备为SCD200/200TK型施工升降机，有左右对称2个吊笼，额定载重量为2×2吨，其设计和生产单位均为某建筑工程机械有限公司（以下简称某机械公司)。2009 年 6 月 22 日，某机械设备有限公司与某建筑公司签订该施工升降机购买合同，产品正式出厂日期为 2009 年 7 月 10 日，编号：09072365，出厂时各项证照齐全。中汇公司于 2011 年 5 月 6 日为事故施工升降机申报取得某市城乡建设委员会核发的《施工升降机备案证》，备案编号：鄂 AA－S00742，备案额定承载人数为 12 人，最大安装高度为 150m。

2012 年 3 月 1 日，某机械公司与某建筑公司某景区项目部签订施工升降机设备租赁合同。2012 年 4 月 13 日，某建筑公司向某市某区建筑管理站递交了《建筑起重机械安装告知书》，但某建筑公司在办理建筑起重机械安装（拆卸）告知手续前，没有将该施工升降机安装（拆卸）工程专项施工方案报送监理单位审核。4 月 16 日，事故施工升降机从某市某项目（使用登记编号为 WH－S0436）转场至某景区 C7－1 号楼工地开始安装，安装完毕后进行了自检。5 月 9 日，某市特种设备监督检验所对该施工升降机出具了《安装检测合格报告》。5 月 14 日，某市某区建筑管理站核发《建筑起重机械使用登记证》（登记编号：WHHS－S12111)，有效期至 2013 年 5 月 14 日。某景区施工项目部和某机械公司未以此登记牌更换施工升降机上原有登记牌，以致事故现场该施工升降机上仍装着编号为“WH－S0436”的原登记牌，其有效期显示为“2011 年 6 月 23 日至 2012 年 6 月 23 日”。

初次安装并经检测合格后，某机械公司对该施工升降机先后进行了 4 次加节和附着安装，共安装标准节 70 节，附着 11 道。其中最后一次安装是从第 55 节标准节开始加节和附着 2 道，时间为 2012 年 7 月 2 日。每次加节和附着安装均未按照专项施工方案实施，未组织安全施工技术交底，未按有关规定进行验收。

事故施工升降机坠落的左侧吊笼，司机为李某。李某被派上岗前后未经正规培训，所持“建筑施工特种作业操作资格证”系伪造，为施工现场负责人易某和安全负责人易某购买并发放。

④事故相关单位概况。

1）建设单位概况。建设单位为某市某旅游风景区某村民委员会，法定代表人陈某。

2）建设管理单位概况。建设管理单位为某置业有限责任公司（以下简称某公司)。该公司前身为某建设工程项目管理有限责任公司，2011 年 3 月 16 日变更为某置业有限公司，单位性质为民营，法定代表人万某，注册资本 2000 万元，经营范围为：法律、行政法规、国务院决定禁止的不得经营；法律、行政法规、国务院决定规定应经许可的，经审批机关批准并经工商行政管理机关登记注册后方可经营；法律、行政法规、国务院决定未规定许可的，自主选择经营项目开展经营活动。该公司未取得建设工程管理资质。该公司某景区现场管理负责人王某。

3）施工单位概况。施工总承包单位为某建筑公司，单位性质为民营，法定代表人刘某，注册资本 23200 万元，具有建筑业企业房屋建筑工程施工总承包一级、起重设备安装工程专业承包三级、土石方工程专业承包二级、钢结构工程专业承包二级、建筑装修装饰工程专业承包一级、市政公用工程施工总承包二级、建筑防水工程专业承包三级资质证书（编号为 A1014042011704），《安全生产许可证》[编号为（鄂）JZ 安许证字〔2005〕001243]有效期为 2011 年 7 月 18 日至 2014 年 7 月 18 日。

4）监理单位概况。监理单位为某监理公司，单位性质为民营，法定代表人田某，注册资本 500 万元，具有房屋建筑工程监理甲级资质证书（编号为 E142003583），有效期为 2009 年 7 月 17 日至 2014 年 7 月 17 日。

某景区监理工作由某监理公司某分公司负责实施。某监理公司某分公司经理尹某。该分公司安排的现场监理负责人丁某，未取得国家注册监理工程师资格，不具备担任项目总监和总监代表的条件。

5）施工升降机设备产权及安装、维护单位概况。事故施工升降机设备产权及安装、维护单位为某机械公司，单位性质为民营，法定代表人魏某，注册资本 50 万元，具有建筑业企业起重设备安装工程专业承包三级资质证书（编号为 B3174042011108）；《安全生产许可证》（编号为 JZ 安许证字〔2011〕006226）有效期为 2011 年 7 月 18 日至 2014 年 7 月 18 日。

6）建筑安全监管单位概况。建筑安全监管单位为某市某区建筑管理站，站长罗某。某区建筑管理站安排下属某分站负责某景区建筑安全监管工作。

（2）事故发生经过：

2012 年 9 月 13 日 11 时 30 分许，升降机司机李某将某景区 C7－1 号楼施工升降机左侧吊笼停在下终端站，按往常一样锁上电锁拔出钥匙，关上护栏门后下班。当日 13 时 10 分许，李某仍在宿舍正常午休期间，提前到该楼顶楼施工的 19 名工人擅自将停在下终端站的 C7－1 号楼施工升降机左侧吊笼打开，携施工物件进入左侧吊笼，操作施工升降机上升。该吊笼运行至 33 层顶楼平台附近时突然倾翻，连同导轨架及顶部 4 节标准节一起坠落地面，造成吊笼内 19 人当场死亡。

①直接原因。

经调查认定，某市某旅游风景区“9·13”重大建筑施工事故发生的直接原因是：事故发生时，事故施工升降机导轨架第66节和第67节标准节连接处的4个连接螺栓只有左侧两个螺栓有效连接，而右侧（受力边）两个螺栓连接失效无法受力。在此工况下，事故升降机左侧吊笼超过备案额定承载人数（12人），承载19人和约245kg物件，上升到第66节标准节上部（33楼顶部）接近平台位置时，产生的倾翻力矩大于对重体、导轨架等固有的平衡力矩，造成事故施工升降机左侧吊笼顷刻倾翻，并连同第67~70节标准节坠落地面。

②间接原因。

1）某建筑公司，系某景区施工总承包单位。该公司管理混乱，将施工总承包一级资质出借给其他单位和个人承接工程；某建筑公司使用非公司人员吴某的资格证书，在投标时将吴某作为某景区项目经理，但未安排吴某实际参与项目投标和施工管理活动；未落实企业安全生产主体责任，安全生产责任制不落实，未与项目部签订安全生产责任书；安全生产管理制度不健全、不落实，培训教育制度不落实，未建立安全隐患排查整治制度；未认真贯彻落实某市城乡建设委员会《关于印发〈某市城建委认真做好近期全市建设工程安全隐患大排查工作的实施方案〉的通知》（建〔2012〕233号）、《关于立即组织开展全市建设工程安全生产大检查的紧急通知》（建〔2012〕244号）、某市城建安全生产管理站《关于组织开展建筑起重机械安全专项大检查的紧急通知》（城安字〔2012〕23号）等文件精神，对某景区施工和施工升降机安装使用的安全生产检查和隐患排查流于形式，未能及时发现和整改事故施工升降机存在的重大安全隐患。上述问题是导致事故发生的主要原因。

2）某景区施工项目部，系某公司股东、党委书记易某以某公司名义组织成立。该项目部现场负责人和主要管理人员均非某建筑公司人员，现场负责人易某及大部分安全员不具备岗位执业资格；安全生产管理制度不健全、不落实，在某景区无《建设工程规划许可证》《建筑工程施工许可证》《中标通知书》和《开工通知书》的情况下，违规进场施工，且施工过程中忽视安全管理，现场管理混乱，并存在非法转包；未依照《某市建筑起重机械备案登记与监督管理实施办法》，对施工升降机加节进行申报和验收，并擅自使用；联系购买并使用伪造的施工升降机“建筑施工特种作业操作资格证”；对施工人员私自操作施工升降机的行为，批评教育不够，制止管控不力；未认真贯彻落实某市城乡建设委员会《关于印发〈某市城建委认真做好近期全市建设工程安全隐患大排查工作的实施方案〉的通知》（城建〔2012〕233 号）、《关于立即组织开展全市建设工程安全生产大检查的紧急通知》（城建〔2012〕244 号）、某市城建安全生产管理站《关于组织开展建筑起重机械安全专项大检查的紧急通知》（城安字〔2012〕23 号）等文件精神，对某景区施工和施工升降机安装使用的安全生产检查和隐患排查流于形式，未能及时发现和整改事故施工升降机存在的重大安全隐患。上述问题是导致事故发生的主要原因。

3）某机械公司，系某景区 C7－1 楼施工升降机的设备产权及安装、维护单位。安全生产主体责任不落实，安全生产管理制度不健全、不落实，安全培训教育不到位，企业主要负责人、项目主要负责人、专职安全生产管理人员和特种作业人员等安全意识薄弱；公司内部管理混乱，起重机械安装、维护制度不健全、不落实，施工升降机加节和附着安装不规范，安装、维护记录不全不实；安排不具备岗位执业资格的员工杜某负责施工升降机维修保养；未依照《某市建筑起重机械备案登记与监督管理实施办法》，对施工升降机加节进行验收和使用管理；未认真贯彻落实某市城乡建设委员会《关于印发〈某市城建委认真做好近期全市建设工程安全隐患大排查工作的实施方案〉的通知》（城建〔2012〕233 号）、《关于立即组织开展全市建设工程安全生产大检查的紧急通知》（城建〔2012〕244 号）、某市城建安全生产管理站《关于组织开展建筑起重机械安全专项大检查的紧急通知》（城安字〔2012〕23 号）等文件精神，对施工升降机使用安全生产检查和维护流于形式，未能及时发现和整改事故施工升降机存在的重大安全隐患。上述问题是导致事故发生的主要原因。

4）某置业有限公司，系某景区建设管理单位。该公司不具备工程建设管理资质，在某景区无《建设工程规划许可证》《建筑工程施工许可证》和未履行相关招投标程序的情况下，违规组织施工、监理单位进场开工。未经规划部门许可和放、验红线，擅自要求施工方以前期勘测的三个测量控制点作为依据，进行放线施工；在《建筑规划方案》之外违规多建一栋两单元住宅用房；在施工过程中违规组织虚假招投标活动。未落实企业安全生产主体责任，安全生产责任制不落实，未与项目管理部签订安全生产责任书；安全生产管理制度不健全、不落实，未建立安全隐患排查整治制度。某公司某景区项目管理部只注重工程进度，忽视安全管理，未依照《某市建筑起重机械备案登记与监督管理实施办法》，督促相关单位对施工升降机进行加节验收和使用管理；未认真贯彻落实某市城乡建设委员会《关于印发〈某市城建委认真做好近期全市建设工程安全隐患大排查工作的实施方案〉的通知》（城建〔2012〕233号）、《关于立即组织开展全市建设工程安全生产大检查的紧急通知》（城建〔2012〕244号）、某市城建安全生产管理站《关于组织开展建筑起重机械安全专项大检查的紧急通知》（城安字〔2012〕23号）等文件精神，对项目施工和施工升降机安装使用安全生产检查和隐患排查流于形式，未能及时发现和督促整改事故施工升降机存在的重大安全隐患。上述问题是导致事故发生的主要原因。

5）某监理公司，系某景区工程监理单位。该公司安全生产主体责任不落实，未与分公司、监理部签订安全生产责任书，安全生产管理制度不健全，落实不到位；公司内部管理混乱，对分公司管理、指导不到位，未督促分公司建立健全安全生产管理制度；对某景区《监理规划》和《监理细则》审查不到位；某监理公司使用非公司人员曾某的资格证书，在投标时将曾某作为某景区项目总监，但未安排曾某实际参与项目投标和监理活动。项目监理部负责人（总监代表）丁某和部分监理人员不具备岗位执业资格；安全管理制度不健全、不落实，在项目无《建设工程规划许可证》《建筑工程施工许可证》和未取得《中标通知书》的情况下，违规进场监理；未依照《某市建筑起重机械备案登记与监督管理实施办法》，督促相关单位对施工升降机进行加节验收和使用管理，自己也未参加验收；未认真贯彻落实某市城乡建设委员会《关于印发〈某市城建委认真做好近期全市建设工程安全隐患大排查工作的实施方案〉的通知》（城建〔2012〕233号）、《关于立即组织开展全市建设工程安全生产大检查的紧急通知》（城建〔2012〕244号）、某市城建安全生产管理站《关于组织开展建筑起重机械安全专项大检查的紧急通知》（城安字〔2012〕23号）等文件精神，对项目施工和施工升降机安装使用安全生产检查和隐患排查流于形式，未能及时发现和督促整改事故施工升降机存在的重大安全隐患。上述问题是导致事故发生的主要原因。

6）某村委会，系某景区建设单位。违反有关规定选择无资质的项目建设管理单位；对项目建设管理单位、施工单位、监理单位落实安全生产工作监督不到位；未认真贯彻落实某市城乡建设委员会《关于印发〈某市城建委认真做好近期全市建设工程安全隐患大排查工作的实施方案〉的通知》（城建〔2012〕233号）、《关于立即组织开展全市建设工程安全生产大检查的紧急通知》（城建〔2012〕244号）、某市城建安全生产管理站《关于组织开展建筑起重机械安全专项大检查的紧急通知》（城安字〔2012〕23号）等文件精神，对施工现场存在的安全生产问题督促整改不力。上述问题是导致事故发生的重要原因。

7）某市建设主管部门。某市城乡建设委员会作为全市建设行业主管部门，虽然对全市建设工程安全隐患排查、安全生产检查工作进行了部署，但组织领导不力，监督检查不到位；对某市城建安全生产管理站领导、指导和监督不力。该委员会建筑业管理办公室指定某区建筑管理站为某景区建设安全监管单位，后续监督检查工作不到位，未能及时发现并制止某景区违法施工行为。某市城建安全生产管理站作为全市建设安全监管主管机构，对某区建筑管理站业务指导不力，监督检查不到位，未能制止东某景区违法施工行为，安全生产工作落实不力。某市某区建筑管理站及下属和平分站作为某景区建设安全监管单位，在该项目无《建设工程规划许可证》《建筑工程施工许可证》的情况下，未能有效制止违法施工，对参建各方安全监管不到位。对工程安全隐患排查、起重机械安全专项大检查的工作贯彻执行不力，未能及时有效督促参建各方认真开展自查自纠和整改，致使事故施工升降机存在的重大安全隐患未及时得到排查整改。上述问题是导致事故发生的重要原因。

8）某市城管执法部门。某市城市管理局作为全市违法建设行为监督执法部门，在接到某景区违法施工举报后，没有严格执法；该局查违处处长林某到现场进行调查和了解后，于 2011 年 11 月 25 日主持召开市查违办月度绩效考核例会，将非市重点工程的某景区当作市重点工程，同意了某旅游风景区查违办提供的《会议纪要》对该项目做出“暂缓拆除，并督促其补办、完善相关手续”的意见，之后没有进一步检查督办是否停工补办相关手续，使得该项目得以继续违法施工。某旅游风景区城管执法局作为该风景区违法建设行为监督执法部门，在接到某景区违法施工举报后，虽然对该项目下达了《违法通知书》《违法建设停工通知书》《违法建设拆除通知书》《强制拆除决定书》，但没有严格执行，在按照该风景区管委会有关领导“争取变通解决办法”的要求，争取到某市城市管理局对该项目同意“暂缓拆除”后，没有督促有关单位停工补办相关手续，使得该项目得以继续违法施工。上述问题是导致事故发生的重要原因。

9）某旅游风景区管委会城乡工作办事处。某旅游风景区管委会城乡工作办事处作为该风景区管委会派出的，负责某村在内有关区域行政管理工作的机构，未认真贯彻落实安全生产责任制，未正确领导某景区参建各方严格执行国家、省、市有关安全生产法律法规和文件精神，是导致事故发生的重要原因。

10）某旅游风景区管委会。某旅游风景区管委会作为某市政府派出的，负责该区域行政管理工作的机构，未认真贯彻落实安全生产责任制，未有效领导某景区参建各方和监管部门严格执行国家、省、市有关安全生产法律法规和文件精神，是导致事故发生的重要原因。

（3）事故性质：

经调查认定，某市某旅游风景区“9・13”重大建筑施工事故是一起生产安全责任事故。

（4）对事故有关责任人员和单位的处理建议：

①建议不再追究刑事责任人员。

周某等19人违规进入并非法操作事故施工升降机上升，承载人员超过备案额定承载人数（12人），导致事故施工升降机吊笼倾翻坠落，对事故发生负直接责任。鉴于上述19人在事故中死亡，建议不再追究刑事责任。

②司法机关已采取措施人员。

1）某建筑公司施工项目部现场负责人易某，男，2012年9月14日被某市公安局刑事拘留，2012年10月20日某市检察院以涉嫌重大责任事故罪对其予以批捕。

2）某建筑公司施工项目部安全负责人、安全员易某，男，2012年9月14日被某市公安局刑事拘留，2012年10月20日某市检察院以涉嫌重大责任事故罪对其予以批捕。

3）某建筑公司施工项目部内、外墙粉刷施工项目负责人肖某，男，2012年9月14日被某市公安局刑事拘留，2012年10月20日武汉市检察院以涉嫌重大责任事故罪对其予以批捕。

4）某机械公司总经理魏某，男，2012年9月19日被某市公安局刑事拘留，2012年10月20日某市检察院以涉嫌重大责任事故罪对其予以批捕。

5）某机械公司施工升降机维修负责人杜某，男，2012年9月19日被某市公安局刑事拘留，2012年10月20日某市检察院以涉嫌重大责任事故罪对其予以批捕。

6）某监理公司监理部总监代表丁某，男，2012年9月14日被某市公安局刑事拘留，2012年10月20日某市检察院以涉嫌重大责任事故罪对其予以批捕。

7）某置业有限公司项目管理部负责人王某，男，2012年9月14日被某市公安局刑事拘留，2012年10月20日某市检察院以涉嫌重大责任事故罪对其予以批捕。

③建议移送司法机关人员。

1）中共党员、某市某区人大代表、某公司股东及党委书记、某景区施工实际承包人易某，男，违法组织某景区施工，忽视安全生产，对事故发生负主要领导责任，建议罢免区人大代表资格，移送司法机关处理。

2）某置业有限公司总经理张某，男，在公司不具备建设工程项目管理资质情况下承接某景区管理工程；在无《建设工程规划许可证》《建筑工程施工许可证》和未履行相关招投标程序的情况下，违规组织施工、监理单位进场开工；未经规划部门许可和放、验红线，擅自要求施工方违规放线施工；在施工过程中违规组织虚假招投标活动。未认真贯彻落实国家、省、市有关安全生产法律法规，公司安全主体责任不落实，安全生产管理制度不健全、不落实，安全管理混乱，对事故发生负主要领导责任，建议移送司法机关处理。

3）中共党员、某置业有限公司董事长万某，男，在公司不具备建设工程项目管理资质情况下承接某景区工程；在无《建设工程规划许可证》《建筑工程施工许可证》和未履行相关招投标程序的情况下，违规组织施工、监理单位进场开工；未经规划部门许可和放、验红线，擅自要求施工方违规放线施工；在施工过程中违规组织虚假招投标活动。未认真贯彻落实国家、省、市有关安全生产法律法规，公司安全主体责任不落实，安全生产管理制度不健全、不落实，安全管理混乱，对事故发生负主要领导责任，建议移送司法机关处理。

4）中共党员、某市某区建筑管理站某分站安全监管员张某，男，负责某景区安全监管工作，对某景区参建单位安全监管不负责任，对已发现的安全隐患整改督促不到位，对施工现场巡查密度不够，未能发现工人违规操作施工升降机问题，督促参建单位特别是中汇公司对施工升降机安全检查和隐患排查不到位，严重失职，对事故发生负主要责任，建议移送司法机关处理。

④建议给予党纪、政纪处分人员。

1）中共党员、某市某区人大代表、某建筑公司董事长刘某，男，未认真贯彻落实国家、省、市有关安全生产法律法规，公司安全主体责任不落实，安全生产管理制度不健全、不落实，安全管理混乱，非法出借公司资质，对事故负主要领导责任，依据《中华人民共和国安全生产法》《中国共产党纪律处分条例》第一百三十三条之规定，建议罢免区人大代表资格、留党察看一年处分。

2）中共党员、某建筑公司总经理刘某，男，未认真贯彻落实国家、省、市有关安全生产法律法规，公司安全主体责任不落实，安全生产管理制度不健全、不落实，安全管理混乱，非法出借公司资质，对事故负主要领导责任，依据《中华人民共和国安全生产法》《中国共产党纪律处分条例》第一百三十三条之规定，建议给予留党察看一年处分。

3）中共党员、某监理公司副总工程师（履行总工程师职责）夏某，男，对某景区监理部安全监理、安全大检查、隐患排查工作指导、督促不力，对事故发生负重要领导责任，依据《中华人民共和国安全生产法》《中国共产党纪律处分条例》第一百三十三条之规定，建议给予党内严重警告处分。

4）中共党员、某市某区建筑管理站某分站副站长（主持工作）刘某，男，未认真贯彻落实安全生产法律法规，对某景区违法施工行为制止不力，对某景区各参建单位安全监管不到位，对该站负责某景区监管的安全监管员工作指导、督促不力，对施工升降机安全检查和隐患排查工作组织执行不到位，对事故发生负主要领导责任，依据《中华人民共和国安全生产法》《行政机关公务员处分条例》第二十条和《中国共产党纪律处分条例》第一百三十三条之规定，建议给予行政撤职、留党察看一年处分。

5）中共党员、某市某区建筑管理站总工程师（原某分站站长）张某，男，未认真贯彻落实有关安全生产法律法规，对某景区违法施工行为制止不力，对某景区各参建单位安全监管不到位，对某分站安全监管工作指导、督促不力，对施工升降机安全检查和隐患排查工作组织、执行不到位，对事故发生负主要领导责任，依据《中华人民共和国安全生产法》《行政机关公务员处分条例》第二十条和《中国共产党纪律处分条例》第一百三十三条的规定，建议给予行政撤职、留党察看一年处分。

6）中共党员、某市某区建设局党委书记兼某区建管站站长罗某，男，未认真贯彻落实有关安全生产法律法规，对某景区违法施工行为制止不力，对某景区各参建单位安全监管不到位，对某分站的安全监管工作指导、督促不力，对施工升降机安全检查和隐患排查工作组织、执行不到位，对事故发生负重要领导责任，依据《中华人民共和国安全生产法》和《行政机关公务员处分条例》第二十条之规定，建议给予行政记大过处分。

7）中共党员、某市城建安全生产管理站站长王某，男，全面负责全市建筑工程安全监管工作，未认真贯彻落实有关安全生产法律法规，对某区建筑管理站安全监管工作指导、检查、督促不力，对施工升降机安全检查和隐患排查工作组织、执行不到位，对事故发生负重要领导责任，依据《中华人民共和国安全生产法》和《行政机关公务员处分条例》第二十条的规定，建议给予行政记大过处分。

8）中共党员、某市城乡建设委员会建筑业管理办公室主任（某市副局级干部）杨某，男，负责全市建设工程质量、安全生产、文明施工等监管工作，未认真贯彻落实有关安全生产法律法规，对某市城建安全生产管理站和某区建筑管理站安全监管工作指导、检查、督促不力，对施工升降机安全检查和隐患排查工作领导、组织、督促不到位，对事故发生负重要领导责任，依据《中华人民共和国安全生产法》《行政机关公务员处分条例》第二十条的规定，建议给予行政记大过处分。

9）中共党员、某市某旅游风景区城管执法局副局长方某，男，分管全区违法建设查处工作，未认真履行职责，对执法查处工作领导、组织不力，致使某景区违法施工行为未得到有效制止，对事故发生负重要领导责任，依据《中华人民共和国安全生产法》和《行政机关公务员处分条例》第二十条的规定，建议给予行政记大过处分。

10）中共党员、某市某旅游风景区城管执法局常务副局长（负责全面工作）雷某，男，未认真履行职责，对执法查处工作领导、督促不力，致使某景区违法施工行为未得到有效制止，对事故发生负重要领导责任，依据《中华人民共和国安全生产法》和《行政机关公务员处分条例》第二十条的规定，建议给予行政记大过处分。

11）中共党员、某市城市管理局查违处处长林某，男，负责领导、检查、协调、督促全市各类违法建筑物、设施的拆除。某市查违办在接到群众对某景区违法建设投诉后，未严格执法；2011 年 11 月 25 日，林某主持召开市查违办月度绩效考核例会，将非市重点工程的某景区当作市重点工程，同意了某旅游风景区查违办提供的《会议纪要》对该项目做出“暂缓拆除，并督促其补办、完善相关手续”的意见，之后没有进一步检查督办是否停工补办相关手续，使得该项目得以继续违法施工，未正确履行职责，对事故发生负主要领导责任，依据《中华人民共和国安全生产法》《行政机关公务员处分条例》第二十条和《中国共产党纪律处分条例》第一百三十三条的规定，建议给予行政撤职、留党察看一年处分。

12）中共党员、某市城市管理局副局长袁某，女，分管全市查处违法建设等工作，未认真履行职责，对执法查处工作领导不力，对某景区违法施工执法查处工作失察，对事故发生负重要领导责任，依据《中华人民共和国安全生产法》《行政机关公务员处分条例》第二十条规定，建议给予行政记过处分。

13）中共党员、某市国土资源和规划执法监察支队执法五大队副大队长

（负责全面工作）丰某，男，负责某旅游风景区、某区等范围内的国土资源执法监察工作，未认真履行职责，巡查工作不到位，对某景区土地违法行为未能及时发现、制止、报告和查处，依据《违反土地管理规定行为处分办法》第十六条的规定，建议给予行政记大过处分。

14）中共党员、某市国土资源和规划执法监察支队副支队长徐某，男，负责全市国土资源执法监察工作，未认真履行职责，对国土资源执法监察工作领导、指导和监督检查不到位，对某景区土地违法行为未能及时发现、制止和组织查处，依据《违反土地管理规定行为处分办法》第十六条的规定，建议给予行政记过处分。

15）中共党员、某市某旅游风景区经济社会发展局副调研员余某，男，未正确履行职责，违反程序制发某景区立项核准文件，擅自调整招标方式核准内容，为该项目办理邀请招标手续提供便利，依据《行政机关公务员处分条例》第二十一条的规定，建议给予行政记大过处分。

16）中共党员、某市某旅游风景区管委会副主任吴某，男，分管某旅游风景区经济社会发展局和城乡工作办事处，2008 年 12 月至 2012 年 3 月任某旅游风景区城乡工作办事处书记、主任，其中 2010 年 4 月任“还建工作领导小组办公室”主任。在任城乡工作办事处书记、主任和“还建工作领导小组办公室”主任期间，未认真落实安全生产责任制，未正确领导、指导、协调某景区还建工作，对事故发生负重要领导责任，依据《中华人民共和国安全生产法》《行政机关公务员处分条例》第二十条的规定，建议给予行政记大过处分。

17）中共党员、某市某旅游风景区管委会副主任甄某，男，分管某旅游风景区重点办工作，2010 年 8 月至 2011 年 12 月分管某旅游风景区城管执法局，未认真贯彻落实国家、省、市有关安全生产法律法规和文件精神，未正确领导、督促有关部门严格依法查处某景区违法施工行为，对事故发生负重要领导责任，依据《中华人民共和国安全生产法》《行政机关公务员处分条例》第二十条的规定，建议给予行政记过处分。

移送司法机关处理人员，待司法机关做出处理后，再依据有关规定给予相应的党纪、政纪处分。

⑤建议责成相关单位和主要负责人做出深刻检查。

1）责成某市某旅游风景区管委会及主要负责人向某市人民政府做出深刻检查，并抄报省监察厅、省安监局。

2）责成某市城乡建设委员会及主要负责人向某市人民政府做出深刻检查，并抄报某省监察厅、省安监局。

3）责成某市城市管理局及主要负责人向某市人民政府做出深刻检查，并抄报省监察厅、省安监局。

4）责成某市某旅游风景区管委会城乡工作办事处向某旅游风景区管委会做出深刻检查。

⑥建议对相关单位和人员作出行政处罚。

1）责成某省住房和城乡建设厅依法依规对某公司的资质做出处理，并将结果抄报某省监察厅、省安监局。

2）责成某省住房和城乡建设厅依法依规对吴某、曾某、丁某、易某、易某的执业资格做出处理，对吴某、曾某给予规定上限的行政处罚，并将结果抄报某省监察厅、省安监局。

3）责成某省安监局依法依规对某公司及该公司刘某某、刘某，某公司及该公司田某、金某、夏某、尹某，某置业有限公司、某建筑公司、某村委会给予规定上限的行政处罚。

4）责成某市政府对某景区违规多建的一栋住宅楼予以没收。

（5）事故防范和整改措施建议：

①深入贯彻落实科学发展观，牢固树立以人为本、安全发展的理念。

牢固树立和落实科学发展、安全发展理念，坚持“安全第一、预防为主、综合治理”方针，从维护人民生命财产安全的高度，充分认识加强建筑安全生产工作的极端重要性，正确处理安全与发展、安全与速度、安全与效率、安全与效益的关系，始终坚持把安全放在第一的位置、始终把握安全发展前提，以人为本，绝不能重速度而轻安全。

②切实落实建筑业企业安全生产主体责任。

进一步强化建筑业企业安全生产主体责任。要强化企业安全生产责任制的落实，企业要建立健全安全生产管理制度，将安全生产责任落实到岗位，落实到个人，用制度管人、管事；建设单位和建设工程项目管理单位要切实强化安全责任，督促施工单位、监理单位和各分包单位加强施工现场安全管理；施工单位要依法依规配备足够的安全管理人员，严格现场安全作业，尤其要强化对起重机械设备安装、使用和拆除全过程安全管理；施工总承包单位和分包单位要强化协作，明确安全责任和义务，确保生产安全有人管、有人负责；监理单位要严格履行现场安全监理职责，按需配备足够的、具有相应从业资格的监理人员，强化对起重机械设备安装、使用和拆除等危险性较大项目的监理。各参建单位、特别是建筑机械设备经营单位要严格落实有关建筑施工起重机械设备安装、使用和拆除规定，做到规范操作、严格验收，加强使用过程中的经常性和定期检查、紧固并记录。严格落实特种作业持证上岗规定，严禁无证操作。

③切实落实工程建设安全生产监管责任。

某市人民政府及有关行业管理部门要严格落实安全生产监管责任。要深入开展建筑行业“打非治违”工作，对违规出借资质、转包、分包工程，违规招投标，违规进行施工建设的行为要严厉打击和处理。要加强对企业和施工现场的安全监管，根据监管工程面积，合理确定监管人员数量。进一步明确监管职责，尽快建立健全安全管理规章、制度体系，制定更加有针对性的防范事故的制度和措施，提出更加严格的要求，坚决遏制重特大事故发生。

④切实加强安全教育培训工作。

某市以及全省都要认真贯彻执行党和国家安全生产方针、政策和法律、法规，落实《国务院关于进一步加强企业安全生产工作的通知》（国发〔2010〕23 号）、《国务院关于坚持科学发展安全发展促进安全生产形势持续稳定好转的意见》（国发〔2011〕40 号）和《某省人民政府关于加强全省安全生产基层基础工作的意见》（政发〔2011〕81 号）等要求，加强对建筑从业人员和安全监管人员的安全教育与培训，扎实提高建筑从业人员和安全监管人员安全意识；要针对建筑施工人员流动性大的特点，强化从业人员安全技术和操作技能教育培训，落实“三级安全教育”，注重岗前安全培训，做好施工过程安全交底，开展经常性安全教育培训；要强化对关键岗位人员履职方面的教育管理和监督检查，重点加强对起重机械、脚手架、高空作业以及现场监理、安全员等关键设备、岗位和人员的监督检查，严格实行特种作业人员必须经培训考核合格，持证上岗制度。

⑤切实加强建设工程管理工作。

某市要切实加强建设工程行政审批工作的管理。要进一步规范行政审批行为，对建设工程用地、规划、报建等行政许可事项，严格按照国家有关规定和要求办理，杜绝未批先建，违建不管的非法违法建设行为。国土资源部门要进一步加强土地使用管理和执法监察工作，严肃查处土地违法行为；规划部门要加强建设用地和工程规划管理，严格依法审批，进一步加强对规划技术服务和放、验红线工作的管理；建设部门要加强工程建设审批，严格报建程序，坚决杜绝未批先建现象发生；城管部门要加大巡查力度，严格依法查处违法建设行为。要严格工程招投标管理，杜绝虚假招投标等违法行为。要进一步建立健全建设工程行政审批管理制度和责任追究制度，主动接受社会监督，实行全过程阳光操作，确保程序和结果公开、公平、公正。

### 17.2.3 物体打击事故

- 某施工工地“4·25”物体打击事故

2012年4月25日21时40分左右，某项目施工现场发生一起工人被布料机倾倒打击事故，造成1人死亡，直接经济损失857100元，间接经济损失80000元。

（1）事故经过：

死者梅某，男，40岁，于2011年农历二月十八日由张某（12号、13号楼泥瓦工包工头）带领进场做泥瓦工。2012年4月25日晚21时30分左右，刘某组织梅某等4人维护清洗布料机管道，刘某爬上布料机输料管，骑在输料管一端弯头处拆卸螺丝，由于在清洗维修之前，未检查该布料机另一端的配重已卸除，导致布料机失去平衡而倾倒，砸中正在布料机下方梅某的头部，周围工人朱某、和某等人立即大声呼喊，并报告张某、温某（某劳务公司派驻该项目的会计）等人。工人郑某听到呼喊跑到现场后立即打120，同时打110报警，约10分钟后120急救车赶到现场，经急救医师现场检查，急救，终因伤情严重，十点半左右，宣布梅某死亡。

（2）事故原因分析和事故性质认定：

①事故原因。

1）直接原因：刘某、梅某违反布料机维护操作规程，维护时应先维修，后再拆除配重块，使之处于平衡状态，而刘某、梅某是先拆除配重块，然后再维修，因而使布料机失去平衡而倾倒，导致物体打击事故的发生；刘某等人作业时未采用佩戴安全帽等二次防护措施；刘某、梅某维护布料机属登高作业，未系安全绳，属违章作业。以上行为和状态是导致梅某死亡的直接原因。

2）间接原因：某劳务服务有限公司未严格履行安全生产责任制；未对从业人员进行正规的安全教育，员工个人安全意识淡薄；施工企业安全管理人员、监理单位监理员没有相关资格证书，不具备从业资格；未制定安全事故隐患排查制度；未制定布料机维护的安全操作规程。以上行为是该起事故发生的间接原因。

②事故性质。

“4·25”物体打击死亡事故是一起违反布料机安全操作规程、违章作业、安全防护设施缺失所造成的生产安全责任事故。

（3）事故经济损失：

①直接经济损失：887100元；

②间接经济损失：8万元。

（4）对事故责任者的处理建议：

①梅某，男，40岁，未受过布料机相关的安全教育及相应的培训，不了解其操作规程，操作布料机清洗工作时未对设备进行检查，盲目操作，擅自卸掉配重块，导致布料机失去平衡倒塌，致其死亡。对该起事故负有直接责任，因在事故中死亡，建议不追究其责任。

②某劳务服务有限公司即项目劳务的承包单位，对其管理的劳务人员负有安全保障责任。但该公司未履行法定的安全生产管理职责，对其职工未进行正规的安全教育及相应的培训，安全管理人员未取得相关安全管理资格证，对员工的日常管理不到位，未对施工设施设备制定安全操作规程，致使从业人员违规操作，因而导致事故发生。对该起事故负有主要责任，并存在瞒报情形，建议依据《生产经营单位瞒报谎报事故行为查处办法》第十三条第一款第（一）项的规定对该公司给予20万元罚款的经济处罚。

③刘某，男，作为布料机所有者，未经过布料机操作培训及正规的安全教育，违规操作，盲目指挥，导致布料机倾倒，致使梅某死亡，对该起事故负有主要责任。责成某劳务服务有限公司对其加强安全培训，立即制定出布料机的操作规程，并对该布料机进行技术鉴定后再予使用。依据《安全生产法》第八十一条第二款的规定，建议给予刘某5万元罚款的经济处罚。

④某工程管理有限公司，未严格履行安全监理职责，监理人员无安全管理资格证书，施工现场管理混乱。建议由某市住建局根据相关法律法规对其进行处罚。

（5）事故教训和整改措施：

①某劳务服务有限公司要认真吸取该事故教训，举一反三，以这起事故为典型，在全公司内广泛进行安全生产警示教育，并要求有关责任人员做出深刻检讨，某新区安委会。要严格落实各部门各岗位的安全生产责任制度和各种安全操作规程，将安全生产工作逐一落实到每个责任人，并制定出有效的安全生产监督机制，深入开展安全教育。对公司所有建筑工地进行定期和长期的巡查

督查，对查出的事故隐患及时整改、排除，对施工现场各类施工器械要制定相应的操作规程，严格按照操作规程执行。整改后由某建委、安监部门进行复查，对未整改到位的依法查处。

②某房地产开发有限公司作为某项目的建设单位，要深刻总结该起事故的经验教训，严格按照安全生产法律、法规，对同一作业区内多个施工单位的安全管理，采用统一、协调的管理方式，要求多个施工单位相互签订安全生产管理协议书，明确其各自的职责和义务，一旦发生事故，要相互施救，共同排除。整改后由某新区建委、安监部门进行复查，对未整改到位的要依法查处。

③某市住建局安监站、某管委会建设和安监等有关部门要加强对某项目和辖区其他建设项目的安全管理和监督，防止类似生产安全事故的再次发生。

### ●某大厦工程“11·19”物体打击死亡事故

2008年11月19日14时40分左右，位于某市某路与某街交叉口东南角的某大厦工程工地发生一起物体打击死亡事故，造成1人死亡。

某市建委接到事故报告后，会同某市安监局、总工会、公安局、检察院等部门有关领导及时赶到现场进行勘察，立即成立了“11·19”，物体打击事故联合调查组。调查组经过紧张、认真、有序地工作，查明了事故原因，认定了事故性质，提出了处理意见和事故防范措施。

（1）事故发生有关单位概况：

工程项目基本情况：框剪结构，17000平方米，造价1700.55万元，目前主体已结顶。

建设单位：某置业有限公司，资质等级暂定，编号41910195，发证日期：2007年3月20日。

监理单位：某建设监理中心，资质等级乙级，编号：工监企第（002016）号，发证日期：2002年9月27日。

主体承包单位：某建筑工程有限公司，资质等级二级，编号：A2014041010803，发证日期：2004年12月6日。安全生产许可证编号：JZ安许证字〔2005〕010464。

外墙保温分包单位：某建筑节能工程有限公司，外墙外保温工程专业承包二级，编号：B2614041010102－4/1，发证日期：2008年6月20日。安全生产许可编号：JZ安许证字〔2008〕011172－01 。

（2）事故经过及救援情况：

某大厦工程于2007年9月25日开工建设。2007年8月15日某建筑安装公司租赁某建筑机械租赁有限公司QTZ63（5013）型塔吊一台，并由某租赁公司派出两名塔吊司机操作塔吊。2008年11月12日工程主体完工，某租赁公司同意某建安公司停止使用塔吊，但是某租赁公司未及时安排司机等人员撤离现场和拆除塔吊。

2008年11月10日，某建筑节能工程有限公司与某置业有限公司签订了外墙保温及外墙面砖工程施工承包合同，并于11月16日进场作施工前准备工作。

11月16日起，某建筑节能工程有限公司项目负责人胡某安排杨为班组长，负责现场施工。11月19日，某建筑节能工程有限公司的两名工人（一名是死者杨某，另一名是高某），在施工围墙外装沙子，由于物料提升机只能升到15层不能升到屋面上，两名工人就央求正在围墙内吊气块渣子的塔吊指挥张某，让其给他们帮忙吊一斗沙子到楼顶，张某在其再三请求之下，最终推辞不过，答应给他们吊一斗沙子。2时20分左右，开始吊杨某和高某装满的一斗沙子（重约1吨），塔吊吊钩停在离吊斗西南近2米的位置，杨某把吊斗上的钢丝绳索具挂在吊钩上，张某指挥司机正常起吊，吊斗起吊后，两人又回到原地准备再次装沙。当吊斗到离地面有十几米高时，忽然“刺刺”几声，吊钩上的钢丝绳突然断裂，吊钩随着吊斗“咣”地一起砸了下来，将杨某当场砸死。

（3）事故造成的人员伤亡和直接经济损失：

①人员伤亡情况：杨某，男，55岁，某县某乡某村人，力工，死亡。

②直接经济损失：35万元。

（4）事故原因分析及性质认定直接原因：

直接原因：

杨某安全意识差，擅自做主请求塔吊指挥为其吊运沙子，并将钢丝绳索具挂在吊钩上。当吊物提升起来时，不按规定立即远离吊重物，且违规站在起重臂和吊物的正下方。

间接原因：

①塔吊指挥专业技能和责任意识不强，未经领导同意擅自决定吊运职责范围外的施工材料。

②塔吊司机经验不足，在信号不明和发现异常时，未立即暂停操作。

③项目部安全管理混乱，施工、监理和建设单位安全管理不到位，未及时发现施工现场存在的习惯性违章行为和事故隐患。

事故性质：

鉴于上述原因分析，调查组认定本次事故是一起因工人违规操作、现场管理混乱而导致的责任事故。

（5）事故责任划分及处理建议：

①杨某，力工，安全意识不强，未经专业培训，擅自使用塔吊吊运沙子，且未及时撤出起重臂和吊物的正下方，对事故的发生应负直接责任，鉴于其已死亡，建议不再追究其责任。

②张某，塔吊指挥，缺乏安全责任心，擅自同意吊运工作范围外的施工材料，对事故的发生应负间接责任，建议某建安公司解除与其签订的劳务合同。

③王某，塔吊司机，塔吊经验不足，在信号不明和发现异常时，未立即暂停操作以查明情况，对事故的发生应负间接责任，建议由某市安全生产监督管理局上报某省安全生产监督管理局吊销其起重机司机操作证书。

④陈某，某建筑节能工程有限公司班组长，对工人安全技术交底不到位，对事故的发生应负间接责任，建议由某建筑节能工程有限公司解除与其签订的劳务合同。

⑤胡某，某建筑节能工程有限公司现场负责人，未经安全教育及相应的培训，项目管理混乱，未建立项目安全生产责任制度、规章制度和操作规程，且未加强本公司施工范围的现场监督检查，对事故的发生应负直接领导责任，建议由某建筑节能工程有限公司解除与其签订的施工合同。

⑥娄某，某建筑节能工程有限公司项目经理，对事故的发生应负管理责任，建议由某市建设委员会暂扣其安全生产考试合格证和考核合格证60天。

⑦樊某，某建筑节能工程有限公司总经理，未依法履行安全生产管理职责，对事故的发生应负领导责任，建议依据《生产安全事故报告和调查处理条例》第三十八条第（一）项的规定，由某市安全生产监督管理局对其处以2007年年收入30%的罚款（2500元×12个月×30% =9000元）。

⑧孙某，某建筑工程有限公司安全员，现场巡回监督检查不力，没有及时制止塔吊使用，对事故的发生应负管理责任，建议由某市建设委员会暂扣其安全生产考试合格证和考核合格证30天。

⑨张某，某建筑工程有限公司某大厦工程项目负责人，对施工现场内各分包单位与总包单位之间在安全生产方面的权利、义务以及责任等缺乏有效的管

理和监管，对事故的发生应负管理责任，建议由某建安建筑工程有限公司按规定给予其警告处分。

⑩丁某，某建设监理中心总监代表，未按照规定认真履行监理职责，对施工单位安全措施组织设计和专项方案审核把关不严，未及时发现现场安全事故隐患和违章作业行为，对事故的发生应负监理责任，建议由某市建设委员会上报某省建设厅吊销其监理工程师证书。

⑪严某，某建设监理中心总经理、项目总监，对监理项目缺乏有效管理，安全责任心不强，对监理人员的监理行为、措施等审批把关不严，对现场隐患和违章作业行为缺乏有效监管，对事故的发生应负领导责任，建议由某市建设委员会停止其招投标 90 天。

⑫某置业有限公司，未加强现场主体承包施工单位和分包单位之间的协调和管理，导致现场管理混乱，职责不清，对事故的发生负有一定的管理责任，建议其向某市建设委员会写出深刻检查。

⑬某租赁公司，对塔吊司机安全教育不到位，塔吊报停后未及时撤离操作人员，对事故发生应负一定的管理责任，建议其向某市建设委员会写出深刻检查。

⑭某建设监理中心，对现场存在的安全事故隐患未及时采取有效措施督促整改到位，且未及时向主管部门报告，对事故的发生应负监理责任，建议由某市建设委员会停止其承接工程 60 天。

⑮某建筑节能工程有限公司，现场管理混乱，安全措施不到位，对事故的发生应负管理责任，建议根据《生产安全事故报告和调查处理条例》第三十七条第（一）项之规定，由某市安全生产监督管理局对其处以 10 万元罚款的经济处罚。

（6）整改措施：

①某建筑节能工程有限公司，加强企业管理，认真贯彻落实安全生产责任制，建立健全项目安全管理规章制度和标准规范，加强对新进场作业人员的三级安全教育培训和安全技术交底工作，安排专业的起重作业人员进行吊运工作，加强安全监督人员的现场检查，杜绝工人违章作业行为。

②某建筑工程有限公司、某置业有限公司应要按照“四不放过”原则，认真汲取事故教训，举一反三，加强项目的安全检查和管理，提高安全员的安全意识、责任意识，按照国家法律、法规规定的要求，加强对分包单位安全生产责任的管理，将各分包单位和总包单位之间各自在安全生产方面的权利、义

务以及责任等进行明确，并在本公司内部进行一次全面的安全大检查，对各工地存在的安全事故隐患严格按标准整改落实到位。

③某建设监理中心应加强本公司监理人员的安全意识，每个监理人员必须严格按照工程建设强制性标准和法律、规范实施监理，及时发现施工现场存在的事故隐患，督促有关单位认真整改落实到位，确保不走过场。同时对本企业所监理的各个项目进行全面的安全排查，认真查找所存在的问题，预防同类事故发生。

### 17.2.4 触电事故

● 某建设项目“8·8”触电死亡事故

2010年8月8日16：40时左右，某建筑工程有限公司承建的某建设项目Ⅳ标段21号楼首层电梯井西侧发生一起触电事故，导致1人死亡。

（1）事故单位概况：

本起事故的事故单位是某建筑工程有限公司。

（2）事故造成的人员伤亡和直接经济损失：

本起事故造成1名作业人员死亡，直接经济损失30万元。

（3）事故发生的原因和事故性质：

①事故原因。

1）直接原因：作业人员安全意识淡薄，严重违章操作；电缆接头未有效绝缘；用电设备（电焊机）未经过漏电保护器：收线时未切断电源，带电作业。

2）间接原因：某建筑工程有限公司安全生产管理混乱，对现场作业人员违章指挥，违章作业行为和临时用电隐患不检查、不整改；某房建分公司临时用电管理不规范，配电箱不上锁，电工特种作业操作证过期失效，安全生产检查不到位，安全教育培训到位；某监理公司对发现的临时用电隐患未采取有效措施督促有关单位整改到位。

3）主要原因：作业人员安全意识淡薄，严重违章操作；电缆接头未有效绝缘；用电设备（电焊机）未经过漏电保护器；收线时未切断电源，带电作业。

②事故性质。

本起事故是一起作业人员安全意识淡薄，严重违章操作导致的生产安全责任事故。

（4）事故责任的认定及对事故责任者的处理建议：

①陈某安全意识不强，未经培训、未取得特种作业操作证、未采取任何个体防护措施进行电工作业，应对本起事故负直接责任，也应负主要责任。

鉴于陈某已在事故中死亡，不再追究其责任。

②侯某作为某建筑工程有限公司电工，持失效证件（电工特种作业操作证过期失效）上岗，对施工现场临时用电未认真组织检查和隐患排查，配电箱长期不上锁，对乱拉乱接行为未及时加以制止，应对本起事故负重要责任。

建议由某建筑工程有限公司给予侯某相应的处理。

③孙某作为现场带班负责人，未取得特种作业操作证进行焊工作业，指挥未取得特种作业操作证的人员进行电工、焊工等特种作业，应对本起事故负一定责任。

建议由某建筑工程有限公司给予孙某相应的处理。

④吕某作为项目现场负责人，指挥未取得特种作业操作证的人员进行电工、焊工等特种作业；未按照有关规定对从业人员进行安全培训教育。应对本起事故负一定责任。

建议由某建筑工程有限公司给予吕某相应的处理。

⑤陈某作为安全员，未取得安全员资格证上岗，对施工现场临时用电未认真组织检查和隐患排查，对配电箱长期不上锁未督促有关人员整改到位，对作业人员乱拉乱接电线的行为未及时发现、制止，应对本起事故负一定责任。

⑥翟某作为质安部部长，对施工现场临时用电未认真组织检查和隐患排查，对配电箱长期不上锁未督促有关人员整改到位，应对本起事故负一定责任。

⑦宋某作为水电专业监理，对施工现场临时用电隐患未采取有效措施督促有关单位和人员整改到位，应对本起事故负一定责任。

⑧宋某作为某监理公司某项目Ⅳ标段总监，对施工现场临时用电隐患未采取有效措施督促有关单位和人员整改到位，长期不驻项目现场，应对本起事故负一定责任。

建议由监理公司给予相应的处理。由安全生产监督管理局给予宋某行政处罚。

⑨张某作为某建筑工程有限公司主要负责人，未组织制定、健全本公司的安全生产管理制度、安全生产责任制、安全生产操作规程，未按照有关规定对从业人员进行安全培训教育，未认真组织安全生产检查和隐患排查，应对本起

事故负主要领导责任。

建议由某市安全生产监督管理局对某建筑工程有限公司给予行政处罚。

⑩秦某作为项目部副经理，对项目分包单位安全生产检查不到位，对施工现场临时用电未认真组织检查和隐患排查，应对本起事故负一定领导责任。

⑪李某作为项目部经理，对项目分包单位安全生产检查不到位，对施工现场临时用电未认真组织检查和隐患排查，应对本起事故负一定领导责任。

建议由某安全生产监督管理局给予李某行政处罚。

## 17.2.5 火灾事故

- “11·15”特别重大火灾事故

2010年11月15日，某公寓大楼发生特别重大火灾事故，造成58人死亡，71人受伤，直接经济损失1.58亿元。事故发生后，党中央、国务院领导高度重视，或做出重要指示批示，或亲临现场。某市委、市政府领导第一时间全力组织灭火救援，迅速成立事故善后处置领导小组，统一指挥协调伤员救治、遇难者家属安抚、受灾群众安置及人员抚恤、财产赔付等善后工作。通过积极努力，整个善后处理工作平稳有序。

（1）事故简要经过和事故性质：

2010年11月15日，某公寓大楼外墙装饰施工过程中，施工人员违规进行电焊作业引燃保温材料碎块引发火灾。

经查，该起特别重大火灾事故是一起因企业违规造成的责任事故。

（2）事故原因：

直接原因：在某公寓大楼节能综合改造项目施工过程中，施工人员违规在10层电梯前室北窗外进行电焊作业，电焊溅落的金属熔融物引燃下方9层位置脚手架防护平台上堆积的聚氨酯保温材料碎块、碎屑引发火灾。

间接原因：一是建设单位、投标企业、招标代理机构相互串通、虚假招标和转包、违法分包。二是工程项目施工组织管理混乱。三是设计企业、监理机构工作失职。四是市、区两级建设主管部门对工程项目监督管理缺失。五是某区公安消防机构对工程项目监督检查不到位。六是某区政府对工程项目组织实施工作领导不力。

（3）事故查处情况：

25人被移送司法机关，28人受到党纪、政纪处分。

根据国务院批复的意见，依照有关规定，对53名事故责任人做出严肃处理，其中25名责任人被移送司法机关依法追究刑事责任，28名责任人受到党纪、政纪处分。同时，责成某市人民政府和市长分别向国务院做出深刻检查。

国家安全生产监督管理总局依据《安全生产法》《生产安全事故报告和调查处理条例》等法律和行政法规规定，责成某市安全生产监督管理局对事故相关单位按法律规定的上限给予经济处罚。

国务院要求各地区、各部门要深刻汲取此次事故教训，深入开展工程建设领域突出问题专项治理，严格落实消防安全责任制，抓紧研究完善建筑节能保温材料防火等技术标准及施工安全措施，加强安全管理和监管，督促企业严格落实安全措施、及时消除安全隐患，切实防止重特大火灾等事故的发生。

①已被检察机关批捕的25名责任人名单如下：

1）某区建交委主任、党工委副书记高某；

2）某区建交委副主任姚某；

3）某区建交委综合管理科科长周某；

4）某区建交委建筑建材业市场管理办公室副主任张某；

5）某区建设总公司法定代表人、总经理董某；

6）某区建设总公司副总经理瞿某；

7）某区建设总公司副总经理、安全总监周某；

8）某区建设总公司项目经理范某；

9）某区建设总公司项目安全员曹某；

10）某建筑工程公司法定代表人、总经理黄某；

11）某建筑工程公司副总经理马某；

12）某建筑工程公司项目经理沈某；

13）某建筑工程公司项目安全员陶某；

14）某建设工程监理有限公司总监理工程师张某；

15）某建设工程监理有限公司安全监理员卫某；

16）某公司法定代表人劳某；

17）无固定职业人员支某；

18）无固定职业人员沈某；

19）某教师公寓节能改造项目工地电焊班组负责人马某；

20）某教师公寓节能改造项目工地现场电焊工人吴某；

21）某教师公寓节能改造项目工地现场工人王某；

22）承揽铝门窗施工业务的杨某；

23）承揽外墙保温材料供应和施工的张某；

24）某建筑装饰工程有限公司法定代表人姜某；

25）某市某区添益建材经营部经理冯某。

目前，上述人员均被检察机关批准逮捕。

②受党纪、政纪处分的28名责任人名单：

28名受到党纪、政纪处分的责任人中，包括企业人员7名，国家工作人员21名，其中省（部）级干部1人，厅（局）级干部6人，县（处）级干部6人，处以下干部8人。分别是：

1）给予某区建设总公司生产科科长范某行政撤职处分；

2）给予某区建设总公司安全设备科科长汤某行政降级、党内严重警告处分；

3）给予某置业设计有限公司设计主管、党支部委员赵某行政撤职、撤销党内职务处分；

4）给予某置业设计有限公司总经理、某建筑装饰实业股份有限公司党委委员、本部第二党支部书记龚某行政撤职、撤销党内职务处分；

5）给予某置业设计有限公司董事长、某建筑装饰实业股份有限公司党委书记张某行政降级、党内严重警告处分；

6）给予某建设工程监理有限公司执行董事、法定代表人、党支部书记、某区建设工程服务中心主任陈某行政撤职、撤销党内职务处分；

7）给予某置业集团公司某物业有限公司总经理、党支部副书记张某行政记大过处分；

8）给予某区某路派出所消防民警封某行政降级、党内严重警告处分；

9）给予某区某路派出所副所长兼执法办案队队长孔某行政记大过处分；

10）给予某区消防支队防火监督处参谋倪某行政记大过处分；

11）给予某区消防支队防火监督处处长、党委委员白某行政记过处分；

12）给予某区建设工程安全质量监督站安监室主任唐某行政撤职、党内严重警告处分；

13）给予某区建设工程安全质量监督站副站长、党支部书记柴某行政撤职、撤销党内职务处分；

14）给予某区建设工程安全质量监督站原站长、现某区建设和管理服务中心工程协调部经理张某行政降级、党内严重警告处分；

15）给予某区建设工程招投标管理办公室主任、某区建筑市场管理所所长部某行政降级、党内严重警告处分；

16）给予某区建交委建筑建材业管理办公室主任、某区建设工程安全质量监督站站长周某政降级、党内严重警告处分；

17）给予某市建设工程安全质量监督总站副站长张某行政降级、党内严重警告处分；

18）给予某市建交委建设市场监管处处长、稽查办公室主任曾某行政记大过处分；

19）给予某市建交委副主任、党委委员蒋某行政降级、党内严重警告处分；

20）给予某市建交委主任、党委副书记黄某行政记大过处分；

21）给予某区某路街道办事处副主任兼社区管理工作部部长朱某行政降级、党内严重警告处分；

22）给予某区某路街道党工委副书记兼平安工作部部长张某行政撤职、撤销党内职务处分；

23）给予某区某路街道党工委副书记、办事处主任王某行政记大过处分；

24）给予某区政府党组成员、副区长陈某行政记大过处分；

25）给予某区委常委、副区长徐某行政撤职、撤销党内职务处分；

26）给予某市市委委员，某区区委副书记、区长某良行政撤职、撤销党内职务处分；

27）给予某市市委委员、某区委书记龚某党内严重警告处分；

28）给予某市副市长沈某行政记大过处分。

### 17.2.6 脚手架坍塌事故

● 某市“9·10”建筑施工坍塌事故

2011年9月10日上午8时20分许，在位于某市大厦项目施工现场，因脚手架架体整体突然坍塌，致使正在该大厦东立面整体提升脚手架上进行降架和外墙面贴面砖施工及清洁的12名作业人员，自19层高处坠落，造成10人死亡、1人重伤、1人轻伤（现场死亡7人，经医院全力抢救无效死亡3人），直接经济损失约890万元。

按照《生产安全事故报告和调查处理条例》（国务院令第493号）和《某省安全生产条例》有关规定，成立了由某省安全监管局局长杨某任组长，省安全监管局、省监察厅、省住建厅、某市政府有关领导任副组长，省安全监管、监察、住建、公安、工会等部门有关人员参加的某“9·10”重大建筑施工坍塌事故调查组，并邀请省及某市检察机关参加。下设综合、技术、管理3个小组。

（1）事故经过及救援情况：

①事故经过。

2011年9月9日下午，某建筑工程有限公司某大厦项目部召开例会，生产负责人杜某安排外架班长梁某带领架子工把整体提升脚手架从20层落到16层。9月10日上午5时许，8名外墙装修人员登上位于某大厦20层高处脚手架上开始清洗外墙面；7时20分，外架班长梁某带领8名架子工人员开始进行整体提升脚手架的降架工作，同时架体上边还有8名工人在清洗外墙面，且清洗人员都集中在楼体东边的架体上。8时20分左右，附着式升降脚手架东侧偏南共4个机位、长度约22米、高度14米的提升脚手架架体发生整体坍塌，致使12名作业人员（墙面砖勾缝作业工人6人、安装落水管工人2人、架体降架工人4人）随架体坠落至室外地面。

②事故现场情况。

某大厦项目位于某市某路与某路路口东北角，该工程为框架剪力墙结构，地下2层地上30层，总高108.5米，建筑面积56000平方米。2009年下半年开始基坑开挖，2010年6月开始桩基施工，2011年5月主体封顶，目前室内已完工，正在进行20~23层外墙面砖擦缝工作。外墙附着式升降脚手架周边总长182米，架体分为三个升降单元，架体高度4层约14米。2011年8月20日整体提升脚手架自30层下降到20层，事发时正在进行20层到23层外墙面砖铺贴施工。

事故发生后的现场勘查情况是：某大厦工程20层位置（高度61.3米）附着式升降脚手架东面南侧及南面共13个机位为一个升降单元，其中东面南侧5个机位中有4个机位（长度22米）的架体全部坠落至室外地面损毁；在该单元其余9个未坠落机位的架体中，与降架坠落架体紧邻的东面南侧1个机位上的定位承力构件已全部拆除，其余8个机位的定位承力构件有少部分被拆除；坠落4个机位的架体与南侧紧邻架体竖向断开，结构上没有形成整体，南侧紧邻架体上端有局部撕拉变形；剩余9个机位中多数防坠装置被人为填塞牛皮纸、木楔、苯板等物，致使防坠装置失效；坠落架体部位的建筑物上仅残留附墙支座、电葫芦、倒链及挂钩，均未发现明显变形和撕拉痕迹；坠落至地面的架体残骸由于抢险救人工作的移动，已无法看到原状。从架体残骸中找到的坠落机位的4个吊点挂板中，有2个完好，另外2个断裂成为4块，只找到其中的3块，断裂面有部分陈旧性裂痕；由于该升降单元南面大部分承力构件尚未拆除，该单元架体处于下降工况前的准备阶段；架体坠落时气象情况为中到大雨。

（2）事故原因：

①事故直接原因。

经调查分析认定，此次事故发生的直接原因是，脚手架升降操作人员在未悬挂好电动葫芦吊钩和撤出架体上施工人员的情况下违规拆除定位承力构件，违规进行脚手架降架作业所致。

②事故间接原因。

1）某建筑劳务有限责任公司，无资质违规承揽承包某大厦建设工程并组织施工，对施工现场缺乏严密组织和有效管理，是事故发生的主要原因。

2）某监理有限公司，对某大厦外墙装饰和脚手架升降作业等危险性较大工程和工艺，未按规定进行旁站等强制性监理，是事故发生的主要原因。

3）某建筑工程有限公司，未依法履行施工总承包单位安全职责，将工程分包给无专业资质的某建筑劳务有限责任公司，对施工现场统一监督、检查、验收、协调不到位，是事故发生的重要原因。

4）某实业有限公司（某市某区某村一组）在某大厦项目建设过程中，未完全取得建设工程相关手续违规进行项目建设，是事故发生的次要原因。

5）某市城改、规划和城市综合执法等部门，依法履行监管职责不到位，是事故发生的原因之一。

6）自8月下旬开始，包括某市在内的某地区连续10余天降雨，事发当天某市天气仍然是中到大雨，脚手架因受长时间雨淋而超重超载，也是事故发生的客观原因。

（3）事故性质：

经调查认定，“9·10”重大建筑施工坍塌事故为生产安全责任事故。

（4）事故责任认定及处理建议：

①事故责任人及处理建议。

1）梁某，男，某建筑劳务有限责任公司聘用的某大厦项目架子工领班。严重违反脚手架升降操作规范，在外墙装饰作业人员未撤离脚手架的情况下，带领操作人员违章进行脚手架降架作业，对事故的发生负有直接责任。建议依据《建设工程安全生产管理条例》第六十六条的规定，移交司法机关依法追究其法律责任。

2）严某，男，某建筑劳务有限责任公司聘用的某大厦项目架子工。违反脚手架升降操作规范，在外墙作业人员未撤离升降架的情况下，盲目启动电动葫芦进行脚手架降架作业，对事故的发生负有直接责任。鉴于本人已在事故中死亡，建议免于追究其法律责任。

3）吴某，男，某建筑劳务有限责任公司聘用的某大厦项目外架作业负责人。对架子工人员资质审查不严和脚手架降架作业现场安全管理不力，对事故的发生负有主要责任。建议依据《建设工程安全生产管理条例》第六十二条（五）、第六十四条（一）的规定，移交司法机关依法追究其法律责任。

4）李某，男，某建筑劳务有限责任公司聘用的某大厦项目外墙装饰作业负责人。未按规定指挥施工人员进行外墙清洗作业，疏于对施工现场的安全管理，对事故的发生负有主要责任。建议依据《建设工程安全生产管理条例》第六十四条（一）、第六十五条（一）和（二）的规定，移交司法机关依法追究其法律责任。

5）郭某，男，某建筑劳务有限责任公司某大厦项目部安全负责人。负责项目安全生产工作，对施工现场和外架操作人员安全管理不严，对在外墙作业人员未撤离的情况下进行脚手架降架的严重违规行为未能进行制止，对事故的发生负有主要责任。建议依据《建设工程安全生产管理条例》第六十四条（一）、第六十二条（二）和（五）、第六十五条（一）和（二）的规定，移交司法机关依法追究其法律责任。

6）杜某，男，某建筑劳务有限责任公司某大厦项目部生产技术负责人。负责施工现场的协调与组织，为加快工程进度，违规安排外墙装饰与降架作业穿插进行，对事故的发生负有主要责任。建议依据《建设工程安全生产管理条例》第六十二条（二）和（五）、第六十四条（一）、第六十五条（一）和（二）及（三）、第六十六条的规定，移交司法机关依法追究其法律责任。

7）范某，男，某建筑劳务有限责任公司某大厦项目部总负责人。不具备建筑施工相应资质违规承揽工程和组织施工，未认真履行施工现场安全管理职责，对事故的发生负有主要责任。建议依据《建设工程安全生产管理条例》第六十二条（一）和（五）、第六十四条（一）、第六十五条（一）和（二）及（三）、第六十六条的规定，移交司法机关依法追究其法律责任。

8）田某，男，某监理有限公司某大厦项目部总监代表。负责项目施工现场日常监理工作，在施工人员进行外墙清洗和脚手架降架作业时未进行旁站，未能发现并制止降架和外墙清洗人员违规同时作业，对事故的发生负有重要责任。建议依据《建设工程安全生产管理条例》第五十七条（二）和（三）及（四）的规定，移交司法机关依法追究其法律责任。

9）何某，男，附着式升降脚手架实际出租方。盗用某科技有限公司名义，私刻假公章、伪造假合同、出租假设备（脚手架），将个人从市场上购买拼装的附着式升降脚手架租赁给不具有相应作业资质的项目承包人使用，缺乏对操作人员进行技术培训、交底以及施工中的技术指导，对事故的发生负有重要责任。建议依据《建设工程安全生产管理条例》第五十九条、第六十条、第六十一条的规定，移交司法机关依法追究其法律责任。

10）王某，男，某建设单位现场负责人。在某大厦项目未完全取得相关手续情况下违规进行建设，对事故的发生负有重要责任。建议依据《建设工程安全生产管理条例》第五十四条、第六十五条（二）的规定，移交司法机关依法追究其法律责任。

11）杨某，男，某实业有限公司董事长。对某大厦项目报批和建设管理负有一定的领导责任。建议政府依据《建设工程安全生产管理条例》对其予以经济处罚。

12）任某，男，某建筑劳务有限责任公司某大厦施工项目部经理，违规承包工程和组织施工，对此次事故的发生负有重要责任。建议依据《建设工程安全生产管理条例》第六十五条（一）和（二）及（三）、第六十六条的规定，由省建设行政主管部门吊销其二级建造师资质。

13）罗某，男，某建筑工程有限公司第四分公司经理，某大厦项目施工管理单位负责人。未认真履行施工监管职责，与无资质的单位签订项目施工承包协议，对事故的发生负有直接管理责任。建议依据《建设工程安全生产管理条例》第六十二条（一）和（二）及（五）、第六十五条、第六十六条和《安全生产领域违法违纪行为政纪处分暂行规定》第十二条（一）和（七）的规定，撤销其四分公司经理职务；由省建设行政主管部门吊销其二级建造师资质。

14）徐某，男，某建筑工程有限公司市场一部部长，某大厦施工项目部经理。在实际工作中未履行项目经理职责，对事故的发生负有主要管理责任。建议依据《建设工程安全生产管理条例》第六十二条（一）和（二）及（五）、第六十五条、第六十六条和《安全生产领域违法违纪行为政纪处分暂行规定》

第十二条（一）和（七）的规定，撤销其市场一部部长职务；由省建设行政主管部门吊销其一级建造师资质。

15）王某，男，某建筑工程有限公司安全管理部副部长（主持工作）。监督检查安全生产各项规章制度落实不到位，对事故的发生负有安全监管责任。建议依据《建设工程安全生产管理条例》第六十二条（五）、第六十五条（一）和（二）及（三）和《安全生产领域违法违纪行为政纪处分暂行规定》第十二条（一）和（七）的规定，给予其行政记大过处分。

16）黄某，男，某建筑工程有限公司主管安全生产副总经理。对某大厦施工现场的安全管理工作督促检查不到位，对事故的发生负有分管领导责任。建议依据《建设工程安全生产管理条例》第六十二条（一）和（五）、第六十五条（一）和（二）及（三）、第六十六条和《安全生产领域违法违纪行为政纪处分暂行规定》第十二条（一）和（七）的规定，给予其行政记过处分。

17）黄某，男，某建筑工程有限公司总经理。对事故的发生负有领导责任。建议依据《建设工程安全生产管理条例》第六十二条（一）和（五）、第六十五条（一）和（二）及（三）、第六十六条和《安全生产领域违法违纪行为政纪处分暂行规定》第十二条（一）和（七）的规定，给予其行政警告处分；依据《生产安全事故报告和调查处理条例》第三十八条（三）的规定，由某省安全监管部门对其予以上年个人收入60%的经济处罚。

18）徐某，男，某建筑工程有限公司董事长兼党委书记。全面领导公司工作，对事故的发生负有领导责任。建议依据《关于对党员领导干部进行诫勉谈话和函询的暂行办法》第三条（三）对其进行诫勉谈话。

19）郭某，男，某监理有限公司某大厦项目部总监。对项目监理工作管理松懈，对现场监理人员资质审查把关不严，疏于对施工现场监理工作的检查指导，对事故的发生负有主要监理责任。建议依据《建设工程安全生产管理条例》第五十七条的规定，由省建设行政主管部门吊销其监理工程师资质并予以经济处罚。

20）但某，男，某新区管理委员会某区保护改造办公室建设局局长。未按照某市城乡建设委员会《行政执法委托书》的要求认真履行对某区建筑施工安全监管职责，对事故的发生负有主要监管领导责任。建议依据《建设工程安全生产管理条例》第五十三条（四）和《安全生产领域违法违纪行为政纪处分暂行规定》第八条（二）和（五）的规定，给予其行政降级处分。

21）张某，男，某新区管理委员会某区保护改造办公室副主任，分管某区保护改造办建设局工作。对遗址区保护改造区划内的安全生产工作领导不力，对事故的发生负有分管领导责任。建议依据《安全生产领域违法违纪行为政纪处分暂行规定》第八条（五）的规定，给予其行政警告处分。

②事故责任单位及处理建议。

1）某建筑劳务有限责任公司违规承揽承包某大厦建设工程并组织施工，对施工现场缺乏严密组织和有效管理，是事故直接和主要责任单位。建议由省工商行政管理部门依法吊销其营业执照。

2）某建筑工程有限公司作为某大厦施工总承包单位，对现场统一监督、检查、验收、协调不到位，未依法履行施工总承包单位安全职责，对事故的发生负有一定责任。建议某省建设行政主管部门依据《安全生产许可证条例》第十四条之规定，暂扣其安全生产许可证6个月（从暂停该公司建筑施工投标活动时间起算）；依据《生产安全事故报告和调查处理条例》第三十七条（三）的规定，由省安全监管部门对其予以80万元的经济处罚。

3）某监理有限公司对施工现场安全监理不严，对某大厦外墙装饰和脚手架升降作业等危险性较大工程和工艺，监理人员未按规定进行旁站，对事故的发生负有监理不到位责任。建议某省建设行政主管部门依据《建设工程安全生产管理条例》第五十七条的规定，将其监理资质由甲级降为乙级；给予其30万元的经济处罚。

4）某实业有限公司在某大厦项目建设过程中，没有严格执行工程建设招投标等项目管理基本程序，在未完全取得建设工程相关手续情况下，违规进行项目建设，对事故的发生负有一定责任。建议由某省建设行政主管部门参照《中华人民共和国城乡规划法》第六十四条对其予以经济处罚。

5）某科技有限公司对派驻某管理部的工作人员管理不严，使不法人员盗用公司名义制作假公章、伪造假合同、出租假设备（脚手架）的违法行为得以实现，对事故的发生负有一定的关联责任。建议责成其向某省建设行政主管部门做出书面检查，由某省建设行政主管部门对其法人代表进行约谈。

6）某新区管理委员会受市建委委托对某区保护改造区划内建筑施工安全监督管理不到位，对事故的发生负有监管不到位责任。建议责成其向某市人民政府做出书面检查。

7）某市规划局、某市城市管理综合行政执法局、某市城中村改造办公室依法履行监管职责不到位。建议人民政府依法依规对上述单位进行处理。

### 17.2.7 高处坠落事故

● 某市体育馆2011年“4·28”建筑工地坠落事故

2011年4月28日20时30分，某市体育馆网架建筑施工现场发生坠落事故，造成1人死亡，目前直接经济损失33.4万元。

（1）事故性质的认定，这是一起生产安全责任事故。

（2）对事故责任单位、责任人的责任分析和处理意见。

①给予党纪政纪处分的个人。

1）唐某，男，现年56岁，中共党员，高中文化，现任某市体育中心支部书记（以工代干），市体育馆项目建设基建办工作人员。对该起事故的发生负有监管不力的直接责任，同意由某市体育局党组给予其党内警告处分。

2）眭某，男，现年46岁，中共党员，高中文化，现任某市体育中心办公室主任兼会计（以工代干），某市体育馆项目建设基建办工作人员。对该起事故负有监管不力的直接责任，同意由某市体育局给予其行政警告处分。

3）周某，男，现年38岁，大学文化，工程师，某市建设工程质量安全监督站工作人员（工人），具体负责市体育馆项目建设的监督管理工作。对该起事故负有监管不力的直接责任，同意由某市住建局给予其行政警告处分。

②给予诫勉谈话的个人。

陈某，男，现年39岁，中共党员，大学文化，2008年12月任某市体育局竞训科科长，市体育局体育馆项目建设基建办日常工作负责人，对该起事故负有监管不力的领导责任，同意由某市体育局给予诫勉谈话。

③做出检查的单位和个人。

1）某市体育局，作为市体育馆项目建设单位，对外包工程的安全管理统一协调不力，责令向某市人民政府写出检查。

2）欧某，男，现年47岁，中共党员，大专文化，2007年调入某市体育局任党组成员、纪检组长，对该起事故负有领导责任，责令向某市人民政府写出检查。

④给予行政处罚的单位和个人。

1）某设备安装工程有限责任公司。企业安全生产主体责任落实不到位，对该起事故负有主要责任，同意由某市安监局依法给予行政处罚。

2）某地质建设工程（集团）总公司。对分包单位（某设备安装工程有限责任公司）施工安全综合管理不到位，对该起事故负有连带责任，同意由某市安监局依法给予行政处罚。

3）易某，某设备安装工程有限责任公司法人代表。没有认真履行企业安全生产第一责任人责任，对该起事故负有主要领导责任，同意由某市安监局依法给予行政处罚。

4）林某，某地质建设工程（集团）总公司法人代表。没有认真履行总承包方安全生产第一责任人的责任，对该起事故负有主要领导责任，同意由某市安监局依法给予行政处罚。

5）某建设监理有限公司，对施工现场监理不到位，对该起事故负有重要责任，同意由某市住建局依法给予行政处罚。

（3）请某市监察局督促有关部门按干部、职工管理权限和程序落实有关责任人员的行政处分意见，公布调查处理结果。

（4）同意调查报告中提出的各项防范措施，该工程建设单位、施工单位要认真汲取教训，采取有效措施，确保施工安全。

（5）请某市住建局、市体育局、某设备安装工程有限责任公司、某地质建设工程（集团）总公司于2011年10月23日前将对责任人的处理情况和事故防范措施的落实情况分别报某市安监局和监察局。

● 某市某经济技术开发区“9·20”高处坠落事故

2011年9月20日17时30分左右，某市某区地下室工程项目发生了一起塔吊顶升工程中倒塌的安全事故。

（1）工程概况：

某实业有限公司某村工程层高32层（以下简称亚迪二村），分为A、B、C三个区域，建筑面积195554.84平方米，工程造价17330万元，工程设计单位是某市某建筑设计有限公司，施工单位是某城市建设集团工程有限公司（以下简称某城建公司），监理单位是某市某建设监理有限公司（以下简称某监理公司），塔吊安装单位是某机械设备安装有限公司（以下简称某公司）。事故发生时某区7号楼施工形象进度至主体19层。

（2）事故调查情况：

①事故发生时间。

2011年9月20日17时30分。

②事故发生经过。

2011年9月19日某城建公司机电工长李某电话通知某公司工程部主管袁某，要求20日派人到某区7号楼做塔吊顶升。

20 日上午，袁某按通知要求派了 4 名安装拆卸工对 7 号楼塔吊作业，李某考虑到上午风大，没有允许某公司员工对塔吊顶升作业。

下午 15 时许，袁某在公司没有派工计划的情况下，带领塔吊司机谭某、安装工夏某和黄某进入某村 7 号楼准备实施塔吊顶升作业，被李某发现，要求做安全技术交底后才能进行顶升作业，同时，李某电话通知安全员喻某来现场给袁某等人拍照，做安全技术交底工作。当时由于司机谭某要进行物料机的吊装工作，提前上了驾驶室，喻某只给了袁某、夏某和黄某拍了照，宣读了《塔式起重机顶升（降塔）安全技术交底》中的内容。并告知袁某，要求在塔吊司机将物料机吊运到 19 楼和其对顶升作业区清场后，才能进行塔吊顶升作业。

16 时 30 分许，塔吊作业和顶升作业区域清场工作基本完成，袁某便带领夏某和黄某上楼对塔机进行顶升作业，17 时许，李某离开到 5 号楼巡查，喻某背对塔吊坐在作业现场东侧路口旁站。

17 时 30 分许，在海边瞬时强阵风作用下，使正在顶升的塔吊上部起重机部分失去平衡倾斜坍塌，致使上部起重机部分（塔吊总高度 89.8 米）及 4 名作业人员（谭某距地面约 72.5 米，其他 3 人距地面约 68.5 米）从高处坠落，起重机部分在离塔身西侧偏北 7 米处着地，平衡臂尾部砸穿地下室楼面，造成 4 人死亡的较大生产安全事故。

（3）事故原因：

①直接原因。

某公司违反建设部《塔式起重机安全规程》（GB 5144—2006）第 6 条第 7 款的强制性规定，在塔式起重机上没有安装风速仪，使塔吊不具备《使用说明书》中明确的“风速在 4 级以上时，必须停止顶升作业”的警报功能，致使安装拆卸工袁某等 4 人在风速超过 4 级时，仍然违章指挥，冒险作业，造成塔式起重机失衡并倾斜坍塌，直接导致 4 名作业人员高空坠落死亡。

②间接原因。

1）某城建公司安全生产投入不落实，安全管理不到位。塔式起重机没有安装风速仪，顶升作业时没有按规定派出专门人员进行安全管理。

2）某城建公司和某监理公司安全管理不严格，技术材料审查走过场。安全技术交底材料中的“风速超过 6 级，塔吊停止顶升作业”，违反国家安全技术标准和塔吊《使用说明书》的技术要求。

3）某城建公司、某监理公司和某公司安全管理人员履职尽责意识差，安全隐患排查不到位。在《检验报告》中已明确“无风速仪”为整改项目，三方有关人员未到现场复查整改，擅自在《某建筑科学研究院建筑机械化研究中心实验室某办事处施工现场检验通知书》（以下简称《施工现场检验通知书》）加盖公章，提供已经整改意见，顶升作业前，某城建公司和某设备安装工程有限责任公司没有按相关规定了解和掌握当天作业区域的气象条件，存在严重的安全隐患。

4）某经济技术开发区工程建设安全监督站（以下简称某区安监站）监管不到位，有关资料审查不严格。某区安监站在出具《某省建筑施工起重机械使用登记牌》时没有对风速仪整改项进行现场检查，存在监管漏洞。

（4）对事故责任认定和处理意见

①某城建公司：一是企业安全生产责任制不健全，没有逐级签订安全生产责任书，企业主体责任制不落实；二是塔式起重机未按规定安装风速仪，安全生产投入不到位；三是在塔吊顶升作业时，企业没有派出安全人员现场管理；四是安装拆卸工袁某操作证未按规定年审，操作证已过期；五是该公司没有对“无风速仪”的项目进行整改，擅自提供整改意见。因此该公司对事故的发生负有主要责任，依据《安全生产许可证条例》第十四条、《安全生产事故报告和调查处理条例》第十五条、第四十条，建设部《建筑施工企业安全生产许可证管理规定》第二十二条，某省住建厅暂扣某设备安装工程有限公司建筑施工企业安全生产许可证的处罚（某省住建厅已于2011年10月9日至2012年1月8日暂扣安全生产许可证3个月），并由某市安全生产监督管理局对该公司处以299999元（贰拾玖万玖仟玖佰玖拾玖元）的经济处罚。

②某城建公司：一是项目部对塔式起重机按规定安装风速仪未进行有效监管；二是项目部安全技术交底材料和现场工作把关不严格；三是项目部监督检查不到位，擅自在《施工现场检验通知书》中提供风速仪已整改的意见；四是项目部对安全管理制度不落实，执行有关规定不严格，对事故的发生负有连带责任，同属主要责任。依据《安全生产许可证条例》第十四条、《〈生产安全事故报告和调查处理条例〉罚款处罚暂行规定》第四十条、建设部《建筑施工企业安全生产许可证管理规定》第二十二条，某省住建厅已于2011年9月21日致函某省住建厅建议暂扣某城建公司建筑施工企业安全生产许可证三个月的处罚，并由某市安全生产监督管理局对该企业处以29万元人民币的经济处罚。

③某建设监理公司：一是对事故塔吊按规定应安装风速仪未进行有效监管；二是监督检查不到位，擅自在《施工现场检验通知书》上提供已安装风速仪的整改意见；三是安全技术交底材料把关不严；四是落实安全管理工作不

严格，整治不力；五是6月29日该公司在监理例会上对存在擅自批准塔吊的顶升作业的情况提出过整改，但未得到落实。对事故发生负有直接监理责任。依据《建设工程安全生产管理条例》第六十八条和第五十七条的规定，由某市安全生产监督管理局对该公司处以25万元人民币的经济处罚。

④某实业有限公司对项目工地综合管理不到位，指导、协调作用不明显，对事故的发生应承担责任，现对该公司予以全市通报批评。

⑤某住房和规划建设局是建设行业主管部门，在对所属安监站的安全生产工作方面指导不力，对事故的发生负有生产管理的责任。现对该局予以全市通报批评。

⑥某设备安装工程有限责任公司工程部主管袁某，擅自派工，操作证未按规定年审，持无效证件上岗，违规操作，冒险作业，是直接责任人，对该起事故的发生负有直接责任。鉴于袁某已在事故中死亡，不予追究其责任。

⑦现任某城建公司总经理、企业主要责任人、法人代表谭某，不注重公司安全生产管理工作的制度建设，安全生产投入不到位，隐患排查不彻底，没有履行安全管理职责，对该起事故的发生负有主要责任，依据《安全生产法》第八十条的规定，由某市安全生产监督管理局对谭某处以4万元人民币的经济处罚。

⑧某城建公司安全员，现场安全负责人庞某。执行有关规定不严格，现场安全管理不到位，不能及时发现和阻止违章指挥、冒险作业的情况，未向公司有针对性提出整改意见和措施。对该起事故的发生负有间接责任。依据《安全生产事故报告和调查处理条例》第四十条、建设部《建筑施工企业主要负责人、项目负责人和专职安全生产管理人员安全生产考核管理管理暂行规定》第十七条（二）和《某省建筑施工企业管理人员安全生产考核实施暂行办法》第二十一条、《安全生产违法行为行政处罚办法》第四十条（一）的规定，建议由省住建厅收回庞某安全生产考核合格证书（省住建厅已于2011年10月9日收回庞某安全生产考核合格证），并由某市安全生产监督管理局对庞某处以9999元人民币的经济处罚。

⑨某城建公司专职安全员、现场安全负责人张某，与庞某有同样的错误事实，对该起事故的发生负有间接责任。依据《生产安全事故报告和调查处理条例》第四十条、建设部《建筑施工企业主要负责人、项目负责人和专职安全生产管理人员安全生产考核管理暂行规定》第十七条（二）和《某省建筑施工企业管理人员安全生产考核实施暂行办法》第二十一条、《安全生产违法行为行政处罚办法》第四十四条（一）的规定，建议由某省住建厅收回张安平安全

生产考核合格证书（某省住建厅已于2011年10月9日收回张某安全生产考核合格证），并由某市安全生产监督管理局对张某处以9999元人民币的经济处罚。

⑩某城建公司技术负责人黄某，对事故塔吊的技术标准执行不严格，未及时向企业负责人汇报和提出整改措施，对该起事故的发生负有间接责任。依据《安全生产违法行为行政处罚办法》第四十四条（一）的规定，由某市安全生产监督管理局对黄某处以5000元人民币的经济处罚。

⑪某城建公司资料员谭某，在事故塔吊的检测验收时，在《施工现场检验通知书》中擅自提供整改意见，对该起事故的发生负有间接责任。依据《安全生产违法行为行政处罚办法》第四十四条（一）的规定，由某市安全生产监督管理局对谭某处以5000元人民币的经济处罚。

⑫现任某城建公司某项目部项目经理李某，责任制落实不到位，没有同部门签订安全生产责任书；对项目部人员的管理不严格，安全监督工作管理存在漏洞，对该起事故的发生负有主要领导责任。依据《建设工程安全生产管理条例》第五十八条、第六十六条，建议某省住建厅致函某省住建厅吊销李某安全生产考核合格证书（某省住建厅已于2011年9月21日致函某省住建厅），并由某市安全生产监督管理局对李某处以20000元人民币的经济处罚。

⑬现任某城建公司某项目部安全员喻某，7号楼安全监督工作主要负责人，工作责任心不强，履职尽责意识差，安全技术交底工作要求不严格，安全规定执行不严，对项目工地安全隐患排查不到位，对事故塔吊没有按规定安装风速仪，不检查、不整改，对该起事故的发生负有直接责任。依据《安全生产违法行政处罚办法》第四十四条（一）的规定，由市安全生产监督管理局对喻某处以9999元人民币的经济处罚。

⑭现任某城建公司某区项目部安全主任陈某，现场安全监管工作落实不严格，对项目工地安全隐患排查不到位，落实安全技术交底工作不严格，安全技术资料审查不认真，未及时发现存在的问题，对该起事故的发生负有直接领导责任。依据《安全生产违法行为行政处罚办法》第四十四条（一）的规定，由某市安全生产监督管理局对陈某处以9000元人民币的经济处罚。

⑮现任某城建公司某项目部机电工长李某，执行有关规定不严格，责任意识不强，协调监理单位工作存在漏洞，对事故塔吊没有安装风速仪没有及时发现，对该起事故的发生负有直接责任，鉴于该同志及时组织现场的抢救工作，依据《安全生产违法行为行政处罚办法》第四十四条（一）的规定，由市安全生产监督管理局对李某处以5000元人民币的经济处罚。

⑯某监理公司副总经理杨某，全面负责某地区工地的管理，对公司的安全管理不严格，安全管理制度不落实，员工责任心不强。对该起事故的发生负有主要领导责任。依据《安全生产法》第十七条和第八十一条的规定，由市安全生产监督管理局对杨某处以 2 万元人民币的经济处罚。

⑰某监理公司监理员陈某，负责事故塔吊的监理工作，对事故塔吊监管不到位，执行国家安全技术标准不严格，对安全技术资料把关不严，隐患排查不到位，对该起事故的发生负有直接责任。依据《安全生产违法行为行政处罚办法》第四十四条（一）的规定，由市安全生产监督管理局对陈某处以 9999 元人民币的经济处罚。

⑱某监理公司总监杨某，负责某项目工地的监理工作，与副总经理杨某错误事实相同，对该起事故的发生负有领导责任。依据《安全生产违法行为行政处罚办法》第四十四条（一）的规定，由某市安全生产监督管理局对杨某处以 9000 元人民币的经济处罚。依据《建设工程安全生产管理条例》第五十八条的规定，建议某省住建厅吊销杨某注册监理工程师执业资格证书，5 年内不予注册。

⑲薄某、李某和孙某分别为某实业有限公司某项目的项目经理、项目现场代表和项目现场负责人，对承建项目工地的各方综合监管不到位，现场管理不严格，对该起事故的发生承担责任。违反了《建设工程安全生产管理条例》第四条的规定，由某实业有限公司按内部有关规定给予处理。

⑳某区安监站监督员段某，是该项目安全监督负责人，未能及时发现并纠正塔式起重机没有按规定安装风速仪，对该起事故负有监管的主要责任。依据《安全生产领域违法行为政纪处分暂行规定》第四条（一）的规定，由某区纪检监察部门对段某给予行政记大过处分。

㉑某区安监站站长、主要负责人钟某，对事故的发生负有直接领导责任。依据《安全生产领域违法违纪行为政纪处分暂行规定》第四条（一）的规定，由某区纪检监察部门对钟某给予诫勉谈话。

㉒某住房和规划建设局党组成员、分管安监站的负责人张某，对事故发生负有领导责任。依据《安全生产领域违法违纪行为政纪处分暂行规定》第四条（一），由某区纪检监察部门对张某给予诫勉谈话。

### 17.2.8 钢筋绑扎过程中发生的坍塌事故

- 某大学附中坍塌事故调查报告

2014 年 12 月 29 日 8 时 20 分许，在某市某大学附属中学体育馆及宿舍楼工程工地，作业人员在基坑内绑扎钢筋过程中，筏板基础钢筋体系发生坍塌，造成10人死亡、4人受伤。事故发生后，党中央、国务院高度重视。习近平总书记和李克强总理做出重要批示，要求某市全力搜救被困人员、救治伤员，务必把损失减少到最小程度。同时督促主管部门尽快查明原因，严肃依法依纪追究责任，并做好死难家属安抚工作。中共中央政治局委员、某市委书记迅速指示要求认真贯彻习近平总书记、李克强总理批示精神，救治伤员，妥善处理善后，严查责任。某市委副书记、市长立即赶赴事故现场并指示，要求事故原因未查清不放过、事故责任未查清不放过、事故责任人依法依规处理不到位不放过、全市安全生产全面整改不到位不放过、事故教训不吸取不放过。国家安全监管总局副局长，住房和城乡建设部副部长，某市委常委、副市长和市政府秘书长等领导分别赶赴事故现场，组织救援，部署善后及事故调查工作。

据《安全生产法》《生产安全事故报告和调查处理条例》等有关法律法规的规定，某市政府成立了“12·29”重大生产安全事故调查组，并邀请市人民检察院同步参与，全面开展事故的调查处理工作。事故调查组委托国家建筑工程质量监督检验中心对筏板基础钢筋体系坍塌的直接原因开展技术鉴定。国务院安全生产委员会、中央纪委监察部、最高人民检察院、住房和城乡建设部对该起事故的调查处理实施了挂牌督办。

事故调查组按照“四不放过”和“科学严谨、依法依规、实事求是、注重实效”的原则，对建设、设计、施工、监理四方责任主体，从工程设计、招投标、承发包、经营管理、安全管理、技术管理等方面开展调查。通过现场勘验、技术鉴定、调查取证和综合分析，查明了事故发生的经过、原因，认定了事故性质和责任，提出了对有关责任人员和责任单位的处理建议，针对事故暴露出的问题提出了防范措施。现将有关情况报告如下：

（1）事故基本情况：

①工程基本情况。

某大学附属中学体育馆及宿舍楼工程（以下简称某工程）位于某校园内，总建筑面积20660平方米，是集体育、住宿、餐厅、车库为一体的综合楼。该建筑地上五层、地下两层。地上分体育馆和宿舍楼两栋单体，地下为车库及人防区。

2014年2月27日，教育部批复同意工程初步设计及概算。2014年6月12日，取得某市规划部门核发的《建设工程规划许可证》。2014年7月18日，取得某市住房和城乡建设部门核发的《建筑工程施工许可证》。

②事故所涉相关单位情况。

1）建设单位：某大学，时任法定代表人陈某。使用方为某大学附属中学，法定代表人王某。某大学基建规划处（主要负责人保某）代表某大学具体负责该项目的建设管理工作，并成立了项目管理部。项目经理为盖某。

2）总包单位：某建工一建工程建设有限公司（以下简称建工一建公司），具有房屋建筑工程总承包壹级资质，系某建筑工程有限公司全资子公司。法定代表人郭某，总经理刘某。

2006 年，某投资集团有限公司（法定代表人郭某）和某建工集团有限责任公司（以下简称某建工集团）合资改制了某建筑工程有限公司，分别占股 51% 和 49% 。某建工一建公司与某建筑工程有限公司组织机构及管理人员相同。某建工集团将某建工一建公司纳入下属二级公司管理体系实施管理。

2014 年 7 月，某建工一建公司委派和创分公司（建工一建公司下属分支机构，负责人杨某）相关人员参与项目管理工作。备案项目经理叶某，商务经理杨某、执行经理王某、生产经理王某、技术负责人曹某、安全员韩某。经调查，在工程投标前，叶某已被某建工一建公司安排至其他项目任职。工程项目实际负责人为杨某。

3）劳务分包单位：某建设劳务有限责任公司（以下简称某劳务公司），具有钢筋作业分包壹级资质，具体负责工程主体结构劳务施工，法定代表人张某。现场劳务队长张某，技术负责人赵某，钢筋工工长田某、班长李某、组长李某。

4）监理单位：某技科工程管理有限公司（以下简称某技科公司），具有房建和市政工程监理甲级资质，法定代表人胡某，总经理张某。工程项目总监理工程师郝某、执行总监张某、土建兼安全监理工程师田某、土建监理工程师耿某。

5）设计单位：某建筑设计研究院有限公司（以下简称某设计研究院），具有工程设计甲级资质，为某大学控股有限公司全资子公司，法定代表人庄某。

③现场勘验情况。

事发部位位于基坑 3 标段，深约 13m、宽约 42.2m、长约 58.3m。底板为平板式筏板基础，上下两层双排双向钢筋网，上层钢筋网用马凳支承。事发前，已经完成基坑南侧 1、2 两段筏板基础浇筑，以及 3 段下层钢筋的绑扎、马凳安放、上层钢筋的铺设等工作；马凳采用直径 25mm 或 28mm 的带肋钢筋焊制，安放间距为0.9～2.1m；马凳横梁与基础底板上层钢筋网大多数未固定；马凳脚筋与基础底板下层钢筋网少数未固定；上层钢筋网上多处存有堆放钢筋物料的现象。事发时，上层钢筋整体向东侧位移并坍塌，坍塌面积2000余平方米。

④工程承揽情况。

2013年，杨某（男，44岁，自主择业军转干部）为进入某建工一建公司工作，经某建工一建公司副总经理杜某介绍，结识和创分公司副经理赵某。赵某承诺杨某如能引入工程项目，方可办理入职手续。2014年3月，某附中工程项目公开招标信息发布后，杨某与某建工一建公司相关人员共同开展投标工作，并个人出资10万余元用于投标。某建工一建公司工程中标后，6月30日，杨某以其妻子王某（非建工一建公司员工）名下的房产作为抵押，与某建工一建公司签订了《建筑安装（装饰）工程内部经济责任承包合同》（以下简称《内部承包合同》），并签署了王某名字。7月6日，杨某雇用非某建工一建公司员工李某承担该项目的预算、核算工作。工程开工后，杨某垫付了前期工程费用。8月1日，某建工一建公司与杨某签订的劳动合同生效，给付其工资并缴纳社会保险，之前未给付其任何劳动报酬。某建工一建公司扣留工程款税金和管理费后，将剩余资金转入某商贸有限责任公司（法定代表人王某）账户，由杨某个人支配使用。事故发生后，某建工一建公司销毁了3份署名为王某的《内部承包合同》，与杨某本人重新签订了《内部承包合同》，并提交至事故调查组，严重干扰了事故调查认定工作。经查，某建工一建公司及其和创分公司存在非本企业员工以内部承包的形式承揽工程的行为，年收取管理费用一千余万元。

根据对相关人员调查情况及上述认定的事实，经某市住房和城乡建设主管部门认定：在该项目投标、合同订立期间，某建工一建公司涉嫌允许杨某以本企业名义承揽工程项目。

（2）事故经过及抢险救援情况：

2014年7月，某建工一建公司某工程项目部制定了《钢筋施工方案》，明确马凳制作钢筋规格32mm、现场摆放间距1m，并在第7.7条安全技术措施中规定“板面上层筋施工时，每捆筋要先放在架子上，再逐根散开，不得将整捆筋直接放置在支撑筋上，防止荷载过大而导致支撑筋失稳”。《钢筋施工方案》经监理单位审批同意后，某建工一建公司项目部未向劳务单位进行方案交底。

2014年10月，杨某与某劳务公司签订《建设工程施工劳务分包合同》，合同中包含辅料和部分周转性材料款的内容，且未按照要求将合同送工程所在地住房和城乡建设主管部门备案。劳务单位相关人员进场后，作业人员在未接受交底情况下，组织筏板基础钢筋体系施工作业。田勇只确定使用25mm或28mm钢筋制作马凳。基坑1、2段底板浇筑完成后，赵某、李某、李某组织作业人员绑扎3段底板钢筋。

2014年12月28日下午，劳务队长张某安排塔吊班组配合钢筋工向3标段上层钢筋网上方吊运钢筋物料，用于墙柱插筋和挂钩。经调看现场监控录像，共计吊运24捆钢筋物料，其中12月28日17时58分至22时16分，吊运21捆；12月29日7时27分至7时47分，吊运3捆。

12月29日6时20分，作业人员到达现场实施墙柱插筋和挂钩作业。7时许，现场钢筋工发现已绑扎的钢筋柱与轴线位置不对应。张某接到报告后通知赵某和放线员去现场查看核实。8时10分，经现场确认筏板钢筋体系整体位移约10cm。随后，赵某让钢筋班长立即停止钢筋作业，通知信号工配合钢筋工将上层钢筋网上集中摆放的钢筋吊走，并调电焊工准备加固马凳。8时20分许，筏板基础钢筋体系失稳整体发生坍塌，将在筏板基础钢筋体系内进行绑扎作业和安装排水管作业的人员挤压在上下层钢筋网之间。

事故发生后，现场人员立即施救，并拨打报警电话。市区两级政府部门立即启动应急救援，对现场人员开展施救，及时将受伤人员送往医院救治。据统计，事故共计造成10人死亡、4人受伤。

在事故应急救援的同时，某区委、区政府会同某建工集团迅速成立了事故善后处理领导小组，制定了善后工作方案，切实做好伤亡家属接待、赔偿和社会方面的管控维稳等工作，确保善后处理工作平稳有序、社会总体稳定。

（3）事故原因及性质：

调查组依法对事故现场进行了认真勘查，及时提取了相关物证、书证和视听资料，对事故相关人员进行了调查询问，并委托国家建筑工程质量监督检验中心对现场开展技术分析，查明事故原因并认定事故性质。

①直接原因。

未按照方案要求堆放物料、制作和布置马凳，马凳与钢筋未形成完整的结构体系，致使基础底板钢筋整体坍塌，是导致事故发生的直接原因。

国家建筑工程质量监督检验中心对照《施工组织设计》和《钢筋施工方案》的要求，对现场筏板基础钢筋体系的施工情况开展了全面分析，确定该起事故的技术原因为：

1）未按照方案要求堆放物料。施工时违反《钢筋施工方案》第7.7条规定，将整捆钢筋物料直接堆放在上层钢筋网上，施工现场堆料过多，且局部过于集中，导致马凳立筋失稳，产生过大的水平位移，进而引起立筋上、下焊接处断裂，致使基础底板钢筋整体坍塌。

2）未按照方案要求制作和布置马凳，导致马凳承载力下降。现场制作的马凳所用钢筋直径从《钢筋施工方案》要求的32mm减小至25mm或28mm；现场马凳布置间距为0.9～2.1m，与《钢筋施工方案》要求的1m严重不符，且布置不均、平均间距过大；马凳立筋上、下端焊接欠饱满。

3）马凳及马凳间无有效的支撑，马凳与基础底板上、下层钢筋网未形成完整的结构体系，抗侧移能力很差，不能承担过多的堆料载荷。

②间接原因。

施工现场管理缺失、备案项目经理长期不在岗、专职安全员配备不足、经营管理混乱、项目监理不到位是导致事故发生的间接原因。

1）施工现场管理缺失。一是技术交底缺失，未按照要求对作业人员实施钢筋作业的技术交底工作，致使作业人员未按照方案施工作业，擅自减小马凳钢筋直径、随意增大马凳间距，降低了马凳的承载能力。二是安全教育及相应的培训不到位，未按照要求对全员实施安全培训教育，施工现场钢筋作业人员存在未经培训上岗作业的现象。三是对劳务分包单位管理不到位，未及时发现其为抢赶工期、盲目吊运钢筋材料集中码放在上层钢筋网上的隐患，导致荷载集中。

2）备案项目经理长期不在岗、专职安全员配备不足。一是某建工一建公司对项目部项目经理统一调配和协调管理不到位，明知备案项目经理无法到现场履行职责，仍未及时履行相应的变更手续，致使备案的项目经理长期未到岗履职；某大学发现备案项目经理长期不到岗的行为后，也未及时督促整改。二是未按照相关规定配备2名以上专职安全生产管理人员。

3）经营管理混乱。某建工一建公司存在非本企业员工以内部承包的形式承揽工程的行为。在某大学附中工程项目投标阶段，建工一建公司涉嫌允许杨某以本企业名义承揽工程，致使不具备项目管理资格和能力的杨某成为项目实际负责人，客观上导致出现施工现场缺乏有专业知识和能力的人员统一管理、项目部管理混乱的局面。

4）监理不到位。对项目经理长期未到岗履职的问题监理不到位，且事故发生后，伪造了针对此问题下发的《监理通知》；对钢筋施工作业现场监理不到位，未及时发现并纠正作业人员未按照钢筋施工方案要求施工作业的违规行为；对项目部安全技术交底和安全培训教育工作监理不到位，致使施工单位使用未经培训的人员实施钢筋作业。

5）行业管理部门监督检查不到位。某区住房和城乡建设委作为该工程项目的行业监管部门，负责该工程的质量安全监督工作。该单位未认真履行行政监管职责，未按照《A栋体育馆等3项（某中学体育馆及宿舍楼）工程质量监督执法抽查计划》规定的检查次数、内容实施监督检查，仅在2014年10月15日对该工程开展了一次检查，检查过程中只进行了现场施工交底，未落实执法计划规定的其他内容，其他时间均未到场开展检查。事故发生后，某区住房和城乡建设委提供了虚假的监督执法材料。

此外，某设计研究院绘制的施工图中，个别剖面表达有误，在向施工单位实施设计交底过程中签到记录不全、交底记录签字时间与实际交底时间不符。某大学确定的招标工期和合同工期较某市住房和城乡建设委核算的定额工期，压缩了27.6%；在施工组织过程中，未按照《某市建筑工程质量监督执法告知书》的要求书面告知某区住房和城乡建设委开工日期；且强调该工程在2015年10月某大学附中百年校庆期间外立面亮相，对施工单位工期安排造成了一定的影响。

③事故性质。

鉴于上述原因分析，根据国家有关法律法规的规定，事故调查组认定，该起事故是一起重大生产安全责任事故。

（4）事故责任分析及处理建议：

根据国家有关法律、法规的规定，事故调查组依据事故调查情况和原因分析，认定下列人员和单位应承担相应的责任，并提出如下处理建议：

①建议追究刑事责任的人员。

1）刘某，某建工一建公司总经理，负责公司全面工作。未按照《安全生产法》第18条的规定认真履行某建工一建公司主要负责人安全生产管理职责，督促检查本公司安全生产工作不到位，未对某工程项目工地实施检查，及时消除公司经营管理混乱、备案项目经理长期不在岗、专职安全员配备不足、施工现场安全管理缺失等生产安全事故隐患；对公司允许非本企业员工以内部承包的形式承揽工程等行为监督检查不到位，同意杨某以内部承包形式承揽某附中工程项目，致使项目部安全管理混乱，对事故发生负有直接管理责任。由公安机关立案侦查，依法追究其刑事责任。

2）徐某，某建工一建公司副总经理，分管公司生产、安全和劳务单位管理工作。对某大学附中工程项目存在的安全隐患督促整改不到位，对于检查发现的项目部安全员配备不足、安全技术交底缺失等隐患未有效督促项目部整改落实；对某大学附中工程项目未签订正式劳务分包合同和履行劳务备案手续的情况失管失察，对事故发生负有直接管理责任。由公安机关立案侦查，依法追究其刑事责任。

3）杨某，某建工一建公司总经理助理兼和创分公司经理，负责和创分公司全面工作。未按照《安全生产法》第十八条的规定认真履行和创分公司主要负责人安全生产管理职责，对某附中工程项目部安全生产工作督促、检查不到位，未及时消除某附中工程项目部违反钢筋方案施工、项目经理不到岗履职、技术交底缺失、专职安全员配备不足、培训教育不到位等事故隐患，导致项目部管理混乱；对项目承包人资格审查不严，允许杨某签署妻子王某名字签订《内部承包合同》，致使项目部安全管理混乱，对事故发生负有直接管理责任。同时，事故发生后，伪造了与杨某签订的《内部承包合同》。由公安机关立案侦查，依法追究其刑事责任。

4）王某，某建工一建公司和创分公司副经理，主管分公司生产、安全工作。对某大学附中工程项目存在的项目经理长期不到岗、安全员数量配备不足、安全培训教育不到位、安全技术交底缺失、施工作业现场未按方案盲目施工等安全隐患，未采取有效措施，对事故发生负有直接管理责任。由公安机关立案侦查，依法追究其刑事责任。

5）杨某，某大学附中工程项目实际负责人兼商务经理，负责项目材料采购、内部承包和经济分配。未履行安全生产管理职责，导致现场安全员数量不足、现场安全措施不够，未消除劳务分包单位盲目吊运大量钢筋材料集中码放在上层钢筋网上的安全隐患，导致荷载集中，对事故发生负有直接管理责任。2015 年 3 月 3 日，某区人民检察院以涉嫌重大责任事故罪批准逮捕。

6）王某，某大学附中工程项目部执行经理，负责项目生产、安全、质量等工作。对筏板基础钢筋体系施工现场安全管理、安全技术交底、安全培训教育、安全员配备不足等情况监督检查不到位；未及时消除施工现场作业人员违反《钢筋施工方案》施工、盲目吊运码放钢筋的安全隐患，对事故发生负有直接管理责任。2015 年 2 月 6 日，某区人民检察院以涉嫌重大责任事故罪批准逮捕。

7）王某，某大学附中工程项目部生产经理，负责项目生产、安全工作。对筏板基础钢筋体系施工现场作业人员违反《钢筋施工方案》制作、安放马凳的行为监督检查不力；未督促落实钢筋作业安全技术交底工作，对事故发生负有直接管理责任。2015 年 2 月 6 日，某区人民检察院以涉嫌重大责任事故罪批准逮捕。

8）曹某，某大学附中工程项目部技术负责人，负责项目施工现场作业方案制定、安全技术交底工作。未安排项目部人员对作业人员实施钢筋作业的安全技术交底，导致作业人员盲目在上层钢筋网上大量码放钢筋物料、现场马凳的制作和安放不符合方案要求，对事故发生负有直接管理责任。2015 年 2 月 6 日，某区人民检察院以涉嫌重大责任事故罪批准逮捕。

9）某劳务公司法定代表人张某，负责公司全面工作。以参股和内部承包的形式委派劳务队长张某负责劳务作业管理，未对工程项目实施安全管理；未对项目实施安全检查，未及时发现劳务作业人员在无安全技术交底的情况下，盲目组织实施筏板基础钢筋的施工作业行为；未组织对该项目作业人员的安全培训教育，对事故发生负有直接管理责任。2015 年 2 月 6 日，某区人民检察院以涉嫌重大责任事故罪批准逮捕。

10）某劳务公司队长张某，全面负责该项目现场劳务作业。违规与杨某签订扩大劳务分包合同，计取辅料和周转性材料费；对筏板基础钢筋体系作业现场安全管理缺失，在未接受《钢筋施工方案》技术交底的情况下，盲目组织作业人员吊运钢筋物料和绑扎作业，致使作业现场物料码放、马凳制作和安放间距不符合《钢筋施工方案》要求，导致施工现场堆料过多，且局部集中，对事故发生负有直接责任。2015 年 2 月 6 日，某区人民检察院以涉嫌重大责任事故罪批准逮捕。

11）某劳务公司技术负责人赵某，负责劳务技术工作。在未接受《钢筋施工方案》交底和技术交底的情况下，盲目指导筏板基础钢筋绑扎作业，导致现场马凳制作和码放间距均不符合要求，对事故发生负有直接责任。2015 年 2 月 6 日，某区人民检察院以涉嫌重大责任事故罪批准逮捕。

12）某劳务公司钢筋班长李某，负责马凳加工、现场钢筋绑扎作业。在未接受技术交底、不清楚《钢筋施工方案》内容的情况下，盲目加工制作马凳；在事发前一日晚上放任现场作业人员将大量钢筋堆载在筏板基础上层钢筋网上方，导致局部堆料过于集中，对事故发生负有直接责任。2015 年 2 月 6 日，某区人民检察院以涉嫌重大责任事故罪批准逮捕。

13）某劳务公司钢筋组长李某，负责组织现场钢筋吊装、绑扎作业。在未接受《钢筋施工方案》安全技术交底的情况下，指挥现场作业人员将大量钢筋堆载在筏板基础上层钢筋网上方；事发当天仍安排钢筋吊装作业，导致局部堆料过于集中，对事故发生负有直接责任。2015 年 2 月 6 日，某区人民检察院以涉嫌重大责任事故罪批准逮捕。

14）某技科公司副总经理兼该项目总监理工程师郝某，负责项目监理全面工作。对项目安全管理混乱的情况监督检查不到位，未组织安排审查劳务分包合同、钢筋施工的技术交底和专职安全员配备等工作；对施工单位长期未按照方案实施筏板基础钢筋作业的行为监督检查不到位；明知备案项目经理长期不在岗的情况，仍未按照职责签发监理指令，对事故发生负有直接监理责任。2015 年 2 月 6 日，某区人民检察院以涉嫌重大责任事故罪批准逮捕。

15）某附中工程项目执行总监张某，负责项目现场监理工作。接受总包单位项目部和专业分包单位的吃请，履行安全监理职责不到位，对项目经理长期未到岗履职、专职安全员数量配备不足、施工现场《钢筋施工方案》未交底、作业人员未接受安全培训教育、盲目制作并安放马凳的施工行为监督检查不到位，对事故发生负有直接监理责任。事故发生后，伪造了针对项目经理长期不在岗问题下发的监理指令。2015 年 2 月 6 日，某区人民检察院以涉嫌重大责任事故罪批准逮捕。

16）某附中工程项目土建兼安全监理工程师田某，具体负责现场土建施工及安全管理的监理工作。对施工现场《钢筋施工方案》未交底、作业人员盲目制作并安放马凳、吊运钢筋物料的施工行为检查巡视不到位，对事故发生负有直接监理责任。2015 年 2 月 6 日，某区人民检察院以涉嫌重大责任事故罪批准逮捕。

对于上述人员中的中共党员和行政监察对象，待司法机关查清其犯罪事实后，由有关部门按照干部管理权限和程序及时给予相应的党纪、政纪处分。

②建议给予党纪、政纪处分的人员。

1）戴某，某建工集团董事长、总经理、党委书记，对下属改制参股企业经营管理、施工管理混乱等问题失察失管，对事故发生负有重要领导责任。依据《行政机关公务员处分条例》第二十条的规定，给予其行政警告处分。

2）丁某，某建工集团副总经理，分管施工和安全工作，对某建工一建公司在施工过程中存在施工管理混乱、项目经理长期不在岗履行职责等问题失察失管，对事故发生负有主要领导责任。依据《行政机关公务员处分条例》的规定，给予其行政记过处分。

3）杨某，某建工集团安全监管部部长，对下属企业安全生产工作监督指导不到位，未有效督促某建工一建公司加强对施工现场的安全管理工作、落实集团相关管理制度，特别是在安全教育及相应的培训和安全技术交底等方面督促检查不到位，对事故发生负有一定管理责任。依据《安全生产领域违法违纪行为政纪处分暂行规定》第十二条（七）的规定，责成某建工集团给予其记大过处分。

4）高某，某建工集团经营部部长，对下属企业经营发展工作监督指导不到位，特别是对某建工一建公司与非本企业职工签订《内部经济承包合同》监督检查不力，致使经营管理混乱，对事故发生负有一定管理责任。依据《安全生产领域违法违纪行为政纪处分暂行规定》第十二条（七）的规定，责成某建工集团给予其记大过处分。

5）赵某，某建工一建公司常务副总经理，负责公司经营发展、工程招投标、项目经理调配工作。对项目部项目经理的配备和协调方面管理不到位，明知某附中工程项目申报的项目经理叶某无法到岗履职的情况下，仍允许使用叶某个人资格投标；工程开工后，也未按照要求到建设行政主管部门履行项目经理变更手续；对公司经营、投标等工作管理不到位，对事故发生负有重要管理责任。依据《安全生产领域违法违纪行为政纪处分暂行规定》第十二条（七）的规定，责成某建工集团给予其撤职处分。

6）孙某，某建工一建公司安全总监兼安全施工管理部部长，负责公司安全监督检查工作。对某附中工程项目安全监督检查不到位，未有效组织督促项目部对安全员数量不足、安全技术交底缺失等存在的安全隐患整改落实；未检查发现施工现场存在的违反施工方案盲目施工作业的行为，对事故发生负有重要管理责任。依据《安全生产领域违法违纪行为政纪处分暂行规定》第十二条（一）的规定，责成某建工一建公司给予其撤职处分。

7）吕某，某建工一建公司和创分公司安全施工管理部部长，负责分公司安全生产工作。对某附中工程项目部安全教育培训不到位、施工现场安全管理混乱、安全技术交底缺失等隐患监督检查不到位；作为项目部备案安全员，长期未到岗履行职责，对事故发生负有主要管理责任。依据《安全生产领域违法违纪行为政纪处分暂行规定》第十二条（一）的规定，责成某建工一建公司给予其开除处分。

8）王某，某建工一建公司和创分公司质量技术部部长，负责施工方案制定及落实情况的监督检查工作。对某大学附中工程项目《钢筋施工方案》的技术交底和现场是否按照方案施工等方面检查不到位，未及时消除施工现场未按照方案要求加工制作并安放马凳、盲目吊运堆放钢筋物料等安全隐患，对事故发生负有主要管理责任。依据《安全生产领域违法违纪行为政纪处分暂行规定》第十二条（一）的规定，责成某建工一建公司给予其开除处分。

9）韩某，某附中工程项目部安全员。未对现场钢筋作业人员全部实施安全培训教育；对施工现场未按照方案施工、未开展安全技术交底工作检查不到位；未通过检查发现作业人员盲目吊运并堆放大量钢筋物料的事故隐患，对事故发生负有主要管理责任。依据《安全生产领域违法违纪行为政纪处分暂行规定》第十二条（一）的规定，责成某建工一建公司给予其开除处分。

10）保某，某大学基建规划处处长，负责该项目施工组织协调工作。未按照《某市建筑工程质量监督执法告知书》的要求书面告知某区住房和城乡建设委开工日期；未有效督促项目管理人员认真履行职责，对总包单位未整改项目经理不到岗履行职责和监理单位未严格落实监理责任的行为督促检查不力，对事故发生负有一定管理责任。依据《事业单位工作人员处分暂行规定》第十七条（九）的规定，责成某大学给予其记过处分。

11）盖某，某大学基建规划处规划设计科科长兼某附中工程项目建设单位负责人，未认真履行施工现场建设单位统一协调、管理职责，明知总包单位备案项目经理长期不到岗的情况，但未有效督促整改；未严格督促监理单位认真履行监理职责，致使施工现场安全管理混乱，对事故发生负有重要管理责任。依据《事业单位工作人员处分暂行规定》第十七条（九）的规定，责成某大学给予其撤职处分。

12）刘某，某区住房和城乡建设委行业管理处主任（副处级，试用期内）。对相关科室监督工作领导不力，未落实好监督责任制，对事故发生负有主要领导责任。依据《行政机关公务员处分条例》第二十条的规定，给予其行政记过处分。

13）李某，某区住房和城乡建设委行业管理处副主任，分管行政执法工作和监督五科、监督六科。对监督五科没有认真组织实施监督工作计划的落实和未按照《某市建设工程质量监督执法告知书》内容开展相关监督工作，对事故发生负有重要领导责任。依据《中国共产党纪律处分条例》第一百二十七条和《行政机关公务员处分条例》第二十条的规定，给予其党内严重警告、行政降级处分。

14）樊某，某区住房和城乡建设委行业管理处五科科长。对该项目的开工时间、项目经理在岗等情况不掌握，未有效组织监督组相关执法人员实施监督工作计划，未按照《某市建设工程质量监督执法告知书》相关要求开展监督工作，对事故发生负有直接监管责任。依据《中国共产党纪律处分条例》第一百二十七条和《行政机关公务员处分条例》第二十条的规定，给予其党内严重警告、行政撤职处分。

③建议给予行政处罚的人员和单位。

1）郭某，某建工一建公司法定代表人。作为公司的主要负责人，履行安全生产职责不到位，对本单位安全生产工作的管理主要是听取汇报，未对事发的某附中工程工地实施过检查，督促检查本单位的安全生产工作不到位，未及时发现并消除施工现场存在的生产安全事故隐患。其行为违反《安全生产法》第十八条（五）的规定，对事故发生负有主要领导责任。依据《安全生产法》第九十一条和第九十二条的规定，由安全生产监督管理部门给予其上一年度收入 60% 的罚款和撤职处分并终身不得担任本行业生产经营单位的主要负责人。

2）闫某，某建工一建公司董事、总会计师。事故发生后，安排下属先伪造与杨某签订的《内部承包合同》。依据《生产安全事故报告和调查处理条例》第三十六条（二）的规定，由安全生产监督管理部门给予其上一年度收入 100% 的罚款。

3）叶某，某附中工程项目备案项目经理，长期未到岗履行项目经理职责。明知在某附中工程项目投标时，已被某建工一建公司安排至某区望京综合体育馆工程担任项目执行经理，仍未拒绝使用其项目经理资格参与某附中工程招投标。依据《建设工程安全生产管理条例》第五十八条的规定，由某市住房和城乡建设委提请住房和城乡建设部给予其吊销一级建造师注册证书，终身不予注册的行政处罚。

4）张某，某技科公司总经理。作为公司主要负责人，履行安全生产职责不到位，未组织制定并实施本单位安全生产教育和培训计划；监督检查本单位安全生产工作不力，未及时发现并纠正公司派驻清华附中工程项目监理人员履行安全监理责任不到位的行为。其行为违反《安全生产法》第十八条（三）（五）的规定，对事故发生负有主要领导责任。依据《安全生产法》第九十一条和第九十二条的规定，由安全生产监督管理部门给予其上一年度收入 60% 的罚款和撤职处分并终身不得担任本行业生产经营单位的主要负责人。

5）某建工一建公司作为某附中工程项目总包单位，存在允许非本企业员工以内部承包的形式承揽工程的行为，允许杨某以内部承包形式承揽某大学附中工程项目，致使项目部安全管理混乱；未严格落实安全责任，对项目安全生产工作管理不到位，未就筏板基础钢筋施工向作业人员进行技术交底；部分作业人员未经安全培训教育即上岗作业；未按照要求配备相应的专职安全员；对施工现场监督检查不到位，未及时发现作业人员违反施工方案要求施工作业和盲目吊运钢筋材料集中码放在上排钢筋网上导致载荷过大的安全隐患。其行为违反《安全生产法》第二十五条、第四十一条，《建设工程安全生产管理条例》第二十三条、第二十四条，《建设工程质量管理条例》第二十八条的规定，对事故发生负有主要责任。依据《安全生产法》第一〇九条（三）的规定，由安全生产监督管理部门给予其360万元的罚款。同时，由某市住房和城乡建设委吊销其安全生产许可证，并提请住房和城乡建设部吊销其房屋建筑工程施工总承包一级资质。

6）某技科公司作为某大学附中工程项目监理单位，对该项目监理工作履职不到位，对总包单位备案项目经理长期未到岗履职的情况，未及时下达监理指令；未及时发现并纠正作业人员未按照钢筋施工方案要求施工作业的违规行为；对项目部安全技术交底和安全培训教育工作监理不到位。其行为违反了《建设工程安全生产管理条例》第十四条的规定，对事故发生负有重要责任。依据《安全生产法》第一〇九条（三）的规定，由安全生产监督管理部门给予其200万元的罚款。同时，由某市住房和城乡建设委提请住房和城乡建设部吊销其房屋建筑工程监理甲级资质。

7）某劳务有限公司作为某附中工程项目筏板基础钢筋作业的劳务分包单位，未对劳务作业人员进行必要的安全生产教育和培训，未告知作业人员操作规程和违章操作的危害；在未接受《钢筋施工方案》交底的情况下，盲目组织施工作业；违规与总包单位签订包含辅料和部分周转性材料款内容的劳务分包合同。其行为违反《安全生产法》第二十五条、第四十一条的规定，对事故发生负有一定责任。由某市住房和城乡建设委通报某省住房和城乡建设主管部门吊销其施工劳务资质和安全生产许可证。

④建议由相关部门另案处理的情形。

1）针对某附中工程项目投标、合同订立期间，某建工一建公司涉嫌允许杨某以本企业名义承揽工程及其他涉嫌以内部承包经营的形式出借资质、转包等违法行为，由某市住房和城乡建设主管部门另行立案调查处理。

2）针对事故调查中发现的相关人员涉嫌收受贿赂的线索，由检察、监察机关依法调查处理。

此外，责成市规划部门针对某附中工程项目设计过程中存在的问题，对相关设计人员给予通报批评；责成某区人民政府和某市住房和城乡建设委向该市政府做出深刻检查。

（5）事故防范和整改措施建议：

①深刻汲取事故教训。

某建工一建公司、某建工集团和某区人民政府及其有关部门要深刻汲取某大学附中工程“12・29”筏板基础钢筋体系坍塌重大事故的沉痛教训，牢固树立科学发展、安全发展理念，切实贯彻落实某市委市政府关于“党政同责、一岗双责”的有关规定，坚守“发展决不能以牺牲人的生命为代价”红线，严格落实建筑企业安全生产主体责任，坚定不移抓好各项安全生产政策措施的落实，全面提高建筑施工安全管理水平，切实加强建筑安全施工管理工作。

②严格落实主体责任。

某建工一建公司要严格规范企业内部经营管理活动，落实对工程项目的安全管理责任，严禁对施工项目“以包代管”，严禁利用任何形式实施出借资质、违法分包等违法行为。某建工集团要加强技术管理、安全管理、合同履约管理，加强对下属施工企业的指导、管理，督促各级管理人员严格落实安全生产责任制，杜绝“名不符实”的现象发生。某技科公司要严格履行现场监理职责，加强对施工过程的监督管理，严格审查承包企业资质和施工方案，对发现建设单位、施工单位存在的违法违规行为，要及时督促整改，并报告建设行政主管部门。某大学附中要依法履行建设单位职责，合理确定工期、造价，协调、督促各参建单位履行各自的安全生产管理职责。某设计研究院要举一反三，对设计质量、设计深度进行全面摸排，提高技术水平，切实落实《建设工程安全生产管理条例》中规定的设计单位的安全责任。

③加强施工现场管理。

某市建筑施工企业要深刻汲取事故教训，严格规范企业内部经营管理活动，建立、健全并严格落实本单位安全生产责任制。各施工企业要严查工程合同履约情况，组织检查、消除施工现场事故隐患，施工项目负责人必须具备相应资格和安全生产管理能力，中标的项目负责人必须依法到岗履职，确需调整时，必须履行相关程序，保证施工现场安全生产管理体系、制度落实到位。各施工企业要严格技术管理，严格执行专项施工方案、技术交底的编制、审批制度，现场施工人员不得随意降低技术标准，违章指挥作业。

④加大行政监管力度。

某市、区住房和城乡建设主管部门要严格落实安全生产监管职责，督促各责任主体落实安全责任，深入开展建筑行业“打非治违”“工程质量治理两年行动”，严厉打击项目经理不到岗履职和建设单位随意压缩工期、造价等行为，严厉打击出借资质、违法分包等行为，建立打击非法违法建筑施工行为专项行动工作长效机制，不断巩固专项行动成果，确保建筑安全生产监督检查工作取得实效。各区县人民政府及其相关部门要加强对施工企业和施工现场的安全监管，根据工程规模、施工进度，合理安排监督力量，制定可行的监督检查计划，严格监管，坚决遏制重特大事故发生。

⑤健全完善法规标准。

建设、规划等行政主管部门针对建筑市场新的违法违规行为，要不断完善相关企业市场违法行为的认定标准；尽快健全超厚底板钢筋支撑结构设计、制作、验收和检查标准，明确将支撑结构费用计入工程造价；进一步完善勘察、设计单位落实建设工程安全生产管理职责的相关标准、措施，健全设计、施工、监理“三同时”工作机制，督促设计单位和设计人员履行安全职责。

# 附录　应掌握、熟悉和了解的现行标准和规范目录


[1]《建筑施工安全技术统一规范》（GB 50870）

[2]《工程建设标准强制性条文》（房屋建筑部分施工安全）

[3]《建设工程施工现场环境与卫生标准》（JGJ 146）

[4]《建筑与市政工程施工现场专业人员职业标准》（JGJ/T 250）

[5]《建筑施工作业劳动防护用品配备及使用标准》（JGJ 184）

[6]《龙门架及井架物料提升机安全技术规范》（JGJ 88）

[7]《建筑施工塔式起重机安装、使用、拆卸安全技术规程》（JGJ 196）

[8]《吊笼有垂直导向的人货两用施工升降机》（GB 26557）

[9]《建筑施工升降机安装、使用、拆卸安全技术规程》（JGJ 215）

[10]《建筑施工模板安全技术规范》（JGJ 162）

[11]《建筑施工扣件式钢管脚手架安全技术规范》（JGJ 130）

[12]《建筑深基坑工程施工安全技术规范》（JGJ 311）

[13]《建筑施工高处作业安全技术规范》（JGJ 80）

[14]《施工现场临时用电安全技术规范》（JGJ 46）

[15]《建设工程施工现场消防安全技术规范》（GB 50720）

[16]《建筑机械使用安全技术规程》（JGJ 33）

[17]《施工现场机械设备检查技术规程》（JGJ 160）

[18]《建筑施工升降机设备设施检验标准》（JGJ 305）

[19]《建筑起重机械安全评估技术规程》（JGJ/T 189）

[20]《塔式起重机安全规程》（GB 5144）

[21]《塔式起重机混凝土基础工程技术规程》（JGJ/T 187）

[22]《混凝土预制拼装塔机基础工程技术规程》（JGJ/T 197）

[23]《建筑基坑支护技术规程》（JGJ 120）

[24]《建筑施工土石方工程安全技术规范》（JGJ 180）

[25]《施工现场临时建筑物技术规范》(JGJ/T 188)
[26]《建筑施工临时支撑结构技术规范》(JGJ 300)
[27]《建筑施工门式钢管脚手架安全技术规范》(JGJ 128)
[28]《建筑施工承插型盘扣式钢管支架安全技术规程》(JGJ 231)
[29]《建筑施工碗扣式钢管脚手架安全技术规范》(JGJ 166)
[30]《建筑施工工具式钢管脚手架安全技术规范》(JGJ 202)
[31]《液压升降整体脚手架安全技术规程》(JGJ 183)
[32]《安全色》(GB 2893)
[33]《安全标志及其使用导则》(GB 2894)
[34]《安全帽》(GB 2811)
[35]《安全网》(GB 5725)
[36]《安全带》(GB 6095)
[37]《建筑施工组织设计规范》(GB/T 50502)
[38]《市政工程施工组织设计规范》(GB/T 50503)
[39]《建筑工程绿色施工评价标准》(GB/T 50640)
[40]《建筑施工场界环境噪声排放标准》(GB 12523)
[41]《高处作业分级》(GB/T 3608—2008)